U0623438

高 等 学 校 教 材

化工实训

（第二版）

姜国平　刘 海　靳 菲　靳治良　编

化学工业出版社

·北京·

内容简介

《化工实训》(第二版)以介绍化工仿真操作、实物投料生产、机械设备拆装为主线,注重培养学生规范操作、规范装配、安全生产、节能环保、团结合作等职业素质,通过运用实物、半实物或数字化动态模型,深层次地提升教学内容,使学生得到必要的工程分析能力训练和技能训练,为更好地适应工作岗位打下坚实基础。

《化工实训》(第二版)共 10 章,重点介绍了化工阀门拆装、化工管路拆装、化工设备拆装等实训内容,同时介绍了典型煤化工产品——煤制甲醇生产过程(工段级)的仿真操作实训 DCS 操作方法,包括煤气化、变换、净化、合成、精馏共五个工段,结合现场安装的煤制甲醇流程模型进行操作训练,以及胶水制备、碳酸钙制备、CO_2 吸收-解吸、乙酸乙酯产品生产四个实物投料生产过程的训练,此外还包括化工虚拟仿真实训等。

《化工实训》(第二版)可作为本科和高职高专化工、医药、轻工等专业的教学用书,也可作为技术培训、岗位培训用书。

图书在版编目(CIP)数据

化工实训 / 姜国平等编. -- 2 版. -- 北京: 化学

工业出版社,2024. 7. -- ISBN 978-7-122-44872-9

Ⅰ. TQ02

中国国家版本馆 CIP 数据核字第 2024WE1553 号

责任编辑:任睿婷　徐雅妮　　　　　装帧设计:关　飞
责任校对:宋　玮

出版发行:化学工业出版社
　　　　　(北京市东城区青年湖南街 13 号　邮政编码 100011)
印　　装:北京云浩印刷有限责任公司
787mm×1092mm　1/16　印张 14¼　字数 354 千字
2025 年 2 月北京第 2 版第 1 次印刷

购书咨询:010-64518888　　　　　售后服务:010-64518899
网　　址:http://www.cip.com.cn
凡购买本书,如有缺损质量问题,本社销售中心负责调换。

定　　价:59.00 元　　　　　　　　版权所有　违者必究

第二版前言

近年来，开设化工类专业的工科院校都积极开展工程教育专业认证申报工作。加强工程实践教学，培养学生的工程实践能力在专业认证中尤为重要。在化工专业建设过程中，一是加强校企合作，构建企业实践基地；二是通过搭建校内工程实训平台，有效地弥补工程实践教学的不足。校内工程实训教学平台的搭建和实训教材的建设一样重要。一般工程实训项目的选择，要综合考虑专业需求、安全性能、运行维护以及经济性，所以实训项目往往都是学校自发或者委托建设单位开发的实训装置，实训内容具有独特性，对照实训教学内容编写相应的指导教材就显得尤为重要。

本书自2018年出版以来，受到了广大教师和学生的好评，在化工类专业学生实践教学中发挥了重要作用。基于专业认证的需求和在工程实训教学中的应用，对本书第一版进行修订很有必要。考虑到本书第一版使用范围主要以校内工程实践教学平台为主，修订过程中遵循了保持书稿结构的相对稳定，反映化工设备及压力管道最新的发展技术，注重与企业生产实际相结合，展现学科发展前沿等原则。

本书的主要特点有：

① 以化工单元操作规程和岗位操作技术为主线，着重介绍岗位操作必须掌握的基本知识、基本理论、操作规范和设备维护等基本技能，考虑到化工工艺与化工装备的相关性，增加了机械类传输设备拆装项目，力求做到专业实践技能与工程实际相结合。

② 以目前化工行业中广泛使用的成熟工艺技术为重点，同时介绍了近年来在化工生产中采用的新标准、新技术、新工艺和新设备，力求体现行业的技术发展趋势，如煤制甲醇仿真流程实训装置采用的就是目前国内煤化工行业比较先进的生产工艺。

③ 实训项目按照由浅入深、由易到难编排，实训过程注重培养学生提出问题、分析问题和解决问题的能力。书中编入适量的习题，以帮助读者巩固所学

知识，检验学习效果。

　　本书由北方民族大学姜国平、刘海、靳菲、靳治良编。第一～八章由姜国平编写，第九章、第十章由姜国平、刘海、靳菲、靳治良编写，白志浩、简进礼为本书的修订做了大量具体工作，在此一并致谢。向对本书给予帮助和支持的天津睿智天成科技发展有限公司、杭州言实科技有限公司等合作单位表示感谢。

　　限于编者水平，虽经努力，仍恐书中有不妥之处，敬请读者批评指正。

编者

2024 年 6 月

目 录

第六章　塔设备拆装实训 /72

第七章　釜式反应器拆装实训 /84

第八章　空气压缩机拆装实训 /91

第九章　煤制甲醇仿真实训 /98

第十章　实物投料生产操作实训 /175

参考文献 /221

第一章
化工阀门拆装实训

第一节 概　述

一、阀门的作用及特点

阀门是工艺介质在流经管路过程中的控制开关，其基本功能是接通或切断管路中介质的流通，改变介质的流通状态和流动方向，调节介质的压力和流量，保证与管路连通的设备正常运行。

工业阀门因其操作情况和使用性能不同，其操作方式、内部结构、阀体材质、密封性能有很大的差异。近年来，由于石油、化工、电站、冶金、船舶、核能、宇航等领域的发展，对阀门的性能提出了更高的要求，促使国内外相关科研机构不断探索和开发高参数的新型阀门，这些创新和突破大大推动了相关产业的技术进步。主要表现在拓展了阀门的工作温度范围，其工作温度可以从超低温（−260℃）到高温（1000℃以上）。除了温度变化以外，介质压力也是影响阀门安全使用的关键因素之一，新型阀门的耐压等级和工作压力范围也取得了很大的突破，从负压状态的超真空到高压甚至超高压状态都得到应用和推广；阀门适用的介质流量范围也得到了很大的提升，阀门通径从微小直径（公称通径 5mm 以下）到较大直径（公称通径 600mm），甚至达到近十米的超大直径；阀门材料从最初以铸铁、碳素钢为主，到如今以各种新材料、合金钢为主，如以钛合金和高强度耐腐蚀钢作为阀体主要材质的阀门等。随着过程工业自控技术的不断发展，阀门的自控技术也取得了飞速的进步，现在阀门的驱动技术从最初的以手动形式为主，发展到当今多种自动驱动形式，最常见的阀门驱动形式有电动、气动、液动、程控、数控、远控等。

随着现代过程工业的不断发展，工艺过程的复杂化使阀门需求量在不断增长，据不完全统计，一套完整的现代化石油化工生产装置其管路上安装有成千上万只各式各样的阀门，由此可见阀门在过程工业生产装置中的重要性。

过程工业生产中，为了确保生产工艺的稳定性，整套生产装置需要适时调节阀门的开度，致使阀门在整个生产周期开闭频繁，再加上阀门在生产制造、使用选型及维护保养方面的不足，会造成阀门发生跑、冒、滴、漏等现象，情况恶化后会引起工艺介质的泄漏，随之会发生燃烧、爆炸、中毒、烫伤等工艺事故。阀门的故障也会造成工业产品质量下降、能耗升高、设备腐蚀、物耗增加、环境污染等一系列恶性后果，甚至还会造成装置运行不稳定、生产装置停产等重大事故。为了更好地确保过程工业的安全、稳定、持续运行，企业希望获得高质量的阀门，同时也要求企业提高阀门的使用和维修技术水平，这对从事阀门研究的设计人员、负责装置运行的操作人员、维修人员等提出了新的要求。除了要精心设计、合理选用、正确操作阀门之外，还要及时维护、修理阀门，使阀门的"跑、冒、滴、漏"及各类事故的发生概率降到最低限度。

二、阀门的分类

阀门的用途广泛，种类繁多，分类方法也比较多。总体上可分为两大类：

① 自动阀门：依靠介质（液体、气体）本身的能力而自行动作的阀门，如止回阀、安全阀、调节阀、疏水阀、减压阀等。

② 驱动阀门：借助手动、电动、液动、气动来操纵动作的阀门，如闸阀、截止阀、节流阀、蝶阀、球阀、旋塞阀等。

此外，阀门还可以这样来分类：

（1）按结构特征分类（根据关闭件相对于阀座移动的方向）

① 截门型：关闭件沿阀座中心移动。

② 闸门型：关闭件沿垂直于阀座中心移动。

③ 旋塞和球型：关闭件是柱塞或球，围绕自身的中心线旋转。

④ 旋启型：关闭件围绕阀座外的轴旋转。

⑤ 碟型：关闭件的圆盘围绕阀座内的轴旋转。

⑥ 滑阀型：关闭件在垂直于通道的方向上滑动。

（2）按用途分类

① 开断用：用来接通或切断管路介质，如截止阀、闸阀、球阀、蝶阀等。

② 止回用：用来防止介质倒流，如止回阀。

③ 调节用：用来调节介质的压力和流量，如调节阀、减压阀。

④ 分配用：用来改变介质流向、分配介质，如三通旋塞、分配阀、滑阀等。

⑤ 安全阀：在介质压力超过规定值时，用来泄压排放多余的介质，保证管路系统及设备安全，如安全阀、事故阀。

⑥ 其他特殊用途：如疏水阀、放空阀、排污阀等。

下面主要以闸阀、截止阀、回转式调节阀、旋塞式调节阀、止回阀、弹簧式安全阀、隔膜阀、球阀、蝶阀、底阀为例进行拆装实训。

三、阀门拆装实训意义

在石油化工、制药、生物工程等过程性生产行业，大多数设备、管路、阀门及仪表等是在工艺介质冲击、磨损、腐蚀、高温、高压、多相流等严苛工艺条件下连续运行的，这些设备、管路、阀门不可避免地会出现疲劳过载、零部件损坏、操作故障、材料老化和性能劣化等问题，因此，在化工生产行业，对运行中的设备、管路及附件采取定期的检修、更新和维护保养是必须进行的一项重要工作。企业里定期开展的生产系统大修、中修、小修，是恢复或提高装置运行状态、延长装置运行周期的有效保障。

阀门是过程工业生产装置中物料输送系统的终端和介质输送过程的控制附件，其性能优劣会直接影响生产装置的稳定性和可靠性。最常见的阀门故障就是工艺介质泄漏和操作失控。阀门泄漏又分为内部泄漏和外部泄漏两种情况。内部泄漏是由于阀芯密封件失效造成的，现场操作人员无法通过肉眼发现。主要表现在：阀门通过外部手柄关闭后，阀门内部进、出口仍然有少量介质串通，造成阀门关闭不严密，产生"内漏"。阀门的外部泄漏是阀门两边法兰密封失效或阀杆与填料压盖密封部位的密封失效造成的，现场操作人员一般通过泄漏介质发出的"哧哧"声音或者泄漏区域发现的工艺介质泄漏痕迹来判断故障点。如果想排除阀门泄漏故障，必须将与阀门相连接的设备、管路全部关闭，等阀门所在管路内部泄压后达到安全检修标准才能进行拆卸检修。一些输送有毒、有害、易燃、易爆工艺介质的压力管道还需要用安全性介质置换方可进行阀门检修。阀门故障往往会导致生产过程的控制系统失灵，生产操作失控，生产能力下降，原料和动力消耗增大，甚至由于一些阀门故障、缺陷会造成严重的操作和设备事故。因此，必须充分重视阀门的日常运行维护和质量检修，只有保证了阀门的安全性能，才能使设备保持良好的技术状态，这对化工装置的安全、稳定运行意义重大。

作为化学工艺工程师、化工操作人员以及化学工艺专业学生，明确化工阀门的类型和结构特点，了解不同类型阀门的适用场合和工作性能，是进行化学工艺设计必须掌握的基本技能。

北方民族大学工程实训中心阀门拆装现场见图1-1。

图1-1　北方民族大学工程实训中心阀门拆装现场

第二节　闸　阀

一、闸阀的结构特点

闸阀是指关闭件（闸板）沿通路中心线的垂直方向移动的阀门。闸阀在管路中只能作全开和全关切断用，不能作调节和节流用。闸阀是一种使用范围很广的阀门，一般口径 $DN \geqslant$ 50mm 的切断装置都选用闸阀，有时口径很小的切断装置也选用闸阀。闸板有两个密封面，最常用的楔式闸阀的两个密封面形成楔形，楔形角随阀门参数而异，通常为50°，介质温度不高时为52°。楔式闸阀的闸板可以做成一个整体，称为刚性闸板；也可以做成能产生微量变形的闸板，以改善其工艺性，弥补密封面角度在加工过程中产生的偏差，这种闸板称为弹性闸板。闸阀关闭时，密封面可以只依靠介质压力来密封，即依靠介质压力将闸板的密封面压向另一侧的阀座来保证密封面的密封，这就是自密封。大部分闸阀是采用强制密封的，即阀门关闭时，要依靠外力强行将闸板压向阀座，以保证密封面的密封性。闸板随阀杆一起做直线运动的闸阀称为升降杆闸阀（又称明杆闸阀）。通常在升降杆上有梯形螺纹，通过阀门顶端的螺母以及阀体上的导槽，将旋转运动变为直线运动，也就是将操作转矩变为操作推力。开启阀门时，当闸板提升高度等于阀门通径时，流体的通道完全畅通，但在运行时，此位置是无法监控的。实际使用时，是以阀杆的顶点作为标志，即开不动的位置作为它的全开位置。为考虑温度变化出现锁死现象，通常在开到顶点位置后，再倒回 1/2～1 圈，作为全开阀门的位置。因此，阀门的全开位置，按闸板的位置（即行程）来确定。

1. 闸阀的优点

① 流体阻力小，因为闸阀阀体内部介质通道是直通的，介质流经闸阀时不改变其流动方向。

② 启闭力矩小，开闭较省力。因为闸阀启闭时闸板运动方向与介质流动方向垂直，与截止阀相比，闸阀的启闭较省力。

③ 介质流动方向不受限制，不扰流、不降低压力。介质可从闸阀两侧任意方向流过，均能达到使用的目的，更适用于介质的流动方向可能改变的管路中。

④ 结构长度较短。因为闸阀的闸板是垂直置于阀体内的，而截止阀阀瓣是水平置于阀体内的，因而结构长度比截止阀短。

⑤ 密封性能好。全开时工作介质的冲蚀比截止阀小，泄漏概率低。

⑥ 结构比较简单，铸造工艺比较容易，适用范围广。

2. 闸阀的缺点

① 密封面易损伤。启闭时闸板与阀座相接触的两密封面间有相对摩擦，易损伤，影响密封件性能与使用寿命，维修比较困难。

② 启闭时间长，高度大。由于闸阀启闭时须全开或全关，闸板行程大，开启时需要一定的空间，外形尺寸高，安装所需空间较大。

③ 结构复杂。闸阀一般都有两个密封面，给加工、研磨和维修增加了一些困难。闸阀零部件较多，制造与维修较困难，制造成本比截止阀高，闸阀外形及结构见图1-2。

图 1-2　闸阀外形及结构示意图

D_0—手轮外缘直径；H—法兰中心线至阀杆顶端距离；DN—阀门公称直径；D—法兰外缘直径；D_1—法兰螺栓孔中心圆直径；D_2—法兰密封台外缘直径；Z—法兰紧固螺栓数量；ϕ—直径；d—螺栓孔直径

二、阀体外部检查

① 清除脏物，拆除保温（实训过程阀门拆装与企业阀门检修情况不同）。
② 检查阀体外部缺陷，确保阀体无砂眼、无裂纹。

三、阀门的解体

① 解体前做好零部件配合记号。
② 解体时阀门应处于开启状态。
③ 注意闸阀各零部件的拆卸顺序。
④ 保护好拆卸的零部件，统一归类摆放，不要损伤零部件。
⑤ 清洗卸下的螺栓及其他零部件，除去油污、毛刺及杂物。
⑥ 化工企业在检修环节有时会对合金钢阀门的内部零件进行光谱复查，确保其质量可靠。

四、阀杆检查修理

① 清理干净阀杆表面污垢，检查阀杆缺陷。
② 必要时进行校直或更换。
③ 企业在阀杆检修时，为确保阀杆工作质量，视情况进行表面氮化处理。
④ 阀杆弯曲度不大于阀杆全长的 $1‰$，不圆度小于 $0.05mm$。
⑤ 阀杆应光滑，无麻点、无划痕、无裂纹。阀杆与填料接触部位的均匀点蚀深度不大于 $0.3mm$，其他部位无缺陷。
⑥ 阀杆与手柄配合处螺纹完好，当磨损超过原厚度 1/3 时应及时更换。

五、闸板、阀座和阀体检查修理

① 检查闸板、阀座和阀体有无裂纹、沟槽等缺陷。
② 用红丹粉检查密封面吻合度，根据检查情况确定修复方式。
③ 打磨阀体与自密封垫圈的结合面。阀体与自密封垫圈结合面处光滑，无沟槽。
④ 检查阀座与阀体结合是否牢固。
⑤ 密封面的粗糙度 Ra 应小于 $0.10\mu m$，密封面应平直，径向吻合度不低于 80%，且密封面接触均匀，无断线现象。
⑥ 阀体内部应无异物及其他缺陷。

六、阀盖检查修理

① 清理填料箱并打磨填料箱内壁、填料压盖及座圈，确保填料箱内壁、填料压盖及座圈光洁。
② 打磨阀盖与自密封垫圈结合面，使其平整、光洁。

七、支架检查修理

① 清洗止推轴承并检查轴承有无磨损、锈蚀和破碎。
② 检查支架上的阀杆螺母。
③ 检查支架有无损伤。

④ 打磨阀体结合面，使其平整、光洁。

⑤ 检查轴承质量是否符合要求，若不符合，必须更换。

八、四合环（六合环）、垫圈等的检查修理

① 打磨四合环、垫圈。

② 检查四合环材质、硬度是否符合要求。

③ 确保四合环、垫圈光滑，无锈蚀。四合环厚度均匀，无破损、无变形现象。垫圈无变形、无裂纹等缺陷。

九、组装

① 阀门组装时，应处于开启状态。

② 按配合顺序组装。

③ 补充润滑剂。

④ 更换失效的填料。

⑤ 调整闸板与阀座的接触面积。

⑥ 按顺序装入四合环。

⑦ 均匀紧固各部连接件。

⑧ 检查各部间隙。自密封垫圈与阀体、阀盖间隙为 $0.10 \sim 0.30mm$；阀杆与压盖间隙为 $0.10 \sim 0.30mm$；填料与压盖间隙为 $0.10 \sim 0.15mm$；阀杆与座圈间隙为 $0.10 \sim 0.20mm$；座圈与填料箱间隙为 $0.10 \sim 0.15mm$。

⑨ 阀门在关闭状态下，闸板中心应比阀座中心高（单闸板为 2/3 密封面高度，双闸板为 1/2 密封面高度）。

⑩ 阀杆与闸板连接牢靠，阀杆吻合良好。

⑪ 附件及标牌应齐全。

⑫ 确保阀体保温良好。

十、开关试验

校对开关开度指示，检查开关情况，保证阀门在开关全行程无卡涩和虚行程。

十一、更换新阀门

① 除生产厂家有特殊要求外，闸阀都要进行解体检查及光谱复查。

② 对焊口进行 100％无损探伤检查。

③ 必要时按规程要求做水压试验。水压试验时各结合面、密封面无泄漏。

④ 各零部件应完好，材质及阀门质量应符合要求。

⑤ 焊口质量合格。

⑥ 新阀门安装方位和旧阀门保持一致。

第三节　截止阀

一、截止阀的结构特点

截止阀又称截门，是工业中使用最广泛的一种阀门。它之所以广受欢迎，主要是由于开

闭过程中密封面之间摩擦力小，比较耐用，开启高度不大，制造容易，维修方便，不仅适用于中低压，而且适用于高压。截止阀的闭合原理是，依靠阀杆压力使阀瓣密封面与阀座密封面紧密贴合，阻止介质流通。

阀门对其所在的管路中的介质起着切断和节流的重要作用，截止阀作为一种极其重要的截断类阀门，其密封是通过对阀杆施加扭矩，阀杆在轴向方向上向阀瓣施加压力，使阀瓣密封面与阀座密封面紧密贴合，阻止介质沿密封面之间的缝隙泄漏来实现的，截止阀结构见图1-3。

图 1-3　截止阀结构图

1—阀体；2—阀座；3—阀瓣；4—阀杆；5—填料；6—填料压盖；7—阀盖；8—手轮；9—螺母

截止阀的密封副由阀瓣密封面和阀座密封面组成，阀杆带动阀瓣沿阀座的中心线做垂直运动。为了提升密封效果，截止阀阀瓣用黄铜制作，黄铜的硬度低，耐磨性好。截止阀启闭过程中开启高度较小，易于调节流量，且制造维修方便，压力适用范围广。

与工业生产中另外一种常用的截断类阀门闸阀相比，截止阀结构简单，便于制造和维修。从使用寿命上来说，截止阀密封面不易磨损及擦伤，阀门启闭过程中阀瓣与阀座密封面之间无相对滑动，因此对密封面的磨损与擦伤较小，提高了密封副的使用寿命。截止阀在全开全闭过程中阀瓣行程小，其高度相对闸阀较小。截止阀的缺点是启闭力矩较大，且难以实现快速启闭，因阀体内流道比较曲折，流体流动阻力大，造成流体动力在管路中损失较大。

二、阀体外部检查

① 清除脏物，拆除保温（实训过程阀门拆装与企业阀门检修情况不同）。

② 因阀体属于铸件，需要检查阀体表面有无重皮、裂纹、砂眼。

三、阀门的解体

① 解体前做好各零部件的配合记号。

② 解体时阀门应处于开启状态。

③ 注意拆卸顺序，如果拆卸顺序不正确，可能会引起拆卸困难或损坏零部件。

④ 不要损伤零部件。

⑤ 清洗卸下的螺栓及其他零部件。

⑥ 对合金钢阀门的内部零件应进行光谱复查。

四、阀杆检查修理

① 清理干净阀杆表面污垢，检查阀杆缺陷。

② 必要时进行校直或更换。

③ 视情况进行表面氮化处理。

④ 阀杆弯曲度不大于阀杆全长的 1‰，不圆度小于 0.05mm。

⑤ 阀杆应光滑，无麻点、无划痕、无裂纹。阀杆与填料接触部位的均匀点蚀深度不大于 0.3mm，其他部位无缺陷。

⑥ 检查阀杆螺纹是否完好，当磨损超过原厚度 1/3 时应更换。

五、阀座、阀体与阀瓣检查修理

① 检查阀座、阀体、阀瓣有无裂纹和沟槽。

② 用红丹粉检查密封面的吻合度，根据检查情况确定修复工艺。

③ 打磨阀体与自密封垫圈结合面，阀体与自密封垫圈结合面处光滑，无沟槽。无法修复的可卸式阀座应更换。

④ 密封面应平直，密封面的粗糙度 Ra 应小于 $0.20\mu m$，径向吻合度不低于 80%，且密封面接触均匀，无断线现象。

⑤ 阀体内部应无异物及其他缺陷，发现问题应予以处理。

六、阀盖检查修理

① 清理填料箱并打磨填料箱内壁、填料压盖及座圈。填料箱内壁、填料压盖及座圈应光洁。

② 打磨阀盖与自密封垫圈结合面，保持其密封部位光洁无毛刺。

③ 阀盖不得出现裂纹、砂眼等缺陷。

七、支架检查修理

① 清洗止推轴承并检查轴承有无磨损、锈蚀和破碎。

② 检查支架上的阀杆螺母。

③ 检查支架有无损伤。

④ 用细砂纸打磨阀体结合面，使其平整、光洁，以确保其密封效果。

⑤ 检查轴承质量是否符合要求，若不符合，必须更换。

八、四合环（六合环）、垫圈等的检查修理

① 打磨四合环、垫圈。

② 检查四合环材质、硬度是否符合要求。

③ 确保四合环、垫圈光滑，无锈蚀。四合环厚度均匀，无破损、无变形现象。垫圈无变形、无裂纹等缺陷。

九、组装

① 阀门组装时，阀门应处于开启状态。

② 按零部件配合顺序组装。

③ 补充润滑剂。

④ 更换破损的填料。

⑤ 调整闸板与阀座的接触面积。

⑥ 按顺序装入四合环。

⑦ 均匀紧固各部连接件。

⑧ 检查各部间隙。自密封垫圈与阀体、阀盖间隙为 0.10～0.30mm；阀杆与压盖间隙为 0.10～0.30mm；填料与压盖间隙为 0.10～0.15mm；阀杆与座圈间隙为 0.10～0.20mm；座圈与填料箱间隙为 0.10～0.15mm。

⑨ 阀门在关闭状态下，闸板中心应比阀座中心高（单闸板为 2/3 密封面高度，双闸板为 1/2 密封面高度）。

⑩ 阀杆与闸板连接牢靠，阀杆吻合良好。

⑪ 附件及标牌应齐全。

⑫ 确保阀体保温良好。

⑬ 填料及自密封垫圈的质量应符合要求。

第四节　回转式调节阀

一、回转式调节阀的结构特点

回转式调节阀适用于中、低压锅炉给水管路和高压加热器出水管路。调节阀的回转启闭角度为 60°，由调节阀上方的开度指示板来指示。可配用电动执行装置，实行远程自动化操作。回转式调节阀结构见图1-4。

① 主要由阀体、阀座、阀瓣、阀杆、阀盖、指示板等组成。

② 阀门的流量调节通过圆筒形的阀瓣和阀座的相对回转以改变阀瓣上的窗口面积来实现。

③ 阀门的开关范围由阀门上方的开度指示板指示，所指示的开关范围与阀门的开关范围一致。

④ 回转式调节阀通过远距离控制器来操纵，回转角度为 60°。

二、阀体外部检查

① 清除脏物，拆除保温（实训过程阀门拆装与企业阀门检修情况不同）。

② 阀体属于铸件，确保阀体无砂眼、无裂纹。

三、阀门的解体

① 解体前做好零部件配合记号。

图 1-4　回转式调节阀结构图

1—阀盖垫片；2—缠绕垫片；3—阀笼垫片；4—阀座环；5—阀体；6—阀座环垫片；7—阀笼；8—阀芯；9—阀盖；10—填料函；11—填料；12—支架锁紧螺母；13—填料压盖；14—阀杆

② 注意零部件的拆卸顺序。

③ 不要损伤零部件。

④ 清理卸下的零部件。

四、阀杆检查修理

① 清理干净阀杆表面污垢，检查阀杆缺陷。

② 必要时进行校直或更换。

③ 视情况进行表面氮化处理。

④ 阀杆弯曲度不大于阀杆全长的 1‰，不圆度小于 0.05mm。

⑤ 阀杆应光滑，无麻点、无划痕、无裂纹。阀杆与填料接触部位的均匀点蚀深度不大于 0.3mm，其他部位无缺陷。

⑥ 检查阀杆螺纹是否完好，当磨损超过原厚度 1/3 时应更换。

五、阀座、阀体与阀瓣检查修理

① 打磨阀座套筒内壁，阀座套筒内壁应光洁，无毛刺。检查内孔有无损坏、变形。

② 检查阀瓣吹损情况及其不圆度。阀瓣汽蚀、冲蚀深度应小于 0.01mm，表面光洁，不圆度＜0.15mm。

③ 检查阀座与阀瓣磨损情况。

④ 阀瓣在阀座套筒内转动灵活，间隙为 0.10～0.30mm，间隙超过 1mm 时要更换新阀门。

六、阀盖检查修理

① 清理填料箱，打磨填料箱内壁，使其光洁平整。

② 打磨阀盖与自密封垫圈的结合面，使其光洁平整，无裂纹、无砂眼，必要时进行探伤。

七、支架检查修理

清理支架，检查有无损伤，打磨与阀体的结合面，结合面光洁平整。

八、密封环、垫圈的检查修理

① 四合环光洁无锈蚀，厚度均匀。

② 垫圈无变形、断裂，内外径不圆度＜0.30mm。

③ 四合环的中心应对准阀体上的小孔。

九、组装

① 按照阀门配合顺序进行组装。

② 阀杆部位适当补充润滑剂，以减小摩擦。

③ 更换失效的填料。

④ 按顺序装入密封环。

⑤ 均匀紧固各连接件。

⑥ 调整好各部分零部件之间的间隙。

⑦ 注意将阀瓣与阀座套筒上的流量释放孔对齐。

十、开关试验

① 校对开关开度指示，检查开关情况。开关位置指示正确。阀门在开关全行程无卡涩，无虚行程和松动现象。

② 阀门投运前，做好流量特性曲线试验，流量特性曲线应符合要求。

十一、更换新阀门

① 除生产厂家有特殊要求外，阀门都应进行解体检查及光谱复查。

② 对焊接口进行100%无损探伤，确保其强度要求，学生拆装因为与工业生产性质不同，焊缝无损检查可以省略。

③ 注意安装方向，阀门上都标注有显示流体流动方向的箭头。

④ 企业在用阀门前要做耐压试验，水压试验时，阀门各结合面、密封面无泄漏，流量及调节特性符合设计要求。学生工程实训作为教学环节，耐压试验不作考虑，但是要强调阀门质量检查的重要性。

⑤ 新换阀门质量必须符合要求。

⑥ 截止阀组装结束后要确保填料压盖的松紧度适宜，操作方便，无卡涩现象。

第五节　旋塞式调节阀

一、旋塞式调节阀的结构特点

旋塞式调节阀（旋塞阀）是用带通孔的塞体作为启闭件的阀门。塞体随阀杆转动，以实现启闭动作。由于旋塞阀密封面之间运动带有擦拭作用，而在全开时可完全防止与流动介质的接触，故它通常也能用于带悬浮颗粒的介质。旋塞阀的另一个重要特性是它易于适应多通道结构，以致一个阀可以获得两三个甚至四个不同的流道。这样可以简化管路系统的设计、减少阀门用量以及设备中需要的一些连接配件。为了扩大旋塞阀的应用范围，已研制出许多新型结构，油润滑旋塞阀是最重要的一种。特制的润滑脂从塞体顶端注入阀体锥孔与塞体之间，形成油膜以减小启闭力矩，提高密封性和使用寿命。它的工作压力可达64MPa，最高工作温度可达325℃，最大口径可达600mm。旋塞阀的通道有多种形式，常见的直通式主要用于截断流体，三通和四通式旋塞阀适用于流体换向，旋塞式调节阀有法兰式和螺纹式两种类型，结构分别见图1-5、图1-6。

小型无填料的旋塞阀又称为"考克"。旋塞阀的塞体多为圆锥体（也有圆柱体），与阀体的圆锥孔面配合组成密封副。旋塞阀是使用最早的一种阀门，结构简单、开关迅速、流体阻力小。与其他类型的阀门比较，密封材料不同，旋塞阀密封依靠旋塞与阀体的锥面配合来实现，整个密封面属于刚性结构，所以密封性较差，启闭力大，容易磨损，通常只能用于低压（不高于1MPa）和小口径（小于100mm）的场合。

二、阀体外部检查

① 清除阀体外部脏物，如果有保温层，先拆除保温层。企业很多阀门随同管路有保温层，实训中心阀门是独立的拆装件，没有保温层。

图 1-5 法兰式旋塞式调节阀结构图

D—法兰外缘直径；D_1—法兰螺栓孔中心圆直径；D_2—法兰密封台外缘直径；Z—法兰紧固螺栓数量；ϕ—直径；d—螺栓孔直径；H—阀座底面至阀杆顶端距离；h—法兰中心至阀座底面距离；b—法兰厚度；S—阀杆端部倒角尺寸

图 1-6 螺纹式旋塞式调节阀结构图

② 检查阀体外部缺陷：阀体有无砂眼及裂纹，阀门各附件是否齐全，螺栓等零部件是否松动。

三、阀门的解体

① 解体前做好零部件配合记号。
② 注意拆卸顺序。
③ 注意不要损伤零部件。
④ 清洗卸下的零部件。
⑤ 对合金钢阀门的内部零件应进行光谱复查。

四、阀杆检查修理

① 清理干净阀杆表面污垢，检查阀杆缺陷。
② 必要时进行校直或更换。
③ 视情况进行表面氮化处理。
④ 阀杆弯曲度不大于阀杆全长的 1‰，不圆度小于 0.05mm。
⑤ 阀杆应光滑，无麻点、无划痕、无裂纹。阀杆与填料接触部位的均匀点蚀深度不大于 0.3mm，其他部位无缺陷。

⑥ 检查阀杆螺纹是否完好，当磨损超过原厚度 1/3 时应更换。

五、阀座（套筒）、阀体与阀瓣检查修理

① 在工矿企业，阀门检修需要检查阀座、阀瓣冲刷损坏情况。阀瓣与阀座的密封面应光洁，无伤痕。表面粗糙度 $Ra < 0.63\mu m$。
② 检查阀座与阀瓣的间隙是否在 $0.10 \sim 0.30mm$，大于 $1.0mm$ 时换新阀门。
③ 检查阀座与阀瓣是否无裂纹，必要时进行探伤检查。
④ 打磨阀体与阀盖的结合面，直至表面光滑平整。
⑤ 对阀瓣与阀座的密封面进行研磨。
⑥ 阀体内部应无异物。

六、阀盖检查修理

① 清理填料箱并打磨填料箱内壁、填料压盖及座圈，保持光洁。
② 打磨阀盖与自密封垫圈结合面，使其平整、光洁。

七、四合环、垫圈等的检查修理

① 打磨四合环、垫圈。
② 检查四合环材质、硬度是否符合要求。
③ 四合环、垫圈光滑，无锈蚀。四合环厚度均匀，无破损、无变形现象。垫圈无变形、无裂纹等缺陷。

八、组装

① 阀门组装时，阀门应处于开启状态。
② 按零部件配合顺序组装。
③ 补充润滑剂。
④ 更换破损的填料。
⑤ 按顺序装入四合环。
⑥ 均匀紧固各部连接件。
旋塞式调节阀组装质量验收标准为：
① 各部间隙符合要求（同闸阀）。
② 组装顺序正确。
③ 润滑剂质量合格，补充适量。
④ 填料质量符合要求。
⑤ 附件及标牌齐全。
⑥ 各部连接件紧固完好。

九、开关试验

① 校对开关开度指示，检查开关情况。开关位置指示正确。阀门在开关全行程无卡涩，无虚行程和松动现象。

② 阀门投运前，做好流量特性曲线试验。流量特性曲线应符合要求。

十、更换新阀门

① 除生产厂家有特殊要求外，阀门都应进行解体检查及光谱复查。

② 对焊口进行100％的无损探伤。

③ 阀座标有箭头表明流体流动方向，安装时要注意阀门方向。

④ 必要时按规程要求做水压试验。水压试验时，各结合面、密封面无泄漏，流量及调节特性符合设计要求。

⑤ 新换阀门质量必须符合要求。

第六节　止回阀

一、止回阀的结构特点

止回阀又称单向阀或逆止阀，其作用是防止管路中的介质倒流。水泵吸水开关的底阀也属于止回阀类。启闭件靠介质流动冲击力量和自身重力自行开启或关闭，以防止介质倒流。

图1-7　法兰式止回阀结构图

止回阀属于自动阀类，主要用于介质单向流动的管路上，只允许介质向一个方向流动，以防止发生事故。

止回阀按结构划分，可分为升降式止回阀、旋启式止回阀和蝶式止回阀三种。升降式止回阀可分为立式和直通式两种。旋启式止回阀分为单瓣式、双瓣式和多瓣式三种。蝶式止回阀分为蝶式双瓣、蝶式单瓣，以上几种止回阀在连接形式上可分为螺纹连接、法兰连接、焊接和对夹式连接四种。法兰式止回阀结构见图1-7。

二、止回阀的安装注意事项

安装止回阀是为了保证水泵内部水流的流向，从而保障水泵的正常工作。止回阀的安装位置（安装在水泵前还是水泵后），可以分两种情况：一种是安装在水泵前竖吸管端头，也叫底阀。目的是避免抽一次水向水泵充一次水，因为水泵内以及泵前的吸管内无水时水泵只能空转抽不上水，所以水泵内必须充满水。这种水泵的安装是针对水泵安装基础高于液面时的一种方法，也叫负压法。另一种是将止回阀安装在水泵的输出管路上，这种安装方法是输送介质液面高于水泵叶轮中心线的情况下，依靠液位位差自动灌泵，启、停水泵时不用关水泵出水阀，特别是对于扬程较高的离心泵输送系统，安装止回阀可以防止停泵时发生介质顺着管路倒流的情况，造成叶轮、泵壳的磨损和冲蚀。

止回阀必须安装在泵出口管路流量控制调节阀之前的位置，以便检修。一般泵的出口零部件顺序是软连接（减震器）、止回阀、隔断阀（如蝶阀、闸阀、截止阀等）。

三、阀体外部检查

① 清除脏物，拆除保温。

② 阀体属于铸件，检查阀体表面有无重皮、裂纹、砂眼。

四、阀门的解体

① 解体前做好相关零部件的配合记号。
② 注意零部件拆卸顺序。
③ 拆装时注意不要损伤零部件。
④ 清洗卸下的零部件。
⑤ 对合金钢阀门的内部零件应进行光谱复查。

五、检查阀杆

检查阀杆有无裂纹、变形和腐蚀。

六、检查阀瓣与阀座密封面

研磨时要用研磨胎或研磨棒分别研磨阀瓣与阀座，不可对研，也可用专用研磨工具研磨。阀门研磨工艺，密封面表面粗糙度 Ra 应小于 $0.20\mu m$。

七、检查阀体及其连接焊缝

检查阀体及其连接焊缝有无砂眼、裂纹等缺陷。

八、检查翻板式止回阀旋转轴

① 检查旋转轴有无变形、裂纹、磨损和腐蚀等缺陷。
② 检查翻板开关是否灵活。

九、阀盖检查修理

① 清理填料箱并打磨填料箱内壁、填料压盖及座圈。填料箱内壁、填料压盖及座圈应光洁。
② 打磨阀盖与自密封垫圈结合面，使其平整光洁。

十、检查导向轴、四合环

① 检查导向轴变形、裂纹、磨损和腐蚀情况。
② 打磨四合环、垫圈。
③ 检查四合环材质、硬度是否符合要求。
④ 四合环、垫圈应光滑，无锈蚀。四合环厚度均匀，无破损、无变形现象。垫圈无变形、无裂纹等缺陷。

十一、检查弹簧

① 测量弹簧工作长度，做好记录。
② 记录各定位尺寸和位置。
③ 检查弹簧有无裂纹、严重锈蚀和变形，弹簧性能是否良好。
④ 弹簧与弹簧座应吻合良好。

十二、组装

① 按配合顺序组装。

② 按顺序装入四合环。

③ 均匀紧固各部连接件。

十三、开关试验

校对开关开度指示，检查开关情况，阀门在开关全行程无卡涩和虚行程。

十四、更换新阀门

① 除生产厂家有特殊要求外，阀门都应进行解体检查及光谱复查。

② 对焊口进行 100％ 无损探伤。

③ 阀座标有箭头表明流体流动方向，注意阀门的安装方向。

④ 必要时按规程要求做水压试验。水压试验时，各结合面、密封面无泄漏，流量及调节特性符合设计要求。

⑤ 新换阀门质量必须符合要求。

第七节　弹簧式安全阀

一、弹簧式安全阀的结构特点

图 1-8　弹簧式安全阀结构图

1—提升传动装置；2—导承；3—阀瓣环；
4—阀芯；5—下调整环；6—阀体；7—上
调整环；8—阀芯压环；9—开度止动块；
10—重叠套环；11—阀杆；12—弹簧；
13—轭架；14—压缩螺丝

弹簧式安全阀依靠弹簧的弹性压力将阀的瓣膜或柱塞等密封件闭锁。当压力容器的压力异常后，产生的高压将克服安全阀的弹簧压力，顶开闭锁装置，形成的泄压通道将高压泄放掉。弹簧式安全阀结构见图 1-8。

安全阀按结构形式可分为重锤式、杠杆式、弹簧式和先导式（脉冲式）；按阀体构造可分为封闭式和不封闭式。封闭式安全阀即排出的介质不外泄，全部沿着出口排泄到指定地点，一般用在有毒和腐蚀性介质中。对于空气和蒸汽，多采用不封闭式安全阀。根据阀瓣开启高度不同又分为全起式和微起式两种。全起式泄放量大，回弹力好，适用于液体和气体介质，微起式只适用于液体介质。对于安全阀产品的选用，应按实际密封压力来确定。对于弹簧式安全阀，在一定公称压力（PN）范围内，有几种工作压力级的弹簧，通过调节弹簧的弹力来实现设备或管路内压力超限设定。

二、检查阀瓣、阀座

① 密封面如有表面损坏，或微小裂纹，且深度不超过 1.4mm，可先用车削办法修复后再研磨。

② 检验密封面是否有微小缺陷时，可用着色等无损探伤方法进行确认。

③ 密封面深度小于 0.4mm 的微小缺陷可用研磨方法消除。

④ 密封面损坏深度超过 1.4mm 时应更换。

⑤ 密封面的粗糙度 Ra 应小于 $0.10\mu m$，密封面应平直，径向吻合度不低于 80%，且密封面各处接触均匀，无断线现象。

三、检查阀杆

① 清理干净阀杆表面污垢，检查阀杆缺陷。

② 必要时进行校直或更换。

③ 视情况进行表面氮化处理。

④ 阀杆弯曲度不大于阀杆全长的 1‰，不圆度小于 0.05mm。

⑤ 阀杆应光滑，无麻点、无划痕、无裂纹。阀杆与填料接触部位的均匀点蚀深度不大于 0.3mm，其他部位无缺陷。

⑥ 检查阀杆螺纹是否完好，当磨损超过原厚度 1/3 时应更换。

四、检查螺栓、螺母

检查螺栓、螺母是否完好，无裂纹，无变形。是否装配灵活，无松动现象。

五、检查阀体及与阀门连接座焊接

检查阀体及其连接焊缝有无砂眼、裂纹等缺陷。

六、检查弹簧提杆

① 检查弹簧提杆是否完好。

② 按配合顺序、解体的标记和定值尺寸进行装复。

③ 内轴承、螺栓顶端等活动部位应涂上润滑油。

④ 注意不要损伤密封面，不要将连接轴倒装。

⑤ 调整弹簧长度。

七、组装

① 按正确顺序组装。

② 确保密封面完好，连接轴安装方向正确。

③ 弹簧长度应与检修前长度一致。

八、安全阀动作试验

① 阀瓣起跳高度符合设计规定（全启式高度不小于喉径的 1/4）。

② 安全阀校验时起跳压力允许误差为 ±0.6%，回座压力为起跳压力的 93%～96%，最低不低于起跳压力的 90%。

第八节　隔膜阀

一、隔膜阀的结构特点

隔膜阀结构简单，只由阀体、隔膜和阀盖组合件三个主要部件构成，易于快速拆卸和维修，更换隔膜可以在现场及短时间内完成。

　　隔膜阀适用于输送超纯介质或有污染性的流体，十分黏稠的液体、气体、腐蚀性或惰性介质，例如泥浆、食品、药品。隔膜阀的操作机构不暴露在运送流体中，故不具污染性，也不需要填料，阀杆填料部也不可能会泄漏。与控制设备相结合时，隔膜阀更能取代其他传统控制系统，尤其适用于固体和易污染的惰性介质。隔膜阀主要应用于生物制药、食品行业以及电力、化工、电镀等行业的工业水处理中，还被应用于半导体晶圆的生产中。隔膜阀结构见图1-9。

图 1-9　隔膜阀结构图

阀盖
阀杆
阀瓣
衬里层
隔膜
阀体

　　隔膜阀的特点有：

　　① 隔膜把下部阀体内腔与上部阀盖内腔隔开，使位于隔膜上方的阀杆、阀瓣等零部件不受介质腐蚀，省去了填料密封结构，且不会产生介质外漏。

　　② 采用橡胶或塑料等软质密封制作的隔膜，密封性较好。由于隔膜为易损件，应视介质特性而定期更换。受隔膜材料限制，隔膜阀适用于低压和温度相对不高的场合。

二、阀门的解体

　　隔膜阀结构简单，通常分为屋脊式和直流式。该阀易于快速拆卸和维修，更换隔膜可以在现场及短时间内完成，一般按以下程序进行：

　　① 解体前做好配合记号，按顺序进行拆卸，并做好记录。

　　② 解体时阀门应处于开启状态。

　　③ 注意对填料的保护，不能硬撬，以免损伤填料，不要损伤零部件表面。

　　④ 用干布擦干净卸下的螺栓及其他零部件。

　　⑤ 对合金钢阀门的内部零件应进行观察，了解其密封结构。

三、组装

　　① 按阀门配合顺序进行零部件组装。

　　② 注意不要损伤零部件及密封面。

　　③ 隔膜要放置到位，不要有偏离。

　　④ 阀座组装后，阀杆应能灵活开启、关闭。

　　⑤ 阀盖与阀体的四周缝隙均匀，不得有偏差。

　　⑥ 阀盖与阀体的螺栓紧固不能太紧，防止将隔膜损伤。

第九节　球　阀

一、球阀的结构特点

　　球阀和闸阀是同属一个类型的阀门，区别在于它的关闭件是球体，球体绕阀体中心线做旋转来实现阀门的开启、关闭。球阀在管路中主要用来切断、分配和改变介质的流动方向。球阀是近年来被广泛采用的一种新型阀门，根据阀芯球体的固定情况分为浮动球式和固定球式两类，球阀结构见图 1-10。

图 1-10　球阀结构图

球阀具有以下优点：

① 流体阻力小，其阻力系数与同长度的管段相等。

② 结构简单、体积小、质量轻。

③ 紧密可靠，目前球阀的密封面材料广泛使用塑料，密封性好，在真空系统中也已广泛使用。

④ 操作方便，开闭迅速，从全开到全关只要旋转 90°，便于远距离的控制。

⑤ 维修方便，球阀结构简单，密封圈一般都是活动的，拆卸更换都比较方便。

⑥ 在全开或全闭时，球体和阀座的密封面与介质隔离，介质通过时，不会引起阀门密封面的侵蚀。

⑦ 适用范围广，通径从几毫米到几米，压力从高真空至高压力都可应用。

二、阀门的解体

① 解体前做好配合记号，按顺序进行拆卸，并做好记录。

② 解体时阀门应处于开启状态。

③ 注意对填料的保护，不能硬撬，以免损伤填料，不要损伤零部件表面。

④ 用干布擦干净卸下的螺栓及其他零部件。

⑤ 对合金钢阀门的内部零件应进行观察，了解其密封结构和装配关系。

三、组装

① 组装应按与球阀解体时相反的顺序进行。如发现密封面有损伤，需重新研磨，组装后转动手柄，不得有卡阻现象。

② 组装前，阀体内应吹扫干净，以免杂物损伤密封面，造成阀门零部件装配不到位；若在工厂就会导致阀门泄漏事故。

③ 阀门应按阀体上所示介质流向安装在管路上，阀门可以垂直安装，也可以水平安装，但不可倒装。

④ 球阀的填料函内，一般装有条形填料，有时也装柔性石墨填料，学生在组装后填料压盖螺母不能拧太紧，以免影响开闭。在工厂里，阀门投运前将填料压盖处的活节螺栓螺母

拧紧（填料函处填料压缩量约为填料总高度的 10%），以免运行中填料被介质冲坏产生严重泄漏；如在投运中发现填料函处冒泡或轻微泄漏，须及时拧紧填料函处活节螺栓螺母，直至不漏。

⑤ 球阀阀座与阀体法兰密封圈为石棉板（XB450）衬垫或柔性石墨缠绕垫片，组装时注意放置到位，不能有破损。在工厂里，球阀在投运前中法兰密封副的压紧螺母必须对称拧紧，用力均匀，投运后一旦发现泄漏，须及时再次拧紧，直至不漏为止。

⑥ 停炉检修时，须对阀门密封面进行研磨，更换填料及中法兰处密封圈，重新组装调试。

四、球阀组装质量检查

① 对组装后的球阀进行开关试验，校对开关开度指示，检查开关情况，阀门在开关全行程无卡涩和虚行程。

② 检查手柄上的压盖螺母是否拧紧，检查压盖有无损伤。

③ 阀座与阀体结合牢固，无松动现象。

④ 阀盖与自密封垫圈结合面平整、光洁，填料压盖位置合理。

⑤ 检查填料部位是否压紧，既要保证填料的密封性，也要保证阀杆开启灵活。

第十节　蝶　阀

一、蝶阀的结构特点

蝶阀是用圆形蝶板作启闭件并随阀杆转动来开启、关闭和调节流体通道的一种阀门。蝶阀的蝶板安装于管路的直径方向。在蝶阀阀体圆柱形通道内，圆盘形蝶板绕着轴线旋转，旋转角度为 0～90°，旋转到 90°时，阀门则呈全开状态。

蝶阀具有结构简单、体积小、质量轻、材料耗用省、开关迅速、90°往复回转、驱动力矩小等特点，用于截断、接通、调节管路中的介质，具有良好的流量控制特性和关闭密封性能。蝶阀处于完全开启位置时，蝶板是介质流经阀体时唯一的阻力，因此通过该阀门所产生的压力降很小，故具有较好的流量控制特性。蝶阀密封有弹性密封和金属密封两种。弹性密封阀门的密封圈可以镶嵌在阀体上或附在蝶板周边。采用金属密封的软密封电动对夹式蝶阀一般比弹性密封的阀门寿命长，但很难做到完全密封。金属密封能适应较高的工作温度，弹性密封则具有受温度限制的缺陷。如果要求蝶阀作为流量控制阀门使用，需正确选择阀门的尺寸和类型。蝶阀尤其适合制作成大口径阀门。

蝶阀不仅在石油、化工、水处理等一般工业上得到广泛应用，而且还应用于热电站的冷却水系统。常用的蝶阀有对夹式蝶阀、法兰式蝶阀、对焊式蝶阀三种。对夹式蝶阀是用双头螺栓将阀门连接在两管路法兰之间；法兰式蝶阀是阀门上带有法兰，用螺栓将阀门两端法兰连接在管路法兰上；对焊式蝶阀的两端面与管路焊接连接。蝶板的流线形设计，使流体阻力损失小，可谓是一种节能型产品。阀杆为通杆结构，经过调质处理，有良好的综合力学性能、抗腐蚀性和抗擦伤性。蝶阀启闭时阀杆只做旋转运动而不做升降运行，阀杆不易损坏，密封可靠。与蝶板锥销固定，外伸端为防冲出型设计，以免阀杆与蝶板连接处意外断裂时阀杆崩出。

有些蝶阀内部结构为橡胶注塑成型，阀门属于一次性消耗件，不能拆装，工程训练应该采购可拆式蝶阀，蝶阀结构详见图 1-11。

蝶阀的结构主要包括：密封副合成橡胶阀座、合成橡胶＋聚四氟乙烯＋酚醛树脂复合阀座；合成橡胶＋聚四氟乙烯阀座、不锈钢阀座、双金属阀座、合成橡胶＋聚四氟乙烯阀座＋蝶板包覆聚四氟乙烯等；密封类型有中线密封、单偏心密封、双偏心密封、三偏心密封、斜板式三偏心密封、充压密封、自压密封、球面密封、金属密封、氟塑料衬里（衬里外另覆盖树脂、氟橡胶）密封、密封圈（C 形圈、U 形圈、O 形圈、Z 形聚甲醛）密封；阀杆结构有阀杆通杆、穿销钉、两节杆六方头等。

图 1-11　蝶阀结构图

轴承
O 形圆
阀杆
焊接一体型阀座
阀体
阀芯
插头
（ZDC^{2+}
铬酸盐处理）

二、蝶阀拆装

① 检查蝶阀拆装前拆卸工器具是否准备齐全。

② 检查蝶阀外观，有无零部件缺少或者破损。

③ 拆卸蝶阀执行机构。

④ 拆卸蝶阀密封部件。

⑤ 拆卸蝶阀阀体。

⑥ 拆卸蝶阀阀板、连杆部件。

⑦ 清洗检查阀板（企业对阀门检修需要清洗零部件，学生实训拆装用棉纱擦干净即可，以下同）。

⑧ 清洗检查阀杆。

⑨ 清洗检查密封部件。

⑩ 清洗检查传动机构。

⑪ 回装蜗轮蜗杆传动机构。

⑫ 回装阀体。

⑬ 回装密封部件。

⑭ 回装执行机构。

⑮ 现场清扫，学生拆装后要清理现场卫生，检查有无剩余零部件，将工器具放到工具箱，阀门放回指定位置。

三、蝶阀组装质量检查

① 对组装后的蝶阀进行开关试验，校对开关开度指示，检查开关情况，阀门在开关全行程无卡涩和虚行程。

② 检查手柄上的压盖螺母是否拧紧，检查压盖有无损伤。

③ 阀座与阀体结合牢固，无松动现象。

④ 阀盖与自密封垫圈结合面平整、光洁，填料压盖位置合理。

⑤ 检查填料部位是否压紧，既要保证填料的密封性，也要保证阀杆开启灵活。

第十一节 底 阀

一、底阀的结构特点

底阀属于止回阀的一种，是一种低压平板阀，其作用是保证离心泵输送系统中的液体在吸入管路中单向流动，使泵正常工作。当泵短时间歇停止工作时，使液体不能返回水池（水箱），保证吸水管内充满液体，以利于泵的启动。

底阀按其主体结构材质不同可分为塑胶类底阀和金属类底阀，根据是否具备自清洗功能可以分为普通底阀和有反洗水流底阀。底阀主要设置在液体物料输送泵的液体物料吸入管口，来防止泵体内及输出管浆液回流，底阀结构详见图1-12。底阀加工及制造质量对其使用性能有很大的影响，如密封不严、密封元件老化会产生漏水问题等，这样液体输送系统很难实现自动控制。

图 1-12 底阀结构图

D—法兰外缘直径；D_1—法兰螺栓孔中心圆直径；D_2—法兰密封台外缘直径；D_3—法兰内孔直径

底阀在阀盖上设有多个进水口，并配有筛网，以减少杂物的流入，降低底阀的堵塞概率。底阀虽然配有防堵塞筛网，但一般用于清洁介质的输送，黏度和颗粒度过大的介质不宜使用底阀。

底阀是一种节能阀，它可以很大程度上降低离心泵电机的瞬间启动电流，不仅有利于保护电机，延长电机使用寿命，而且减少了大量的电量消耗。泵的吸入端安装了底阀，由于底阀具有密封的作用，离心泵发生故障或者检修需要停车时，可以阻止泵壳内及管路内的液体物料返回物料储槽（储存池内），等输送泵再次启动运行后不需要重复注液灌泵，可以直接启动离心泵。底阀阀瓣根据其接管尺寸的不同，划分为单瓣、双瓣、多瓣型，安装形式有法兰连接和螺纹连接两种。在过程工业上底阀应用也非常广泛，根据不同工况和输送的液体介质特征，底阀有升降式底阀、井底阀、吸水阀、滤水阀、旋启式底阀等。

底阀在工程上根据其输送介质不同，材质有不同类型。常见底阀材质有铸铁和工程塑料，从造型、防腐、耐磨性及机械强度综合考虑，铸铁材质使用最广，工程塑料重量轻、耐腐蚀，但是耐热性差，机械强度低。

二、底阀的安装要求

底阀的安装与其他阀门有所不同，由于底阀是依靠阀芯的自重和管路内液体重力产生的压力达到密封要求的，所以底阀只能在吸入管端部垂直安装。为了确保底阀的正常工作质量，安装时有以下几点注意事项。

① 为了让液体输送泵吸水管路不出现漏气的现象，吸水管路必须完全密封，一点空气都不能被吸入，自吸泵吸水管路通常采用的是钢管，管路接头采用焊接或者法兰方式连接。

② 吸水管路内水中含有溶解性气体时，会因管路中压力减小而逸出。如果在吸水管路某处出现积气，就会形成气囊，而影响管路的过水能力，严重时会破坏真空吸水。为了使输送泵能及时排走吸水管路中的气体，吸水管应有沿水流方向连续上升的坡度，且 $i \geqslant 0.005$，使管内气体从泵壳顶端排出。

③ 输送泵吸入管安装在吸液池内，吸液池有效容积应不小于最大一台泵5分钟的抽液量。为了防止在吸液管进口处产生旋流吸入空气，要求进口管有一定的液体淹没深度、悬高和一定的间距。

④ 正常情况下每台输送泵的介质入口应设单独的吸水管，吸水管端部安装底阀，并应尽量减少吸水管长度和管件，以减少吸水管水头损失。

⑤ 当有3台或者3台以上泵一起平行作业时，可以采用多台水泵共用吸水总管吸水，但吸水总管数量不少于2条，一条发生故障时，另外一条吸水总管仍能满足设计水量。

⑥ 当吸液池水位高于输送泵泵轴中心线时，吸水管路上应设置闸阀，以利于水泵检修。

⑦ 当水中有大量杂质时，输送泵吸入管底阀下面应设置滤网，以防止杂质被吸入泵壳内磨损零部件或者造成管路、管件堵塞。

三、阀体外部检查

清除滤网及阀体上的脏物，清理阀体法兰连接部位螺栓周围的杂质。

四、阀体缺陷检查

检查阀体表面有无重皮、裂纹、砂眼，观察阀体的磨损及腐蚀情况。

五、阀门的解体

① 解体前做好底阀各零部件的配合记号。

② 注意阀体拆卸顺序，一般遵循先外后内、先拆部件再拆零件的规则。

③ 拆卸过程中，有些零部件不能硬砸硬撬，注意不要损伤零部件，尤其是阀体上用于密封的部位要加强保护。

④ 检查拆卸后的底阀各零部件，按照装配关系归类摆放，用金属清洗剂清洗卸下的零部件。

⑤ 对合金钢阀门的内部零件应进行质量复查，工程上阀门检修、维护要求比较严格，学生工程实训只是了解各零部件的材质及作用，实训中心现有底阀零部件材质主要有铸铁和工程塑料两种。

六、检查阀门过滤端、阀座密封垫圈、密封凸台

检查阀体过滤部分有无裂口、破损现象，阀座密封垫圈、密封凸台是否有破损、腐蚀现象。

七、检查阀瓣与阀座密封面

在工程检修过程中，为了保证返修后的底阀能够维持正常的工作状态，研磨时要用研磨胎或研磨棒分别研磨阀瓣与阀座，不可对研，也可用专用研磨工具研磨。阀门研磨工艺，密封面表面粗糙度 Ra 应小于 $0.20\mu m$。学生工程实训环节，因为现场阀门没有真正经过工程实际使用，所以研磨只能由指导教师现场讲解，学生不需要实际研磨。

八、检查阀体及其连接部位

检查阀体及其连接焊缝有无砂眼、裂纹等缺陷，以防止安装后发生漏气及漏液故障。

九、检查重力式底阀阀芯转轴

① 检查重力式阀芯转轴变形、裂纹、磨损和腐蚀情况。
② 检查压板开关情况，是否能够灵活开启和关闭。
③ 检查压板有无变形、裂纹、磨损和腐蚀等缺陷，有缺陷进行修补或更换。

十、阀盖检查修理

① 清理阀盖表面污垢，检查法兰与过滤网端盖法兰密封台磨损、腐蚀情况。
② 打磨阀盖与密封垫圈结合面部位的密封结构，确保密封垫圈能够合理定位。
③ 检查固定螺栓孔是否完好。
④ 阀盖与密封垫圈结合面应平整、光洁。

十一、组装

① 底阀的装配基本上与拆卸属于相反的过程，首先将各零部件按照其装配关系归类，然后按配合顺序组装，先内后外、先下后上依次进行装配。
② 按顺序先装入阀芯，注意阀芯上的密封垫圈是否完好。
③ 将阀座和过滤阀盖进行组合，注意添加密封垫圈，并将密封垫圈安装对中。
④ 将底阀上下两部分法兰螺栓孔对正，对角均匀紧固各部连接件（紧固螺栓）。
⑤ 注意螺栓预紧力适度，预紧力太大导致法兰密封垫圈损坏。

十二、底阀组装质量检查

① 对组装后的底阀进行手动开关试验，检查阀芯开关情况，阀门在开关全行程无卡涩。
② 阀座与阀体结合牢固，无松动现象。
③ 阀盖与自密封垫圈结合面平整、光洁，填料压盖位置合理。
④ 检查填料部位是否压紧，即保证填料的密封性，不得泄漏。

第二章
化工管路拆装实训

第一节　概　述

在工程上，压力管道是指所有承受内压或外压的工艺管路。无论其管内输送什么介质，压力管道的主要作用是输送、分配、混合、分离、排放、计量、控制和制止流体流动。压力管道属于一个集成系统工程，由管子、管件、法兰、螺栓连接、垫片、阀门、其他组成件或受压部件和支承件装配组成。基于压力管道的特殊性，我国颁发的《压力管道安全管理与监察规程》中将压力管道定义为："在生产、生活中使用的可能引起燃爆或中毒等危险性较大的特种设备"。我国 2009 年修订颁发的《特种设备安全监察条例》中，将压力管道进一步明确为"利用一定的压力，用于输送气体或者液体的管状设备，其范围规定为输送最高工作压力大于或者等于 0.1MPa（表压）的气体、液化气体、蒸汽介质或者可燃、易爆、有毒、有腐蚀性、最高工作温度高于或者等于标准沸点的液体介质，且公称直径大于 50mm 的管道"。由此可见，我们平常所说的"压力管道"，不仅指其管内或管外承受压力，还包括其内部输送的介质"气体、液化气体和蒸汽"或"可能引起燃烧、爆炸、中毒或腐蚀的液体"，及带压的粉体介质。压力管道作为危险性较大的特种设备正式列入我国特种设备安全管理与监察范围。与大型设备相比，压力管道外形尺寸（直径）较小，人们往往对压力管道的安全管理意识淡薄，只关注压力容器的安全管理，忽略了设备主要附件压力管道的危险性，以往发生的与压力管道相关的工程事故给人们敲响了警钟。压力管道的安全性能是确保过程工业生产安全运行的关键因素之一。所以作为化工工艺专业学生和化工操作人员，掌握压力管道的工况特点，进行日常检查、维护及压力管道事故的应急防范非常重要。

压力管道一般有以下几个特点：

① 压力管道是一个系统，各管路与附件之间既相互关联又相互影响，牵一发而动全身。

② 压力管道属于细长型的结构，长径比很大，极易失去稳定性，管路的承载情况比压力容器更复杂。压力管道内流体流动状态复杂，缓冲余地小，工作条件变化频率比压力容器高。压力管道的工况如高温、高压、低温、低压、位移变形，以及外在自然载荷如风、雪、地震等都有可能影响压力管道受力情况。

③ 压力管道系统在过程工业装置区纵横交错，涉及范围广，管路组成件和管路支承件的种类繁多，各种材料的机械性能各有特点，具体工艺技术要求也不同，致使压力管道的材

料选用很复杂，需要根据装置实际工况合理选用，兼顾安全、适用、经济的原则。

④ 压力管道连接结构多，管路上可能产生的泄漏点多于压力容器，仅一个阀门通常就有五处密封点，每个密封点都有失效泄漏的可能。

⑤ 无论从材质还是规格来划分，在过程工业中压力管道种类多，数量大，确保其安全、稳定、连续运行涉及多个因素，压力管道在设计、制造、安装、检验、应用、管理等方面环节多，与压力容器大不相同。

压力的高低是决定压力管道危险级别的主要因素之一，压力管道根据其内部介质压力不同，共划分为五类：真空管路 $p < 0.1MPa$（负压管路）；低压管路 $0.1MPa \leqslant p < 1.6MPa$；中压管路 $1.6MPa \leqslant p < 10MPa$；高压管路 $10MPa \leqslant p < 100MPa$；超高压管路 $p \geqslant 100MPa$。

管路的连接需要各种管件的组合，管路在流体输送过程中需要实现流体流量的控制和介质流量配置调节，需要各种与工艺控制匹配的阀门和管件来完成。工艺管路、管件、阀门及各种仪表等统称为管路系统，化工管路在生产中的作用主要是用来输送各种工艺流体介质（气体、液体、粉体），使其在生产中达到工艺要求的流量。

一、化工生产中常用的管路类型

常用管路按照材质分为金属管和非金属管两大类，金属管包括有缝钢管、无缝钢管、铸铁管、合金管、有色金属管等；非金属管包括陶瓷管、塑料管、橡胶管等。

工程上，有缝钢管也称水煤气管，大多由低碳钢制成，通常用来输送压力较低的水、采暖热水、压缩空气等，又可以分为镀锌的白铁管和不镀锌的黑铁管；根据连接方式可以分为带螺纹的和不带螺纹的；根据压力管道壁厚范围分为普通壁厚的、加厚的和薄壁的管路。

无缝钢管是化工生产中使用最多的一种管路类型，特点是管材质地均匀、强度高，广泛应用于压强较高、温度较高、介质有毒、易燃易爆的物料输送场合。

铸铁管因其具有耐磨损、耐腐蚀、不变形等特点，通常用作埋于地下的给水总管、煤气管和污水管，也可以用来输送碱液和浓硫酸等腐蚀性介质，其优点是价格便宜，具有一定的耐腐蚀性，但缺点是比较笨重、强度低、脆性较大，不宜在压力较高的条件下输送有毒、有害、容易爆炸以及如蒸汽一类的高温流体。

有色金属管在工程上属于钢管的补充，用于一些普通钢管无法满足的工艺场合。常用的有色金属管材有铜管、铅管、铝管等，铜管（紫铜管）的导热性能特别好，适用于某些特殊性能的换热器，比如一些冷凝器的列管采用铜质或铝质，可以避免一般钢材低温下机械性能下降的缺陷，且这类有色金属质地柔软，特别容易弯曲变形；铜、铝有色金属具备一定的耐腐蚀性，又可用于机械设备的润滑系统或油压系统以及某些仪表管路等。铅对硫酸和浓度为10%以下的盐酸具有良好的抗腐蚀性能，以铅为管材适合作为这些料液的输送管路，但铅的综合机械性能差，铅质管材的机械强度较低且笨重，在对机械强度要求较高的情况下，工程上采用新型的复合管材结构，也就是在普通钢管内部覆一层铅质内衬，这种复合结构综合了两种材质的优点，从而同时满足机械强度和耐腐蚀性的要求，广泛用于输送浓硝酸、蚁酸、乙酸等物料。铝的导热性能好，也被广泛用来制造换热器的列管和壳体内衬，大大提升了换热器工作寿命和换热效率。

传统的非金属材料因耐热性、强度等性能不足，在石化行业使用率不是很高。工程塑料管材最常用的有聚氯乙烯、聚乙烯、聚丙烯以及在金属管路表面喷涂聚丙烯、聚三氟乙烯、聚四氟乙烯等。工程塑料具有良好的抗腐蚀性能以及质量轻、价格低、容易加工等优点，缺点是强度较低、耐热性差。随着性能的不断改进，在某些方面可以取代金属管材。除此之外，工程上还有作临时管路的玻璃材质管和橡胶材质管，用作下水道或排放腐蚀性流体的陶瓷管等。

二、管件与阀门

压力管道是一个封闭的组合系统，组成管路的各附件既相互关联也相互制约，管路上的每个附件都承担着各自的作用，使压力管道完成流体输送的任务。管路中所用的各种零部件主要包括阀门和管件，管件作为压力管道的组成部分，是确保管路连接、畅通的关键。工程上管件根据在管路中的作用分为五类：①改变管路方向，如弯头；②用于连接管路的流体分配，如"三通""四通"；③连接两段管路以增加长度，如"管箍""对丝"等；④用于改变管路直径，调节流量，如"大小头""内外螺纹管接头（内外丝）"；⑤用于切断、堵塞管路，如"丝堵""盲板"。

管件是组成管路不可缺少的部分，这里简单介绍几种常用管件。

1. 弯头

弯头主要用来改变管路的走向，如图 2-1 所示。可根据弯头弯曲的角度不同来分类，常见的有 90°、45°、180°、360° 弯头。180°、360° 的弯头又称"U"形弯管。另外还有工艺配管需要的特定角度的弯头。弯头根据其连接方式有焊接弯头、螺纹连接弯头两大类。

弯头可用直管弯曲或用管子拼焊而成，也可用模具热压后焊接而成，或用铸造和锻造等方法制成，如在高压管路中的弯头大都是优质碳钢或合金钢锻制而成的。

2. 三通

三通顾名思义就是管路上有三个接管汇交于一点，当两条管路之间相互连通或需要有旁路分流时，其接头处的管件称为三通。根据接入管的角度不同，有垂直接入的正接三通、斜接三通。斜接三通按斜接角度来确定名称，如 90° 正三通、45° 斜三通等。此外还可以按接管出入口的口径大小分别称为异径三通（变径三通）、等径三通等。除常见的三通管件外，还常以接口的多少来区分，例如四通、五通等。常见的三通管件，除用管子拼焊外，还可用模压组焊、铸造和锻造而成，见图 2-2 三通。

图 2-1　冲压弯头

图 2-2　三通

三通按照成型工艺分为液压胀形和热压成型两种。三通的液压胀形是通过金属材料的轴向补偿发生塑性变形胀出支管的一种成型工艺，因无缝三通的液压胀形工艺所需的设备吨位较大，国内主要用于公称直径小于 DN400 的标准壁厚三通的制造。其适用的成型材料为冷作硬化倾向相对较低的低碳钢、低合金钢、不锈钢，包括一些有色金属材料，如铜合金、铝合金、钛合金等。三通热压成型是将大于三通直径的管坯，在加热条件下压扁至接近三通直径的尺寸，在拉伸支管的部位开一个孔；管坯经加热，放入成型模具中，并在管坯内装入拉伸支管的冲模；在压力的作用下管坯被径向压缩，在径向压缩的过程中金属向支管方向流动并在冲模的拉伸下形成支管。整个过程是通过管坯的径向压缩和支管部位的拉伸过程而成型。与液压胀形三通不同的是，热压三通支管的金属是由管坯的径向材料移动进行补偿的，所以也称为径向补偿工艺。由于采用加热后压制三通，材料成型所需要的设备吨位大大降低。热压三通对材料的适应性较宽，适用于低碳钢、合金钢、不锈钢等材料，大直径和管壁偏厚的三通通常也采用这种成型工艺。

3. 短接管和异径管

短接管在工程上简称短节，当管路装配中管路长度短缺一小段，或因检修需要在管路中放置一小段可拆的管段时，经常采用短接管。短接管有带连接头（如法兰、螺纹等）和不带连接头两种形式，如果仅仅是一段直短管，也称为管垫。工程上除了等直径的管路连接以外，经常需要将两个不等管径的管口连通起来，这时候需要采用的管件称为异径管。异径管俗称大小头。这种管件有铸造而成的，也有用管子割焊而成或用钢板卷焊而成。高压管路中的异径管是用锻件或用高压无缝钢管缩制而成，见图 2-3 异径管。

图 2-3　异径管

4. 法兰

法兰又叫法兰凸缘盘或法兰盘。法兰是管路与管路之间、管路与设备之间、设备与设备之间相互连接的零部件。国标中根据法兰使用场合不同，将法兰分为设备法兰和管法兰两大类。在过程工业管路中，管法兰主要用于管路端部之间的可拆连接；也有用在设备进出口上的法兰，设备法兰主要用于两个相邻设备之间的连接，如换热器管箱法兰、减速机法兰等。法兰连接是指由一组法兰、垫片及多个螺栓组成的可拆密封连接系统。法兰整体结构属于圆环型结构，中间有接管连接孔，法兰盘其中一面有密封结构，法兰圆盘外侧有均布的螺栓孔眼。为了确保法兰的密封性能，法兰螺栓孔一般是 4 的倍数，其数量与法兰大小有关。法兰密封是依靠其周边均布的螺栓促使两块配套法兰盘的密封面压紧垫片，垫片具备足够的回弹力，从而保证了法兰连接的密封性能。如图 2-4 接管法兰所示，法兰间用衬垫（密封垫）密封，法兰密封垫通常由非金属材料制成，特殊场合采用金属和复合材料作为垫片材料。

图 2-4　接管法兰

法兰根据连接形式分螺纹连接（丝扣连接）法兰、焊接法兰和卡夹法兰。法兰都是成对使用的，只有同一规格的一对法兰才能配套使用。低压管路可以使用螺纹连接法兰，工作压力为 0.4MPa 以上的压力管道使用焊接法兰。两片法兰盘之间加上密封垫，密封垫属于易损件，需要定期更换，装配时法兰盘间密封垫放正、对中，然后用螺栓均匀加载紧固。不同压力等级下使用的法兰其厚度不同，它们使用的螺栓也不同。

5. 盲板

盲板的正规名称叫法兰盖，有的也叫作盲法兰。盲板从外形看与法兰相似，但它是中间不带孔的法兰，其功能主要为封堵管路口，使流体停止输送。其作用和设备封头及管帽是一样的，只不过盲板密封是一种可拆卸的密封装置，而封头的密封多数属于焊接结构，不可拆卸。盲板密封面的形式与法兰一样，种类较多，常见的有平面、凸面、凹凸面、榫槽面和环连接面等。盲板根据使用工况的不同，其材质各有特点，主要材质有碳素钢、不锈钢、合金钢、铜、铝、PVC 及 PPR 等，如图 2-5 所示。

图 2-5　盲板

盲板主要是用于将管路中的生产介质完全隔离，防止由于工艺管路上切断阀关闭不严，造成阀体内漏，直接影响生产的安全运行，甚至造成事故。盲板应设置在压力管道或设备接管要求隔离的部位，如设备接管口处、切断阀前后或两个法兰之间。

盲板从外观上看，一般分为板式平板盲板、8字盲板、圆形插板，以及垫环。板式平板盲板就是一个带柄的实心圆平板，通常用于处于隔离状态的工艺系统。而8字盲板，形状像阿拉伯数字8，一端是盲板，另一端是节流环，但直径与管路的管径相同，并不起节流作用。8字盲板，使用方便，需要隔离时，使用盲板端，需要正常操作时，使用节流环端，同时也可用于填补管路上盲板的安装间隙，缩短检修时间，另一个特点就是8字盲板标识明显，易于辨认安装状态。

6. 阀门

阀门是压力管道流体输送系统中的控制部件，具有截止、调节、导流、防止逆流、稳压、分流或溢流泄压等功能。根据阀门在管路的作用不同，可分为切断阀（又称截止阀）、节流阀、止回阀、安全阀等；根据阀门的结构形式不同，可分为闸阀、旋塞阀、球阀、蝶阀、隔膜阀、衬里阀等。此外，根据制作阀门的材料不同，又分为不锈钢阀、铸钢阀、铸铁阀、塑料阀、陶瓷阀等。

阀门属于压力管路中必不可少的部件，其在压力管道中的作用是非常重要的，有关阀门的详细资料查阅第一章内容，这里不再重复。

三、管路连接

管路的连接包括管路与管路、管路与各种管件阀门以及设备接口处的连接，目前工程上常用的是法兰连接、螺纹连接和焊接三种连接方式。

1. 法兰连接

法兰连接（图2-6）是工程上最常用的一种连接方式，尤其是在石油化工工艺管路及压力容器的连接中常常采用。法兰与钢管通过螺纹或焊接连在一起，铸铁管的法兰则与管身铸为一体，法兰与法兰之间装有密封垫，比较常用的垫片材料有石棉板、橡胶或软金属片等。其优点是拆装方便，密封可靠，适用的温度、压力、管径范围大，缺点是拆装周期长、价格稍高。法兰连接主要用于需要拆卸、检修的管路上，例如设备、仪表、阀门等带法兰盘的附件在管路上的安装。

图 2-6　法兰连接

泄漏是法兰连接失效的主要形式，它与法兰密封结构型式、被连接件的刚度、密封件的性能、操作条件和安装质量等诸多因素有关。在工程实际中，法兰连接发生故障的情况绝大多数属于密封失效，法兰、螺栓因强度不足发生损坏的概率很低。垫片是法兰连接的主要密封件，因而正确选用密封垫也是保证法兰连接不泄漏的关键因素之一。法兰垫片根据管路所输送介质的腐蚀性、温度、压力等工况选择不同材质，垫片的结构与法兰密封面的形式有关。标准中垫片可选用种类很多，管法兰垫片有非金属垫片、半金属垫片和金属垫片。

在工艺管路检修或设备检修时，经常会将法兰连接拆卸，清洗螺栓、螺母、垫片，更换破损密封垫，清理法兰密封面等。

2. 螺纹连接

螺纹连接是借助于一个带有螺纹的"活管接头"或管箍（管箍属于管段，两端都加工有一段内螺纹）将两根管路连接起来的一种连接方式，主要用于管径较小（DN 小于 65mm）、压力也不大（PN 小于 10MPa）的有缝钢管，首先在管的连接端绞出外螺纹丝口，然后用管件"活管接头"或管箍将其连接。为了保证螺纹连接处密封可靠，通常在管路连接处螺纹外侧缠涂有铅油的麻丝、聚四氟乙烯薄膜、石墨碎等作为密封填充材料，以提高密封效果。螺纹连接的优点是拆装方便，密封性能比较好，但因连接强度低，其可靠性没有法兰连接高。在石油化工行业中，中低压的压力管道和设备仪表接管经常采用螺纹连接。一般管径在150mm 以下的镀锌管路（如水、煤气管）常用螺纹连接，此外生活用水输送系统管路连接也常采用螺纹连接结构，其材质采用塑钢复合材料。螺纹连接示意见图 2-7。

图 2-7　螺纹连接

3. 焊接

焊接是强度较高的一种连接方式，在压力容器及压力管道中得到了广泛的应用。除了法兰连接以外，焊接是化工压力管道连接的主要形式。在焊接过程中，管路和焊料熔化形成熔融区域，熔池冷却凝固后便形成金属材料分子之间的结合。焊接过程中，通常还需要在焊接边缘处加工焊接坡口，厚度较大的管路焊接还需要焊前预热，以保证焊接质量和防止焊接变形。焊接的热能来源有很多种，包括气体火焰、电弧、激光、电子束、摩擦和超声波等。压力容器和压力管道的焊接主要采用熔焊，在熔焊过程中，如果大气与高温的熔池直接接触，大气中的氧气、二氧化碳就会侵入焊缝氧化金属和各种合金元素，致使焊接质量下降。其次，大气中的氮、水蒸气等进入熔池，还会在随后冷却过程中在焊缝中形成气孔、裂纹等缺陷。焊接过程中如果冷却速度太快，会造成焊渣无法上浮分离，焊缝区域内部形成夹渣缺陷，恶化焊缝的质量和工艺性能。为了提高焊接质量，人们研究出了各种焊接保护方法。例如，气体保护电弧焊就是用惰性气体如氩气将空气与焊缝隔绝，以保护焊接时的电弧和熔池免受氧化；又如钢材焊接时，在焊条药皮中加入对氧亲和力大的钛铁粉进行脱氧，保护焊条中有益元素锰、硅等免于氧化而进入熔池，冷却后获得优质的焊缝。管路焊接示意见图2-8。

图2-8　管路焊接

焊接较厚的钢板时，为了使焊缝区域焊透而在焊接边缘处开出各种形状的坡口，以便在焊接过程中较容易地送入焊条或焊丝。根据施焊方式划分，焊接坡口有单面施焊的坡口和双面施焊的坡口两种类型。选择坡口形式时，除保证焊接质量外还应考虑施焊方便、填充金属量少、焊接变形小和坡口加工费用低等因素。

现代焊接技术已经能够焊接出没有内外缺陷的、机械性能等于甚至高于被焊接体本体的焊缝。被焊接体在空间的相互接触位置称为焊接接头，焊接接头处的机械强度除受焊缝质量影响外，还与其几何形状、尺寸、受力情况和工作条件等有关。焊接接头的基本形式有对接、搭接、丁字接（正交接）和角接等。对接接头焊缝的横截面形状，决定于被焊接体在焊接前的厚度和两接边的坡口形式。煤气管和各种压力管路（蒸汽、压缩空气、真空）以及输送物料的管路都应尽量采用焊接方式，但它只能用在不需拆卸的场合。为了检修的方便，决不能把全部管路都采用焊接。

四、填料密封

压力管道和设备有时需要进行可拆式连接，在压力容许的范围内，经常采用法兰结合填料来实现密封。图2-9为管路与设备的法兰连接填料密封。

图2-9　管路与设备的法兰连接填料密封

1. 填料密封的概念和应用

填料密封是指通过螺栓预紧或介质压力的自紧作用使填料与转动件及固定件之间产生压紧力的动密封装置，又称"填料函密封"。填料密封结构形式较多，主要由填料、填料箱和填料固定件组成。常用的填料材料有石棉织物、碳纤维、橡胶、柔性石墨和工程塑料等。一般将填料预制成环状或条状（有的需预先浸渍润滑性好的填充物），并采用多环组合或螺旋状多层结构。填料箱内用以安置、填充填料。填料固定件包括压盖、螺栓和弹簧等，用以使填料预紧，工作时填料依靠形变和韧性阻止介质外漏，弹簧可发挥螺栓预紧补偿作用。

填料密封是最古老的一种密封结构，我国古代的农田灌溉提水机械就是通过采用填塞棉纱的方法来堵住水流泄漏的。到了 20 世纪，填料密封因其结构比较简单、造价低廉、密封材料来源广泛而获得许多工业部门的青睐。

填料密封有时也会用于机械行业中过程机器和设备运动部分等部位的密封，该密封因密封部位有相互运动关系，工业上又称为动密封，比如离心泵、压缩机、真空泵、搅拌机、反应釜的转轴密封和往复泵、往复式压缩机的柱塞或活塞杆，以及阀门做螺旋运动的阀杆与固定阀体之间的密封。

2. 填料密封原理

填料装入填料箱以后，压盖螺栓通过预紧力对它做轴向压缩，当轴与填料有相对运动时，由于填料的塑性，使它产生径向力，并与轴紧密接触。与此同时，填料中浸渍的润滑剂被挤出，在接触面之间形成油膜。由于在传动部位的接触状态并不是特别均匀的，接触部位便出现"边界润滑"状态，称为"轴承效应"；而未接触的凹部形成小油槽，有较厚的油膜，接触部位与非接触部位组成一道不规则的迷宫，起阻止液流泄漏的作用，这种密封状态称作"迷宫效应"。这就是填料密封的机理。显然，良好的密封在于维持"轴承效应"和"迷宫效应"，也就是说，要使密封填料保持良好的润滑和适当的压紧力。如果传动部位的密封结构润滑不良，或填料压得过紧都会使润滑油膜中断，造成填料与轴之间出现干摩擦，最后导致轴端温度升高并出现严重磨损现象。

在石油化工装置运行过程中，需要经常对填料的压紧程度进行调整。填料中的润滑剂在运行一段时间后会部分流失，需要进行补充，同时补偿因填料体积变化所造成的压紧力松弛。在机械传动过程中，定期更换填料是很有必要的。此外，为了维持润滑油膜并移走摩擦热，填料处有少量泄漏现象在工程上也是允许的。

3. 填料密封的类型

填料密封结构上的分类主要是两种，即毛毡密封和盘根密封。图 2-10 中为填料密封结构中的盘根。

毛毡密封是在壳体传动部位的密封槽内填充毛毡圈而组成的密封结构。在接触式密封装置中，毛毡密封是最简单的一种动密封形式，它广泛应用于低速、常温、常压的电机、齿轮箱等机械密封部位，适合普通润滑油、润滑脂的密封。毛毡密封可以用作液体密封，介质的黏度越大则密封效果越好，对于像煤油这一类黏度较小的液体，毛毡密封的严密性很差。毛毡密封还常常用于防

图 2-10 填料密封结构中的盘根

尘，但不宜用作气体密封。

在毛毡密封中如果使用粗毛毡，则传动轴的圆周速度不得超过 3m/s；若采用优质细毛毡，则传动速度可提高 2～3 倍，但轴的转速不能超过 10m/s。如果设计合理，而且轴的硬度高、表面光洁度好、润滑条件充分，少数情况下毛毡密封还可在 20m/s 的高速下保持正常工作。毛毡密封的工作温度一般不超过 90℃，工作压力一般为常压。

盘根密封在轴与壳体（填料箱）之间缠绕填料，然后用压盖通过螺栓预紧力将密封面压紧。盘根密封广泛应用于各种泵类传动轴径向和轴向（如水泵、真空泵等）的密封，也可用于温度和压力较高的场合。例如，油浸石棉盘根，其密封压力可达 1.2MPa，介质温度可达 250℃。但是盘根密封允许的速度却较低。例如，用于水泵传动轴密封时，其工作线速度不得超过 6m/s。这是因为盘根填料不耐磨，而盘根与轴的接触摩擦面很大，且盘根对轴的压紧力也很大，因而极易引起传动轴发热及过度磨损。如果密封介质的压力较高，还需要加大螺栓预紧力，使盘根对轴的压紧力增大，这样才能保证传动轴在高压条件下密封不漏。这种高压条件下的盘根动密封，轴的转速必须更低。可见，对于存在盘根密封的场合，介质压力和传动轴转速是互相联系的，压力较低时，可允许传动轴转速高一些；若压力较高，则必须降低传动轴的转速，以满足高压密封的要求。

一般盘根密封产生泄漏的原因，绝大多数是摩擦产生高温使盘根中某些成分挥发或碳化而形成泄漏间隙。此时，可更换新的盘根以恢复其密封性能。盘根成本很低，这是其他各种高压密封所不及的。但是，盘根密封所占的体积和重量很大，远不如石墨密封和胀圈密封紧凑、轻巧。

五、实训目的

① 为了更好地实现管路拆装及流体流动实验参数的测定，本管路拆装系统的管路连接方式多采用法兰连接，并配用转子流量计、温度计、压力表、液面计等检测仪表。通过本章实训内容的训练，可以使学生树立工程概念，特别是对化工管路的认知，强化动手操作技能（如管路拆装、管件更换、基本检测器的接线、仪表参数整定、故障检修点诊断等）。学生通过自行设计流程、组装管路并进行管路物料输送调试，可以提升自身的动手能力和解决工程问题的能力，为今后实际工作打下一定的专业实践基础。

② 了解和熟悉化工生产过程中常见离心泵的控制方法及工作原理，了解各种仪表的性能、使用方法和使用场合。

③ 了解并掌握工业控制中仪表、测量、执行器的成套方法，掌握实际控制系统的设计方法，了解各种阀门的结构及适用场合，合理选用并进行管路组装。

④ 提升观察问题、分析问题和实验数据处理的能力，提高相关学科知识的综合运用能力。

⑤ 通过对管路装配过程密封不严、管路方位偏差等问题的处理，了解和掌握如何解决工程问题。

六、基本要求

（1）实训前的预习

要求学员做好实训前的预习，明确化工管路拆装实训目的、原理、要求、拆装步骤、实训中需测定的数据，了解所使用的设备、仪器、仪表及工具。

（2）实训中的操作训练

学员在实训过程中应细心操作、仔细观察，发现问题思考并讨论解决方法，在实训中塑造自己严谨的工程意识，形成良好的工程素养。

（3）实训后的总结

实训完成后，认真整理实训数据，对实训结果及观察到的现象加以分析，给出结论，并按规定要求提交实训报告。实训报告内容包括：实训目的、实训流程、操作步骤、数据处理、实训结论及问题讨论。实训报告是考核和评价实训质量的主要依据，学员们应认真对待。

七、思考题

① 为什么离心泵出口流量越大，入口处真空表的读数越大，出口处压力表的读数越小？

② 谈谈对离心泵操作规程的理解，如启动前泵壳内充液、出口阀门关闭及离心泵运行稳定后选在高效区操作等。

第二节 设备拆装及方法

一、拆装设备

本实训内容采用化工管路拆装装置，其装置工艺流程如图 2-11 所示。该化工管路实训装置主要设备包括离心泵和循环水箱。离心泵用三相电动机带动，将水从水箱中吸入，然后由压出管经过管路输送装置最后再返回水箱，形成了一个小型的循环输水系统。在吸入管进口处装有底阀，底阀具备一定的过滤作用，以免杂质、污物进入水泵。此外，底阀也属于单

图 2-11 化工管路拆装实训装置工艺流程简图

向阀的一种，当泵停用后，可以防止泵壳及管路内的水倒灌返回水箱，下次启动水泵时可以降低电机启动电流，节约能耗，也有利于离心泵启动前的灌泵。

在泵的吸入口和压出口处，分别装有真空表和压力表，以测量水的进出口压力。泵的出口管线装有转子流量计，用来检测水的流量，在流量计下面装有流量控制阀门（该装置流量调节阀门采用闸阀），用来调节水的流量或管内压力。水泵出口管上配置了单向阀，主要是防止管内液体在停泵后返回水泵，造成泵壳、叶轮的冲蚀、磨损。另用三相瓦特计测量电动机输入功率。管路拆装实训装置见图 2-12。

图 2-12　管路乔装现场实物图

电动机属于机电设备，配有动力电源线，在拆装过程中不做要求，离心泵的拆装在离心泵拆装实训课程里进行系统学习，这里也不做赘述。循环水箱属于静设备，结构比较简单，拆装较容易。化工管路拆装实训主要针对管路与设备的连接，阀门、仪表及管路与管路之间的连接，强调管路的装配质量，尤其对法兰连接、设备与管路的装配精度和密封质量进行考核。

二、拆卸步骤

1. 化工管路拆卸前准备工作

① 了解化工管路拆装实训装置，熟悉化工管路流程及所用阀门、仪表，特别是压力表、真空表、转子流量计等，要仔细阅读使用说明书。这些仪表都有玻璃材质的零部件，拆装过程注意轻拿轻放，防止损坏。

② 根据拆装项目准备好相关的拆卸工器具，主要包括拆卸法兰螺栓的梅花扳手、活扳手等，注意工器具的型号与螺栓规格的匹配。

③ 根据实训装置管路标准规格提前准备好需要更换的法兰密封垫、螺栓、螺母等，准备好离心泵所需添加的润滑油，根据需要进行更换或添加。

④ 注意观察各仪表、阀门、附件的安装位置和方向要求，熟悉法兰螺栓的密封预紧要领。

⑤ 检查水泵电源线是否断开，拆卸前必须提前断开电源。

上述工作准备妥当，经指导教师同意，可以根据拆装指导书要求和拆装步骤进行拆卸。

2. 化工管路拆卸步骤

① 化工管路拆卸一般是从上部开始，按顺序由高到低逐步进行。先拆卸顶部最高的横

向水平管路。

② 本化工管路拆装实训装置上最高处横向管路通过法兰与两端立管连接，考虑到该管路质量较大，从安全因素出发，要求各组学生必须做好配合。在最后一根螺栓拆卸之前，必须由两名同学提前用双手托着管路，等两端法兰螺栓全部拆卸后，两名学生将横管平放在空闲的地面上，防止绊倒他人。

③ 最高处的横向管路拆除后，其余部分属于比较小的零部件，同学们可以分工，对各种连接法兰、仪表、阀门按照先上后下的顺序进行拆卸。

④ 拆卸过程中注意将拆卸下来的螺栓、螺母、阀门、仪表、短节等按照顺序分别归类摆放好，不得随意乱扔。

⑤ 拆卸后注意了解各阀门、仪表的作用，了解法兰及各种管件的密封结构，观察各连接部位的磨损、腐蚀状态。

三、装配步骤

1. 化工管路装配前准备工作
① 检查所有拆卸的零部件是否齐全、完好。
② 检查所用的工具是否齐全。
③ 注意分工协作，各负其责，共同完成装配任务。

2. 化工管路装配步骤
① 化工管路装配与化工管路拆卸步骤正好相反，所有设备、管路及附属零部件按照先下后上、先低后高的顺序进行组装。

② 首先按照分工，分别进行设备管路的装配，主要包括水泵进出水管路、水箱出水管路的装配。

③ 装配过程中注意阀门的方向和先后顺序，不得装反或者倒装，注意阀门的安装主要确保密封质量，其次是便于操作。

④ 每组法兰连接、阀门的连接都要注意密封垫的装配要求，发现密封垫老化或者破损，必须进行更换，密封垫中心必须对正法兰中心孔，不得发生密封垫偏移现象，更不能在缺少密封垫的情况下完成法兰螺栓的连接。

⑤ 法兰螺栓的紧固要按照对角预紧的要求依次进行紧固，螺栓预紧力适度即可，各螺栓的预紧力尽量保持平衡，以确保密封质量，不得使预紧力过大导致密封垫破裂。

⑥ 装配水箱至离心泵之间的横管时，注意各零部件之间的间隙分配，等所有阀门、短管安装到位后，再依次紧固螺栓。保持横管的水平度，若发现管路水平度不足，可以通过调整管路底部支撑附件（管托）的高度来解决。

⑦ 水泵立管的装配注意止逆阀和闸阀及转子流量计的顺序和方向，先安装止逆阀，然后安装闸阀，最后安装转子流量计。每对法兰之间要配置密封垫，立管的安装要保持管路与水平面垂直，并确保达到密封要求。

⑧ 等两边的立管安装到位后，最后安装上部的横管。横管因为处于最高处，容易发生掉落事故，所以须由两名学生配合进行。尽可能保持横管平衡上移至规定位置，把需要进行管路连接的法兰对正，然后迅速将预先准备好的螺栓穿好，这样就可以进行后续的装配工作。

⑨ 检查所有设备、管路、阀门、仪表的装配情况，观察地面是否还有剩余的螺栓和螺

母，检查所有零部件安装方向、位置及装配质量是否有缺陷，发现问题及时处理。

⑩ 检查所有螺栓是否紧固到位，各法兰、阀门密封垫是否齐全完整。最后检查设备定位是否合理，管路保证横平竖直，最终经指导教师现场检查确认合格后才算完成装配任务。

3. 化工管路装配质量考核

为了考核装配质量，需要给水箱注水，并启动离心泵电机，待水系统循环流动后检查各法兰、阀门、仪表接口处的密封状态。

下面是化工管路装置加水试漏及实验数据测量的基本流程。

① 待化工管路装配完成后，先给水箱注水。水箱注水前要检查所有阀门处于关闭状态。水箱充满水后，检查有无泄漏点。检查水泵电机是否完好，电源线是否接线合理，有无漏电现象，并对水泵泵轴进行盘车空转，检查是否有卡顿现象，水泵联轴器部分是否有安全防护罩。

② 从水箱出水口开始依次打开阀门，打开一个阀门就检查一次管路，观察有无泄漏点，没有发现问题后才能按流程顺序打开下一个阀门。

③ 打开离心泵泵前阀，检查管路有无泄漏点，因为水箱水位高于叶轮，所以该离心泵依靠液位差自然灌泵，打开水泵出口管排气口即可。

④ 等泵排气结束后，关闭排气阀，检查是否满足启动电机条件。启动水泵电机，等电机声音逐步平稳后，缓慢打开水泵出口阀，并通过转子流量计调节泵的出口流量，观察各阀门、法兰、仪表等密封情况，发现微量泄漏点可以通过调节密封垫紧固螺栓进行处理，发现有大量漏水，就需要立即停泵进行处理，直到装置运行合格为止。

⑤ 用出口阀调节流量，从零到最大或反向操作，注意观察泵的出口流量、压力的变化，记录不同工况下泵的性能参数，等数据测量结束后关闭出口阀，停泵。

⑥ 实训结束后，打开管路上部的放空阀排气，并关闭泵进口阀门，排出泵内残留存水，避免残液造成叶轮及泵壳腐蚀。

⑦ 整理化工管路拆装实训装置现场工器具，保持拆装现场整洁。

第三节　拆装注意事项

① 首先按照化工管路的拆装要求及相关的设备、阀门、仪表等配备相应的拆装工器具，高处管路拆装时需要准备两个木凳，以便于登高拆装作业。

② 拆装时首先要将动力电源关闭，并挂警示牌，检查无误后才允许开展拆装工作。

③ 化工管路拆装一般是拆卸与安装顺序正好相反，拆卸时一般是从高处往下逐步拆卸，注意拆卸下来的每一零部件都要按顺序进行编号。小组同学间在拆装时要相互配合，分工协作，防止管路或管件掉落而砸伤手脚或地面。仪表拆装时要轻拿轻放，防止破碎。

④ 认真观察各种阀门的结构和区别，了解其使用特点，拆装时要注意阀门的方向和具体位置。

⑤ 所有管路、阀门等密封部位所配置的密封材料一般在拆装后要进行更换，将原来旧的密封垫拆下来，按原样用剪刀进行制作并更换。密封垫位置要放置合适，确保对中，不能偏移。所有螺栓都应该按照螺母在上、螺杆头部在下的顺序紧固。

⑥ 紧固螺栓时必须按照对角（180°）紧固方式进行，然后再依次紧固，防止法兰面因

压紧力不均匀倾斜而发生泄漏，另外，低压管路法兰密封在螺栓紧固时用臂力即可，不需要套管扳手紧固。

⑦ 装配过程中应使用水平仪进行度量，要注意保证管路的横平竖直，严禁发生管路倾斜。管路支架固定可靠，不能松动。

⑧ 水泵电机接线盒及电源控制箱属于电气部分，不需要拆卸，要防止拆装时有水或潮气进入，导致短路事故发生。

⑨ 拆装完成后进行管路的试漏检验，在启动水泵前务必由指导教师进行开车前安全检查，没有问题后才允许水泵送电运行。

第四节　管路拆装装置组成

一、流体输送管路拆装实训装置配置明细表（见表 2-1）

表 2-1　流体输送管路拆装实训装置配置明细表

分项	说明
装置功能	强化动手操作技能训练
	考查学生全面分析系统故障和迅速决策等能力，结合装置流程图出具规范零部件清单、安全操作事项等
	配套流体输送机械、化工仪表和机械制图等多门课程的教学实践，如管件辨识、流量计安装和四大化工参量的测量等
设计参数	液体流量：0～8m³/h
	液体温度：常温
外形尺寸	对象部分：3800×800×2200（长×宽×高，mm），钢制花纹板喷塑底座（防腐）
	测控部分：开关盒集成于对象部分之上
	外配设备：无
公用工程	水：装置自带储水箱，实训前用清洁水源灌注满，实训过程中可循环使用，实训结束后排空即可
	电：电压 AC380V，功率 4kW，三相四线制（三火线一零线）。每个实验室需配置 1～2 个接地点（安全地及信号地）
	气：无
实训物料	清洁自来水
对象组成	水箱：不锈钢材质，带储水排空底阀，进水管路设置专用接口
	循环水泵：机械密封卧式连轴化工泵，供电为三相 AC 380V，功率为 3kW
	水泵进口管路：不锈钢材质，DN50，配合法兰安装阀门及过滤器
	水泵出口管路：不锈钢材质，DN32 及 DN40，配合法兰安装阀门
	回流管路：不锈钢材质，DN40
	安全泄压管路：不锈钢材质，DN25
	灌泵管路：不锈钢材质，专用灌泵管路，方便操作检验
	耐压测试管路：不锈钢材质，专用管路耐压测试接口
	电源设备：布线槽，带漏电保护的空气开关盒

分项	说明			
	变量	检测机构	显示机构	执行机构
仪控检测系统	离心泵进口压力	压力表精度:1.5%FS	压力表就地显示	无
	离心泵出口压力	压力表精度:1.5%FS	压力表就地显示	管路出口阀(手动)
	流体流量	玻璃转子流量计精度:4%FS	流量计就地显示	管路出口阀(手动)
	流体温度	双金属温度计精度:1.5%FS	温度计就地显示	无

	名称	规格	数量	备注
设备装置系统	循环水泵	机械密封卧式连轴化工泵	1	国标
	水箱	镜面不锈钢,φ500mm×600mm	1	
	过滤器	不锈钢	1	国标
	闸阀	不锈钢,法兰式,DN50	2	国标
	铜球阀	法兰式,DN50、DN40、DN32;螺纹式,DN15	4	国标
	止逆阀	不锈钢,DN40	1	国标
	安全阀	不锈钢,DN25	1	国标
	截止阀	不锈钢,法兰式,DN40	1	国标
	法兰	不锈钢,DN32	1组	国标
		不锈钢,DN40		
		不锈钢,DN50		
	活接、三通、弯头等	不锈钢,与管路配套	1组	国标
	管路	不锈钢管DN25、DN32、DN40、DN50	1组	国标
		不锈钢软管	1	国标

	电气元件		数量	
电气组成	电源插头		1个	
	4P空气开关		1个	
	8路开关盒等		1组	

注:上述不锈钢均为SUS304材质。

二、化工管路拆装仪表明细表

化工管路拆装实训装置配置仪表详见表2-2。

表 2-2　化工管路拆装装置配置仪表明细表

序号	名称	形式	单位	数量
1	压力表	压力表 精度：1.5%FS	只	2
2	转子流量计	玻璃转子流量计， 精度：4%FS	台	1
3	双金属温度计	双金属温度计 精度：1.5%FS	只	1

三、化工管路拆装装置制作说明

　　该装置主要是由标准件及机电设备（泵）和非标零部件及储存设备（水箱）组装而成。为满足训练学生化工管路拆装的实践能力，管路系统中增加了阀门的数量和类型，使学生能够掌握不同阀门在管路中的作用，具有对简单流体输送工艺过程的操作能力，强化对化工设备与工艺管路连接方式的了解，熟悉化工管路及各种附件的组合作用和连接关系，掌握化工流程基本的控制原理和操作要点。该化工管路拆装实训装置控制部分以手动为主，这样也降低了制造成本。根据实际情况，底座和水箱可以选用非标制作，以便于根据拆装需要改变工艺路线，提高管路拆装实训装置的灵活性和针对性。

第三章

甲醇（乙醇）蒸馏装置拆装实训

第一节 概 述

甲醇（乙醇）蒸馏中试装置主要由蒸馏系统、导热油加热系统、循环水冷却系统、反应釜控制系统和真空系统组成。该中试装置核心设备是工业生产用小型搪瓷夹套蒸馏釜，具备常压、减压和加压蒸馏功能，主要设备有夹套蒸馏釜（容积50L，配备蜗轮蜗杆减速器，搅拌器转速为80r/min）、冷凝液接收罐、列管式冷凝器（换热面积为$3m^2$）、循环冷却水储罐、循环冷却水泵、冷凝液储罐、蒸馏装置控制系统等。该蒸馏中试装置是一套完整的化工蒸馏工艺操作单元，设备、管路、控制、加热等系统形成有机的结合，满足生产运行、安全操作、绿色环保的工程设计理念。

第二节 实训目的及基本要求

一、实训目的

① 为了更好地实现管路拆装及传热实验参数的测定，本拆装实训系统管路多采用法兰连接，并配用转子流量计、温度计、压力表、液面计、安全阀等检测仪表和阀门。通过本实训需树立危化品管理的工程概念，特别是大化工观点的认知，强化动手操作技能训练，如管路拆装、管件更换、基本工艺参数检测器的接线、仪表参数整定。通过对甲醇（乙醇）蒸馏装置、管路及搅拌系统的运转调试，提升自身的动手能力和解决工程问题的能力。

② 熟悉化工生产过程中常见离心泵的控制方法及工作原理，探究蒸馏过程中加热系统的控制和保温措施，弄懂流量计、热电偶等仪表的性能、使用方法和使用场合。

③ 掌握工业控制中仪表、测量、执行器的连锁成套技术，学会按照手动操作被控系统要求进行实际控制系统的设计，了解各种阀门的结构及适用场合，合理选用阀门并进行管路组装。

④ 该装置中有釜式蒸发器、冷凝器、储罐及离心泵，设备种类多且动静设备组合，通过甲醇（乙醇）蒸馏中试装置的拆装实训，锻炼学生观察问题、分析问题和处理实验数据的能力，提高相关学科知识的综合运用能力。

⑤ 让学生认识用科学手段和安全措施组织拆装化工设备、管路及附件，提高设备安全、经济、稳定运行的重要性。

二、基本要求

1. 实训前的预习

做好拆装实训前的预习，明确实训目的、原理、要求、拆装步骤、拆装过程需测定的数据，了解拆装所使用的设备、仪器、仪表及工具。

2. 实训操作

在甲醇（乙醇）蒸馏中试装置拆装实训过程中，应细心操作、仔细观察，善于发现问题，积极主动参与组员间的合作、讨论，并在指导教师的授权下处理拆装过程遇到的基本工程问题。在拆装实训中培养自己严谨的工作态度，养成良好的工作习惯。

3. 实训总结

拆装实训完成后，认真整理实训数据及资料，根据实训结果及观察到的现象，对该中试装置特点加以分析，得出结论，并按规定要求提交实训报告。实训报告内容包括：实训目的、实训流程、实训操作步骤、零部件图测绘、实训结论及问题讨论。实训报告是考核实训质量的主要依据之一，需按照规定格式编写，应认真对待。

4. 选做本实训学生的参与条件

蒸馏装置的拆装实训是在学生修完专业课程化工原理、化工工艺、过程流体机械后进行的实训环节，大三或大四学生可选做本实训。每次实训人数为 10～15 人。

第三节　设备拆装及方法

一、拆装实训设备

本拆装实训项目对象为甲醇（乙醇）蒸馏中试装置，其装置实物图如图 3-1 所示，工艺流程图见图 3-2。

图 3-1　甲醇（乙醇）蒸馏装置实物图

本中试装置采用搪瓷搅拌釜作为蒸馏系统的关键设备，蒸馏釜筒体及封头材料采用碳钢内表面搪瓷的工艺手段，避免了因腐蚀引起的物料污染及设备寿命的降低。蒸馏釜配有机械搅拌器，以保证物料的充分混合及传热效率的提高。搅拌器与釜体的密封采用机械密封，保证设备的动连接部位的密封效果，防止甲醇（乙醇）发生泄漏而污染环境甚至发生火灾。

图 3-2　甲醇（乙醇）蒸馏装置工艺流程图

1—甲醇（乙醇）废液储罐；2—废液输送泵；3—蒸馏釜；4—冷凝器；5—废渣收集池；
6—冷凝液输送泵；7—冷凝液储罐；8—循环冷却水泵；9—循环冷却水储罐

蒸馏釜的加热系统是依靠电加热，电加热的媒介是导热油，因而设计蒸馏釜时在筒体外侧专门设计了夹套，夹套内充装导热油。导热油的温度依靠电加热棒来提升，电加热棒与外接电源控制器及夹套相连接，并做好与夹套之间的绝缘及密封措施，以防止漏电或者漏油。夹套内设置有传感器，通过温度传感器控制加热的功率，从而控制加热温度的变化范围，以保证甲醇（乙醇）蒸馏过程操作工况的正常运行。

蒸馏釜底部出口用球阀或者闸阀控制，可以将蒸馏后的残渣通过底阀及管路储存到废渣收集池进行集中排污及二次处理。冷凝器采用固定管板式结构，管程也进行了搪瓷处理，以保证换热管的防腐性能，使蒸馏后的物料不受污染而且延长了冷凝器的工作寿命。

蒸馏釜内部也设置了热电偶，以准确测量加热温度的变化趋势，保证蒸馏温度满足蒸馏工艺要求。蒸馏釜封头上部设置了视镜，以观察釜内液面的高度。

冷凝液储罐也是采用立式容器，筒体材料采用碳钢制作，筒体内部也采用了搪瓷处理。此外还设置有循环冷却水储罐、循环冷却水泵、甲醇（乙醇）废液储罐及废液输送泵。

本装置蒸馏釜搅拌轴选用机械密封，有效避免了动密封容易泄漏的现象，延长了装置的使用期限，改善了实验操作环境。本装置中凡接触甲醇、乙醇的设备部分如蒸馏釜、冷凝器、冷凝液储罐等均采用搪瓷结构，以确保成品甲醇、乙醇不被污染。蒸馏釜采用可拆封头结构，在检修时可将搅拌器提出釜外，便于对热电偶管外壁及蒸馏釜内壁进行清洗。本装置可间歇生产，也可半连续生产。另外，为保证装置的节能和高效，在装置的部分环节采用了保温措施，如蒸馏釜及部分管路采用了保温设置，一方面保证加热效率，降低能耗，另一方面也确保了操作过程的安全。

二、拆装实训方法

① 了解蒸馏中试装置所有设备的功能，熟悉蒸馏流程及所用仪表，特别是安全阀、压力表、热电偶等检测原理，提前预习。

② 检查离心泵轴承箱、釜式搅拌器轴封部位的润滑及密封情况，用手转动联轴器，检查其是否转动灵活（工业上称作盘车）。

③ 检查搅拌蒸馏釜的法兰是否紧固严密，其他阀门是否关闭。在该装置拆装之前确保储罐内、蒸馏釜内无物料存放，如有物料，需要打开底阀，将物料排放干净。

④ 设备内部物料排放干净后，打开放空阀进行空气吹扫，吹扫完成后关闭设备上的进出口阀门，此时所有电器开关要关闭。

上述工作准备妥当，经指导教师检查合格后，可按照化工装置拆装检修方案进行拆装实训。

⑤ 按照先上后下的顺序，依次将最高部位的工艺管线拆除，注意法兰拆卸时要确保有专人监护和协助，较长管线需要两个男生配合拆卸，最后一个螺栓松开时必须互相沟通，并做好保护，将管路拆卸后放到指定地面上。

⑥ 拆卸后的螺栓必须按照规格放到指定地点，不得随意丢放。

⑦ 高处的管路拆卸后，就可以开始拆卸各种较低处的管路、阀门及设备上的盲板、仪表等，各种被拆卸的零部件也要集中归类摆放好。

⑧ 各种拆卸的零部件、螺栓、仪表要轻拿轻放，不得损坏。

⑨ 拆卸法兰、阀门时要注意密封垫的保护，如密封垫无破损，可以继续使用，否则需要更换。

⑩ 拆卸过程中注意工具的合理使用。

⑪ 装配时的顺序正好与拆卸相反，按照先下后上的原则，依次装配管线、阀门、仪表，不得发生阀门和仪表方向错误、法兰装配不严密、螺栓数量不足、垫片漏装等缺陷，发现问题及时整改，确保装配质量。

三、思考题

① 简述蒸馏与精馏的区别，工业上提高蒸馏效果有哪些措施？

② 现有甲醇（乙醇）蒸馏装置冷凝器为什么采用立式安装，如采用卧式安装对蒸馏有什么影响？

第四节　拆装注意事项

① 首先按照化工管路的拆装要求及相关的设备、阀门、仪表等配备相应的拆装工器具，高处管路拆装时需要准备两个木凳。

② 拆装时首先要将动力电源关闭，并挂警示牌，检查无误后才准许拆装实训。

③ 化工管路拆装一般是拆卸与安装顺序正好相反，拆卸时一般是从高处往下逐步拆卸，注意拆卸下来的每一零部件都要按顺序进行编号。在拆装时要相互配合，防止管路或管件掉落而砸伤实训人员或地面。

④ 仪表拆装时要轻拿轻放，防止损坏。蒸馏釜和储罐的筒体都采用搪瓷复合材料，搪瓷脆性较大，拆装时注意工器具、螺栓不得掉入设备内部，造成表面瓷釉破碎。拆装时要注意阀门的方向和具体位置。

⑤ 所有密封部位的密封材料一般在拆装后进行检查，需要更换的，将原来的密封垫拆下来，按原样用剪刀进行制作并更换，密封垫位置要放置合适，不能偏移，所有螺栓都应该

按照螺母在上方的顺序紧固。

⑥ 紧固螺栓时必须 180°对角分别用力紧固，然后再依次紧固，防止法兰面倾斜发生泄漏，另外螺栓紧固用臂力即可，不需要加套管紧固，以防止密封垫损坏。

⑦ 装配过程中应使用水平仪进行测量，要注意保证管路的横平竖直，严禁管路发生倾斜。管路支架固定可靠，不能松动。

⑧ 水泵电机接线盒及电源控制箱属于电气部分，不需要拆卸，要防止拆装时有水分进入，导致电气部分短路（漏电）事故发生。

⑨ 拆装完成后进行蒸馏系统管路的试漏检验，在启动水泵前务必由指导教师进行开车前检查，没有问题后才准许送电运行。

⑩ 运行后若局部有泄漏，不需要断电，可用工具进行紧固，若还是不能解决泄漏问题，需要停泵后检查垫片的密封情况。

⑪ 拆装过程中要树立团结协作、严肃认真、安全第一的指导思想，服从实训指导教师的统一安排。

第四章
离心泵拆装实训

第一节　概　述

　　离心泵是一种流体输送设备，石油化工企业绝大多数液体物料输送是通过离心泵来实现的，由此可见离心泵在石油化工行业非常重要。离心泵在其他过程行业的应用也很普遍，除了可以输送液体物料以外，也可广泛用于电力、冶金、煤炭、建材等行业输送含有固体颗粒的浆体。如火电厂水力除灰、冶金选矿厂矿浆输送、洗煤厂煤浆及重介质输送等。离心泵工作时，一般需要把泵安装在地面上，吸水管放置在需要输送的液体中，如果液位低于泵叶轮中心，还需要灌泵启动。泥浆泵和液下离心泵由于受到泵自身结构的限制，工作时电机需要放在液面之上，泵体放入液体中。泵在工作期间必须固定，否则电机掉到水中会导致电机报废。由于长轴长度一般是固定的，所以泵的安装、使用比较麻烦，应用的场合受到很多限制。

　　离心泵按照其安装方式、结构等有多种类型，根据泵的安装方位分为立式、卧式两种；根据泵壳内叶轮数量分为单级、多级；根据泵吸入方式分为单吸、双吸、自吸式等多种类型。离心泵是利用叶轮旋转而使液体发生离心运动产生压差来工作的。水泵在启动前，必须使泵壳和吸水管内充满水，然后启动电机，使泵轴带动叶轮和水做高速旋转运动。水发生离心运动，被甩向叶轮外缘，经蜗形泵壳的流道流入水泵的压水管路，离心泵结构见图4-1卧式离心泵。

　　随着化工企业内部管理的不断完善，设备管理技术水平得到很大提升，离心泵故障管理和维护趋于精细化。当前，探索离心泵故障诊断、维护技术和保养方法已经成为一个新的研究课题。做好离心

图 4-1　卧式离心泵

泵设备的日常保养、维护、检修，是提升机械设备使用寿命和效率的重要途径和手段。

第二节　离心泵的基本结构和工作原理

一、离心泵的基本结构

　　离心泵的基本部件是高速旋转的叶轮和固定的蜗牛形泵壳。具有若干个（通常为4～12

个）后弯叶片的叶轮紧固于泵轴上，并随泵轴由电机驱动作高速旋转。叶轮是直接对泵内液体做功的部件，是离心泵的供能装置。泵壳中央的吸入口与吸入管路相连接，吸入管路的底部装有单向底阀。泵壳侧的排出口与装有调节阀门的排出管路相连接。

二、离心泵的工作原理

当离心泵启动后，泵轴带动叶轮一起做高速旋转运动，迫使预先充灌在叶片间的液体旋转，在惯性离心力的作用下，液体自叶轮中心向外周做径向、切向运动。液体在流经叶轮的运动过程中获得了能量，静压能增高，流速增大。当液体离开叶轮进入泵壳后，由于壳内流道逐渐扩大而减速，部分动能转化为静压能，最后沿切向流入排出管路。所以蜗形泵壳不仅是汇集由叶轮流出液体的部件，而且也是一个转能装置。

当液体自叶轮中心甩向外周的同时，叶轮中心形成低压区，在储槽液面与叶轮中心总势能差的作用下，液体被吸进叶轮中心。依靠叶轮的不断运转，液体便连续地被吸入和排出。液体在离心泵中获得的能量最终表现为静压能的提高，离心泵进出口接管安装见图4-2。需要强调指出的是，若在离心泵启动前没向泵壳内灌满被输送的液体，由于空气密度低，叶轮旋转后产生的离心力小，叶轮中心区不足以形成吸入储槽内液体的低压，因而虽启动离心泵也不能输送液体。这表明离心泵无自吸能力，此现象称为气缚。吸入管路安装单向底阀是为了防止启动前灌入泵壳内的液体从壳内流出。空气从吸入管路进到泵壳中会造成气缚。

三、离心泵的叶轮和其他部件

1. 离心泵的叶轮

叶轮是离心泵的关键部件。按其机械结构可分为闭式、半闭式和开式三种，如图4-3所示。闭式叶轮适用于输送清洁液体；半闭式和开式叶轮适用于输送含有固体颗粒的悬浮液，这类泵的效率低。

图 4-2　离心泵进出口接管示意图　　　　图 4-3　离心泵的叶轮

(a) 闭式　　　　(b) 半闭式　　　　(c) 开式

闭式和半闭式叶轮在运转时，离开叶轮的一部分高压液体可漏入叶轮与泵壳之间的空腔中，因叶轮前侧液体吸入口处压强低，故液体作用于叶轮前、后侧的压力不等，便产生了指向叶轮吸入口侧的轴向推力。该力推动叶轮向吸入口侧移动，引起叶轮和泵壳接触处的磨损，严重时造成泵的振动，破坏泵的正常操作。在叶轮后盖板上钻若干个小孔，可减少叶轮两侧的压力差，从而减轻了轴向推力的不利影响，但同时也降低了泵的效率。这些小孔称为平衡孔。

　　按吸液方式不同可将叶轮分为单吸式与双吸式两种，单吸式叶轮结构简单，液体只能从一侧吸入。双吸式叶轮可同时从叶轮两侧对称地吸入液体，它不仅具有较大的吸液能力，而且基本上消除了轴向推力。

　　根据叶轮叶片的几何形状，可将叶片分为后弯、径向和前弯三种，由于后弯叶片有利于液体的动能转换为静压能，故而被广泛采用。

2. 离心泵的导轮

　　为了减少离开叶轮的液体直接进入泵壳时因冲击而引起的能量损失，在叶轮与泵壳之间有时装置一个固定不动的带有叶片的导轮。导轮中的叶片使进入泵壳的液体逐渐转向且流道连续扩大，使部分动能有效地转换为静压能。多级离心泵通常均安装导轮，泵壳与导轮装配关系见图4-4。

　　蜗牛形的泵壳、叶轮上的后弯叶片及导轮均能提高动能向静压能的转化率，故均可视作转能装置。

3. 轴封装置

　　由于泵轴转动而泵壳固定不动，在轴和泵壳的接触处必然有一定间隙。为避免泵内高压液体沿间隙漏出，或防止外界空气从相反方向进入泵内，必须设置轴封装置。离心泵的轴封装置有填料密封和机械（端面）密封，填料密封见图4-5。填料密封是将泵轴穿过泵壳的环隙作成密封槽，于其中装入软填料（如浸油或涂石墨的石棉绳等）。机械密封是由一个装在转轴上的动环和另一固定在泵壳上的静环所构成。两环的端面借弹簧力互相贴紧而做相对转动，起到了密封的作用。机械密封适用于密封要求较高的场合，如输送酸、碱、易燃、易爆及有毒的液体。

图4-4　泵壳和导轮装配关系

图4-5　水泵泵轴填料密封结构图

4. 机械密封安装位置的确定

　　确定机械密封的安装位置须在离心泵装配中调整并固定轴与密封体相对位置的基础上进行，确定方法有：

　　① 确定机械密封正常工作状态的安装尺寸。

　　② 在轴上标记密封箱端面垂直于轴的位置。

　　③ 以图4-6单端面内装式机械密封装置为例进行示范，由所标记的位置量出弹簧座固定端的位置，并做好标记。

5. 静止部件的安装

　　① 将防转销装入密封端盖相应的孔内。

　　② 将静环密封圈套在静环上，再将静环的凹槽对准密封端盖上的防转销，装入密封端盖内。本章将重点介绍小型离心水泵检修的基本步骤，包括拆装、装配工艺要求等。

图 4-6　单端面内装式机械密封装置

1—静环；2—动环；3—压环；4—小弹簧；5—弹簧座；6—固定螺钉；7—传动螺钉；8—动环密封圈；

9—静环密封圈；10—防转销；11—密封端盖；L_1—弹簧座端部与密封盖凹槽端面距离；

L_2—弹簧座端部与密封端盖密封台端面距离；L_3—密封端盖凹槽深度

第三节　离心泵的拆装工艺

离心泵的检修按程序来讲，就是拆卸、检查、组装三大步。由于泵的构造不同，具体的检修程序也不一样。

IS 型泵是根据国际标准 ISO 2858 所规定的性能和尺寸设计的，主要由泵体、泵盖、叶轮、轴、密封环、轴套及悬架轴承部件等组成，如图 4-7 所示。

图 4-7　IS 单极单吸式离心泵结构

1—泵体；2—叶轮螺母；3—止动垫圈；4—密封环；5—叶轮；6—泵盖；7—轴套；8—填料环；

9—填料；10—填料压盖；11—悬架轴承部件；12—轴

IS 型的泵体和泵盖部分，是从叶轮背面处剖分的，即通常所说的后开门结构形式。其优点是检修方便，检修时不动泵体、吸入管路、排出管路和电动机，只需拆下加长联轴器的中间连接件，即可退出转子部分进行检修。

泵的壳体（即泵体和泵盖）构成泵的工作室。叶轮、轴和滚动轴承等为泵的传动轴。悬架轴承部件支撑着泵的传动轴部分，滚动轴承受泵的径向力和轴向力。

为了平衡泵的轴向力，大多数泵的叶轮前、后均设有密封环，并在叶轮后盖板上设有平衡孔，由于有些泵轴向力不大，叶轮背面未设密封环和平衡孔。

泵的轴向密封环由填料压盖、填料环和填料等组成，以防止进气或大量漏水。泵的叶轮如有平衡孔，则装有软填料的空腔与叶轮吸入口相通，如叶轮入口处液体处于真空状态，则很容易沿着轴套表面进气，故在填料腔内装有填料环，通过泵盖上的小孔将泵室内压力水引至填料环进行密封。泵的叶轮如没有平衡孔，由于叶轮背面液体压力大于大气压，因而不存在漏气问题，故可不装填料环。

为避免轴磨损，在轴通过填料腔的部位装有轴套保护。轴套与轴之间有 O 形密封圈，以防止沿着配合表面进气或漏水。

离心泵的传动方式是加长弹性联轴器与电动机连接，泵的旋转方向从驱动端看为顺时针方向旋转。实训中心离心泵拆装设备见图 4-8。

图 4-8　离心泵拆装现场

一、解体步骤

1. 分离泵壳

① 拆除联轴器销子，将水泵与电机脱离。

② 拆下泵结合面螺栓及销子，使泵盖与下部的泵体分离，然后把填料压盖卸下。

③ 拆开与系统有连接的管路（如进水管、出水管等），并用布包好管接头，以防止落入杂物。

2. 吊出泵盖

上述工作完成后，即可吊下泵盖。起吊时应平稳，并注意不要与其他部件碰磨。

3. 吊出传动轴

① 将两侧轴承体压盖松下并脱开。

② 将钢丝绳拴在传动轴两端的填料压盖处起吊，要保持平稳、安全。传动轴吊出后应放在专用的支架上，并放置牢靠。

4. 传动轴的拆卸

① 将泵侧联轴器拆下，妥善保管好连接件。

② 松开两侧轴承体端盖并把轴承体取下，然后依次拆下轴承紧固螺母、轴承、轴承端盖及挡水圈。

③ 将密封环、填料压盖、水封环、填料套等取下，并检查其磨损或腐蚀的情况。

图 4-9　拆装叶轮工具

④ 松开两侧的轴套螺母，取下轴套并检查其磨损情况，必要时应予以更换。

⑤ 检查叶轮磨损和汽蚀的情况，若能继续使用，则不必将其拆下。如确需拆下时，要用专门的工具拔轮器（如图 4-9 所示）边加热边拆卸，以免损伤泵轴。

二、装配顺序

1. 传动轴组装

① 叶轮应装在轴的正确位置上，不能偏向一侧，否则会造成与泵壳的轴向间隙不均而产生摩擦。

② 装上轴套并拧紧轴套螺母。为防止水顺轴漏出，在轴套与螺母间要用密封胶圈填塞。组装后应保证胶圈被轴套螺母压紧且螺母与轴套已靠紧。

③ 将密封环、填料套、水封环、填料压盖及挡水圈装在轴上。

④ 装上轴承端盖和轴承，拧紧轴承螺母，然后装上轴承体并将轴承体和轴承端盖紧固。

⑤ 装上联轴器。

2. 吊入传动轴

① 将前述装好的传动轴组件平稳地吊入泵体内。

② 密封环就位后盘动传动轴，观察密封环有无摩擦。若有摩擦，应调整密封环直到盘动传动轴轻快为止。

3. 安装泵盖

将泵盖对中泵壳装配后，紧固泵结合面螺栓及两侧的轴承体压盖。盘动传动轴，观察是否有异常，若无明显异常，即可连接进水管、出水管等管路，加好填料，找正联轴器。

三、安装精度要求

这里给出的主要是联轴器对正的精度要求。泵与电机联轴器装好后，其间应保持 2～3mm 间隙，两联轴器的外圆上下、左右的偏差不得超过 0.1mm，两联轴器端面间隙的最大、最小值差值不得超过 0.08mm。

第四节　离心泵的测量及计算

一、轴弯曲度的测量

泵轴弯曲后会引起传动轴的不平衡和动静部分的磨损，所以在大修时都应对泵轴的弯曲度进行测量，测量方法如图 4-10 所示。首先，把轴的两端架在 V 形铁上，V 形铁应放置平稳、牢固；再把千分表支好，使测量杆指向轴心。然后，缓慢地盘动泵轴，在轴有弯曲的情况下，每转一周则千分表有一个最大读数和最小读数，两读数的差值即表明了轴的弯曲程度。这个测量过程实际上是测量轴的径向跳动，即晃度。晃度的一半即为轴的弯曲度值。通常，对泵轴径向跳动的要求是：中间不超过 0.05mm，两端不超过 0.02mm。

二、转子晃度的测量

传动轴的晃度，即其径向跳动。测量传动轴的径向跳动，目的就是及时发现传动轴组装中的错误及传动轴部件不合格的情况。测量传动轴晃度的方法与测量轴弯曲度的方法类同。通常，要求叶轮密封环的晃度不得超过 0.08mm，轴套处晃度不得超过 0.04mm，两端轴颈处晃度不得超过 0.02mm。

三、联轴器找中心的测量

水泵在大修之后必须进行联轴器找中心工作，这样水泵运转起来才能平稳。找中心原理和方法将在其他的内容中介绍。

四、相关的检修工作

1. 叶轮的静平衡

水泵传动轴在高转速下工作时，若其质量不均衡，转动时就会产生一个较大的离心力，造成水泵振动或损坏。传动轴的平衡是通过其上的各个部件（包括轴、叶轮、轴套、平衡盘等）的质量平衡来达到的，因此对新换装的叶轮都应进行静平衡校验工作。具体的方法是：

① 将叶轮装在假轴上，放到已调好水平的静平衡试验台上，如图 4-11 所示，试验台上有两条轨道，假轴可在其上自由滚动。

图 4-10　测量泵轴的弯曲度　　　　　图 4-11　静平衡试验台

② 在叶轮偏重的一侧做好标记。若叶轮质量不平衡，较重的一侧总是自动地转到下面。在偏重地方的对称位置（即较轻的一方）增加重块（用面粘或是用夹子增减铁片），直至叶轮能在任意位置停住为止。

③ 称出加重块的质量并在较重侧通过减质量的方法来达到叶轮的平衡。减重时，可用铣床铣削或是用砂轮磨削（当去除量不大时），但注意铣削或磨削的深度不得超过叶轮盖板厚度的 1/3。经静平衡后的叶轮，静平衡允许偏差值不得超过叶轮外径值与 0.025g/mm 之积。例如，直径为 200mm 的叶轮，允许偏差为 5g。

2. 联轴器的拆装

① 拆下联轴器时，不可直接用锤子敲击而应垫以铜棒，且应击打联轴器轮毂处而不能

击打联轴器外缘，因为此处极易被砸坏。最理想的办法是用拔轮器拆卸联轴器，如图 4-12 所示。对于中小型水泵来说，因其配合过盈量很小，故联轴器很容易拿下来。对较大型的水泵，联轴器与轴配合有较大的过盈，所以拆卸时必须对联轴器进行加热。

② 装配联轴器时，要注意键的序号（对具有两个以上键的联轴器来说）。用铜棒敲击时，必须注意击打的部位。例如，敲打轴孔处端面时，容易引起轴孔缩小，以致轴穿不过去；敲打对轮外缘处，则易破坏端面的平直度，在以后用塞尺找正时将影响测量的准确度。

③ 联轴器销子、螺母、密封圈及密封胶圈等必须保证其各自的规格、大小一致，以免影响联轴器的动平衡。联轴器螺栓及对应的联轴器销孔上应做好相应的标记，以防错装。

④ 联轴器与轴的配合一般采用过渡配合，既可能出现少量过盈，也可能出现少量间隙。对轮毂较长的联轴器，可采用较松的过渡配合，因其轴孔较长，表面加工粗糙不平，在组装后自然会产生部分过盈。如果发现联轴器与轴的配合过松，影响孔、轴的同心度时，则应进行补焊。在轴上打麻点或垫铜皮乃是权宜之计，不能作为理想的方法。

3. 决定泵壳结合面密封垫的厚度

叶轮密封环在大修后没有变动，那么泵壳结合面的密封垫取原来的厚度即可；如果密封环向上有抬高，泵结合面密封垫的厚度就要用压铅丝的方法来测量了，如图 4-13 所示。通常，泵盖对叶轮密封环的预紧力以密封间隙为依据，一般间隙为 0～0.03mm。新密封垫做好后，两面均应涂上黑铅粉后再铺在泵结合面上。注意所涂铅粉必须纯净，不能有渣块。在填料函处，密封垫装配必须要规范，一定要使密封垫与填料函的边缘平齐。密封垫如果不合适，就会因填料密封不紧而大量漏水，造成返工。

图 4-12　用拔轮器拆卸联轴器

图 4-13　测量泵轴填料压盖密封垫厚度

第五章
换热器拆装实训

第一节　概　述

化工设备拆装实训是为适应教改需要，使知识向能力转化而设置的重要教学环节。通过拆装实训，学生不仅可以对典型化工设备、压力容器的结构和工作原理有所了解，更重要的是可以养成良好的工程观念，强化专业综合素质，提高综合运用专业理论知识的能力、动手操作能力及创新能力，同时还能获得一定的工程感性认识，为学习后续专业课程和将来从事专业技术工作打下良好的实践基础。

化工设备拆装实训主要包括三种典型的压力容器，分别是换热器、塔设备和釜式反应器的拆装。换热器拆装实训使用的换热器主要以石油化工行业使用最普遍的管壳式换热器为主，包括浮头式换热器、U 形管式换热器、固定管板式换热器、填料函式换热器四种类型，图 5-1 为 U 形管式换热器。

图 5-1　U 形管式换热器

一、换热器的概念

换热器（heat exchanger）是将热流体的部分热量传递给冷流体的设备，又称热交换器。换热器在化工、石油、动力、食品及其他许多工业生产中占有重要的地位，因其在工艺过程中承担的不同功能，化工生产中把换热器又给以不同的名称，比如加热器、冷却器、冷凝和再沸器等。管壳式换热器主要材质为碳钢和合金钢，特殊情况下采用有色金属。近些年，随着工程材料的不断创新和开发，一些新型非金属材质的管壳式换热器也得到了一定的推广应用。例如发电厂采用的聚四氟乙烯换热器，是降低排烟温度进行余热回收的新型装置。在介质含氟的工艺流程中，采用氟塑料材质的换热器，能够防止氢氟酸腐蚀，并将烟气温度降至100℃以内。聚四氟乙烯管板限胀施压加热焊接工艺，解决了氟塑料管子与管板连接密封的关键技术，含氟生产过程防腐技术也有了很大突破。随后，各种类型的国产换热器陆续投入实际生产应用并取得良好的效果。

换热器种类很多，但根据冷、热流体热量交换的原理和方式基本上可分三大类，即间壁式、混合式和蓄热式。在三类换热器中，为确保两种传热介质的隔离，间壁式换热器应用最多。通过对换热器进行拆装，可以充分了解换热器管壳程结构的流体流动路径，对今后换热器的设计、正常运行管理、维护和检修发挥重要作用。

管壳式换热器又称列管式换热器，是以封闭在壳体中管束的壁面作为传热部位的间壁式换热器。这种换热器结构分管程、壳程两个独立区域，零部件装配结构较复杂，但其安全性能高，操作可靠，可用各种结构材料（主要是金属材料）制造，能在高温、高压下使用，是目前应用最广泛的换热器类型。

二、管壳式换热器中换热管与管板的连接

在管壳式换热器的整个工作周期，换热管与管板的连接结构性能是制约换热器正常运行的关键因素之一，也是换热器管程和壳程之间的唯一隔离屏障。换热管与管板之间的连接结构和连接质量决定了换热器的质量优劣和使用寿命，是换热器设计、制造过程中至关重要的一个环节。图5-2为换热管与管板的连接。

图 5-2　换热管与管板的连接

大多数换热器的损坏及失效都发生在换热管与管板的连接部位，其连接接头的质量也直接影响着化工设备及装置的安全可靠性，因此也成为换热器制造质量保证体系中最关键的控制环节。目前在换热器制造过程中，换热管与管板的连接主要有：焊接、胀接、胀接加焊接以及胶接加胀接等方法。

1. 焊接

换热管与管板采用焊接连接时，由于对管板加工要求较低，制造工艺简单，连接强度

好，有较好的密封性，并且焊接、外观检查、维修都很方便，是目前管壳式换热器中换热管与管板连接应用最为广泛的一种连接方法。图 5-3 为换热管与管板的焊接。在采用焊接连接时，有保证焊接接头密封性及抗拉脱的强度焊和仅保证换热管和管板连接密封性的密封焊。换热管在插入管板部分时其外壁与管板孔之间存在缝隙，造成强度焊仅适用于振动较小和无间隙腐蚀的场合。

图 5-3　换热管与管板的焊接

采用焊接连接时，换热管之间距离不能太近，否则受热影响，焊缝质量不易得到保证，同时管端应留有一定的距离，以利于减少相互之间的焊接应力。换热管伸出管板的长度要满足 GB151—2014 规定的要求，以保证其有效的承载能力。在焊接方法上，根据换热管和管板的材质可以采用电弧焊、TIG 焊、CO_2 气体保护焊等方法进行焊接。对于换热管与管板间连接强度要求高的换热器，如设计压力大、设计温度高、温度变化大以及承受交变载荷的换热器、薄管板换热器等宜采用 TIG 焊接方法。

常规的焊接连接方法，由于换热管与管板孔之间存在间隙，易产生间隙腐蚀和焊缝过热区，并且焊接接头处产生的热应力也可能造成应力腐蚀和破坏，这些都会使换热器失效。目前在国内核工业、电力工业等行业使用的换热器中，换热管与管板的连接已开始使用内孔焊接技术，这种连接方法将换热管与管板的端部焊接改为管束内孔焊接，采用全熔透焊接形式，消除了换热管端部焊接产生的缝隙，提高了抗间隙腐蚀和抗应力腐蚀的能力，这种焊接结构抗振动、抗疲劳强度高，能承受高温、高压，焊接接头的力学性能较好；对接头可进行内部无损探伤，焊缝内部质量可得到控制，提高了焊缝的可靠性。但内孔焊接技术装配较难，对焊接技术要求高，制造和检验复杂，并且制造成本相对较高。随着换热器向高温、高压和大型化发展，对其制造质量要求越来越高，内孔焊接技术将会得到更加广泛的应用。

2. 胀接

胀接是一种比较传统的换热管与管板的连接方法，利用胀管器械使管板与管路之间产生塑性变形而紧密贴合。在工程实际设计中，对于胀接的部位经常通过改变管板孔的结构来强化连接强度，比如在管板的管孔内加工深度约 2～3mm 的凹槽，凹槽数量 2～3 条，这样换热管膨胀过程中发生塑性变形卡入凹槽内，形成牢固的连接，达到既密封又抗拉脱的目的。在换热器的制造过程中，胀接与焊接相比，其连接强度比焊接差，所以胀接适用于换热管无剧烈的振动、壳体无过大的温度变化、换热器管壳无严重的应力腐蚀的场合。

目前采用的胀接工艺主要有机械胀接和液压胀接两种方式。机械胀接施加载荷不均匀，一旦发生管子与管板连接失效再用胀管来修复十分困难；液压胀接过程由计算机控制操作，施工精度较高，并能保证换热管与管板胀接紧密程度均匀一致。液压胀接的可靠性比机械胀接要好，但液压胀接对加工精度要求严格，对管板上密布的换热管连接接头的成功胀接也有一定困难，如果胀接失效再进行二次胀接修复也较为困难。

图 5-4 为换热管与管板的胀接。

图 5-4　换热管与管板的胀接

3. 胀接加焊接

当换热器温度和压力较高，且在热变形、热冲击、热腐蚀和流体压力的作用下，换热管与管板连接处极易被破坏，发生开裂、泄漏故障，采用胀接或焊接均难以保证连接强度和密封性的要求。目前广泛采用的是胀焊并用的方法，图 5-5 为换热管与管板的焊接与胀接并用。

图 5-5　换热管与管板的焊接与胀接并用

胀接加焊接结构能够有效地减小管束振动产生的疲劳载荷对焊缝的损伤，同时由于胀接消除了换热管与管板间隙，可以有效地消除应力腐蚀和间隙腐蚀，提高了焊接接头的抗疲劳性能，从而延长了换热器的使用寿命，比单纯胀接或强度焊具有更高的强度和密封性。对普通的换热器通常采用"贴胀＋强度焊"的形式；而使用条件苛刻的换热器则要求采用"强度胀＋密封焊"的形式。胀接加焊接按胀接与焊接在工序中的先后次序可分为先胀后焊和先焊后胀两种，具体选择根据实际施工条件确定。

① 先胀后焊

胀接时使用的润滑油会渗透进入焊接接头间隙，而它们对焊接裂纹、气孔等有很强的敏感性，从而使焊接时产生缺陷的现象更加严重。这些渗透进入连接部位间隙的油污很难清除干净，所以采用先胀后焊工艺，不宜采用机械胀接的方式。采用贴胀虽不耐压，但可以消除管子与管板孔的间隙，所以能有效地阻尼管束振动并消除对管口焊接部位的影响。

采用常规手工或机械控制的胀接方法因客观条件所限无法达到均匀贴胀的要求，而采用由计算机控制胀接压力的液袋式胀接方法可方便、均匀地实现连接结构的贴胀要求。在连接接头焊接时，由于焊接接头受到高温熔化金属的影响，间隙内气体被加热而急剧膨胀，这些高温、高压的气体在外泄时对强度胀的密封性能会造成一定的损伤。

② 先焊后胀

对于先焊后胀工艺，首要的问题是控制换热管与管板孔的加工精度及其配合要求。当换热管与管板孔的间隙小到一定值后，整个胀接过程将不会损伤焊接接头的质量。但是在后期胀接过程中，焊口承受剪切力的能力相对较差，所以强度焊时，若焊接坡口质量控制达不到要求，可能造成过胀失效或胀接对焊接接头的损伤。

在制造过程中，换热管的外径与管板孔之间存在着较大的间隙，且每根换热管的外径与管板孔间隙沿轴向是不均匀的。当焊接完成后胀接时，管子中心线必须与管板孔中心线相重合，才能保证焊接接头质量。若间隙较大，由于换热管的刚性较大，过大的胀接变形将对焊接接头产生损伤，甚至造成焊口脱焊，最终导致换热管拉脱。

4. 胶接加胀接

采用胶接加胀接的工艺有助于解决换热器中换热管与管板连接处经常出现的泄漏和渗漏问题，重要的是根据被胶接件的工作条件正确选择胶接剂。在工艺设计实施过程中要结合换热器的结构、尺寸选择好工艺参数，主要包括固化压力、固化温度、胀紧力等，并在生产过程中严格进行质量控制。此工艺简单、易行、可靠，在企业的实际使用中已得到了认可，具有一定的推广价值。

三、换热器拆装部分组成及特点

管壳式换热器拆装实训装置及工具主要由管壳式换热器、电动葫芦、拆装工具、检测仪器、测量工具等组成，通过训练可掌握典型管壳式换热器的结构、换热管与管板、壳体与管板等的连接结构形式、工作原理等相关知识，熟悉压力容器安全检验、保证密封结构安全的手段和措施。校内工程实训中心换热器见图5-6。

四、换热器拆装部分功能及训练目标

① 掌握典型换热器的管程和壳程结构、组装、密封特点；明确管程、壳程介质流动过程和方向。

② 强化换热器拆装实训环节安全注意事项；掌握压力容器使用过程中的外观质量检验常识。

③ 换热器的拆装：认识管壳式换热器的结构及其关键零部件；做好拆装前的准备工作

图 5-6 管壳式换热管拆装实训场地图片

（包括拆装工具的准备、待拆装换热器基本状态检查、了解拆装操作规程及注意事项等）；制定拆装计划与实施方案；对换热器进行拆卸，严格遵守安全拆卸规程，并对已拆卸的零部件进行标号，组装时按零部件装配顺序（对照零部件标号）进行。

④ 换热器的清洗过程：企业对使用中的换热器进行拆卸检修时，首先会对换热器管程、壳程进行除垢清洗。换热器拆装实训中拆装的设备不是在用设备，所以设备清洗过程可以省略。在指导教师的引导下，让学生认识换热器的各种清洗方法；做好清洗前的准备工作（如清洗工具的准备，包括榔头、锉刀、铲刀、刮刀、钢丝刷、吸尘器等）；了解工厂换热器清洗操作基本流程，对换热器的管程、壳程清洗有基本认识；注意整个清洗过程的顺序及操作要领。

⑤ 掌握换热器管、壳程冷热流体流程和方向，通过管程、壳程介质输送流程了解管程、壳程结构，熟悉管壳程水压试验系统；了解管壳程零部件拆装过程中的安全规范。

第二节 浮头式换热器拆装实训

一、浮头式换热器的特点

新型浮头式换热器浮头端结构包括圆筒、外头盖侧法兰、浮头管板、钩圈、浮头盖、外头盖及丝孔、钢圈等，其特征是在外头盖侧法兰内侧面设半圆形凹槽或梯形密封槽，在靠近密封槽外侧钻孔并套丝或焊设多个均布螺杆，浮头处不用钩圈及相关零部件。浮头管板密封槽为半圆凹形槽并另在同一端面开一个以该管板中心为圆心，半径稍大于管束外径的梯形凹槽，且管板分程半圆形凹槽只与梯形凹槽相连通，而不与半圆形凹槽相连通。

浮头式换热器的一端管板与壳体通过法兰连接固定，该端管板属于法兰兼做管板。而另一端的管板依靠浮头法兰和钩圈法兰固定，管束可在壳体内自由浮动，壳体和管束对热膨胀是自由的，故当两种介质的温差较大时，管束和壳体之间不产生热应力。浮头端设计成可拆结构，使管束能容易地插入或抽出壳体，为换热器管壳程检修、清洗提供了方便。但该换热器结构较复杂，而且浮动端小盖在操作时无法知道其内部密封处泄漏情况，在安装时要特别注意其密封质量。浮头式换热器壳程主要零部件见图 5-7，结构见图 5-8。

图 5-7　浮头式换热器壳程主要零部件

图 5-8　浮头式换热器管壳程结构

1—管程接管 1；2—左管箱；3—活动管板；4—壳程接管；5—折流板；6—拉杆及定距管；7—壳体；8—换热管；
9—右管箱；10—浮头；11—浮头管板；12—钩圈法兰；13—防冲挡板；14—支座；15—管程隔板；
16—管程接管 2

　　浮头式换热器的浮头部分结构按不同的要求可设计成各种形式，除必须考虑管束能在设备内自由移动外，还必须考虑浮头部分的检修、安装和清洗的方便。

　　在设计时必须考虑浮头管板的外径 D_o。该外径应小于壳体内径 D_i，一般推荐浮头管板与壳体内壁的间隙 $b_1=3\sim5\text{mm}$。这样，当浮头处的钩圈拆除后，即可将管束从壳体内抽出。以便于进行壳程的检修、清洗。浮头盖在管束装入后才能进行装配，所以在设计中应保证必要的空间。

　　钩圈对保证浮头端的密封、防止介质间的串漏起着重要作用。随着浮头式换热器的设计、制造技术的发展以及长期以来经验的积累，钩圈的结构形式也得到了不断的改进和完善。钩圈一般都为对开式结构，可以组合和分离，要求密封可靠，结构简单、紧凑、便于制造和拆装方便。

　　浮头式换热器以其高度的可靠性和广泛的适应性，在石油炼制行业中得到广泛的应用，至今仍在各种换热器中占主导地位。

1. 浮头式换热器的优点

①　管束可以抽出，以方便清洗管、壳程；

②　介质间温差不受限制；

③　可在高温、高压下工作，一般温度≤450℃，压力≤6.4MPa；

④　可用于壳程结垢比较严重的场合；

⑤ 可用于管程易腐蚀场合。

2. 浮头式换热器的缺点

① 小浮头易发生内漏，而且很难发现；

② 金属材料耗量大，比固定管板式换热器成本高 20%；

③ 结构复杂，拆装不方便。

二、实训目的

① 通过浮头式换热器图纸结合现场实训设备了解其结构特点，分析拆卸顺序。通过换热器拆装实训，培养自身的工程素养和工程理念，自觉遵守工程规范和工程质量考核标准，树立正确的工程职业道德。

② 以小组为单位，分工协作完成拆装任务。在实训过程中体会团队分工、协作的重要性，培养自身的工程技能和团队意识。

③ 按要求进行零部件尺寸测量、绘图，树立严谨细致、求真务实的工程态度。

④ 结合教材进行分析、讨论，详细了解浮头式换热器的结构特点和工作原理（冷热介质流程、流向）。

⑤ 注意吊装、移动、翻转设备时的自我保护，做到安全第一。

三、拆装注意事项

① 换热器属于大型设备，在企业检修中应有专门起重工具、龙门吊车架及辅助工具等，本实训中心配备了电动葫芦，用于大型零部件的拆卸、吊装。但是实训用的浮头式换热器属于小型设备，学生可以人工完成拆卸和装配。

② 准备好专用工具及常用工具等。

③ 注意同组同学之间的协作，管箱的拆装及管束的拆装需要两人配合完成。

④ 在企业拆装换热器时，应将换热器内管、壳程介质置换并清洗干净，用蒸汽吹扫。本实训中不需要这个清理环节。

⑤ 记录拆卸先后顺序，专人保管拆下的各个零部件（不能混），尽可能做好各方面的准备工作。

四、浮头式换热器拆卸方法

① 用绳索将左管箱吊住，将左管箱与筒体螺栓松开，可用松动剂配合。注意对称松开，并留左管箱顶部一对螺栓不拆，等最后提起分离时拆下。将管箱轻轻放在垫木上，螺栓单独放好，如有必要需画好螺栓孔对齐线。

② 移动绳索到右管箱，将右管箱吊住，同样松开螺栓，最后拧下管箱顶部的两个螺栓，并将右管箱吊起，轻轻放在垫木上（注意放稳，螺栓单独放在一起，不要与左管箱螺栓混在一起）。

③ 拆浮头时先由其他同学用手护住浮头，依次拆下浮头与钩圈法兰的连接螺柱（单独放在一起），注意不要让落下的浮头钩圈碰伤人（应用绳索拉住轻轻放在地上），然后将浮头盖、钩圈法兰平稳地放到平地上，并用橡胶板垫好。

④ 移动绳索至左管箱的位置，用绳索吊住管板吊耳，通过起吊时向前产生的分力使管束向外拉。重新捆住管束，通过牵引的办法产生向前分力，继续使管束向外移动，直到管束中心移到筒体边缘时，捆住管束中心，人工将管板移到外侧，并将管束拉出来，然后放在垫

木上。若无吊耳，则应用钢丝绳捆住浮头侧的管板与管子连接处，并通过绳索牵引产生向前分力，使管束前进移动，或用垫木块在外力作用下使管束水平移动。本实训中心浮头式换热器重量较轻，学生可以手动配合进行抽芯。

⑤ 按要求进行浮头式换热器零部件测绘，检查测量数据是否完整，零部件结构表达是否规范、完整。

⑥ 通过抽出的管束观察折流板、拉杆、定距管的装配关系。

五、浮头式换热器的装配

① 浮头式换热器装配过程比较繁琐，与拆卸顺序相反、按照由内到外的顺序进行合理装配。装配过程中如果需要使用电动葫芦，需要重点强调：电动葫芦属于特种设备，需要具备操作资格的人员操作，学生不得使用。

② 首先清理壳体内杂质，然后将浮头式换热器管束水平推进筒体内，注意管束的方向，待管束安装到位后，开始组对钩圈，钩圈法兰属于剖分式组合，止口配合合适后再进行与浮头盖法兰的装配。

③ 装配浮头盖的时候必须注意法兰密封垫是否装配到位，防止密封垫错位或者发生损伤，法兰螺栓孔对正，用扳手呈180°对角均匀拧紧螺栓，保证法兰之间的缝隙统一，发现问题及时解决。

④ 浮头盖法兰装配合格后，进行左、右管箱的装配。左、右管箱装配时首先注意管箱上接管的方位，不得错位和装反，注意隔板的方向，螺栓与孔对齐，不许有歪斜现象，注意螺栓对角拧紧。

⑤ 检查管箱法兰密封垫是否放置合适，然后对正接管方位，进行管箱法兰螺栓的装配。按照180°对角预紧的原则，确保管箱法兰密封面均匀受力，从而达到密封要求。

⑥ 在换热器装配过程中，注意保证装配质量，否则须拆卸后重新装配。

⑦ 检查现场装配情况，经指导老师确认无误后才算完成拆装任务。

⑧ 清理拆装现场工器具和环境卫生。

六、拆装实训课后作业

① 说明浮头式换热器的拆卸过程。

② 测绘浮头或管箱等零部件图（用A3图纸）。

七、思考题

① 说明浮头式换热器的结构特点。

② 为什么炼油厂应用浮头式换热器较多，说明原因。

第三节　U形管式换热器拆装实训

一、U形管式换热器的特点

U形管式换热器结构简单，只有一个管板，密封面少，运行可靠，造价低，管束可抽出，管间（壳程）清洗方便，质量轻，适用于高温和高压的场合。然而，U形管式换热器也存在一些缺点，如管程清洗困难，管程流体必须是洁净和不易结垢的物料，由于管子需要一定的弯曲半径，故管板利用率低；管束最内层间距大，壳程流体易短路；内层管子破损不能更换，因而报废率高。U形管式换热器适用于管、壳壁温差较大或壳程介质易结垢而管程介质清洁不易结垢以及高温、高压、腐蚀性强的场合。一般高温、高压、腐蚀性强的介质走管内，由于高压空间减小，密封易解决，可节约材料并减少热损失。

二、U形管式换热器的应用

U形管式换热器的管板比其他三种管壳式换热器少，只有一块，另外一端封头与筒体属于焊接结构，其泄漏点相应减少。此外，U形管式换热器进行壳程水压试验后烘干也比较容易，而且它的适用范围广、检修简单、操作弹性好，电厂很多加热器、石化行业的再沸器、废热锅炉等多采用U形管式换热器。如果换热器的换热面积小、壳程与管程的温差较大或壳程介质很容易结垢、管束表面需要经常清理，一般都采用U形管式换热器。U形管式换热器结构见图5-9。

图 5-9　U形管式换热器结构简图

1—隔板；2—管箱筒体；3—壳程筒体；4—壳程隔板；5—换热管；6—壳程封头；
7—拉杆；8—定距管；9—舟流板；10—鞍座；11—管板

三、实训目的

① 通过U形管式换热器图纸结合现场实训设备了解其结构特点，分析拆卸顺序。通过换热器拆装实训，培养自身的工程素养和理念，自觉遵守工程规范和工程质量考核标准，树立正确的工程职业道德。

② 以小组为单位，分工协作完成拆装任务。在实训过程中体会团队分工、协作的重要性，培养自身的工程技能和团队意识。

③ 按要求进行典型零部件尺寸测量、绘图，训练自己对机械零部件的测绘能力，树立严谨细致、求真务实的工程态度。

④ 结合教材进行分析、讨论，详细了解U形管式换热器的结构特点和工作原理（冷热介质流程、流向），提升专业理论与工程实践相结合的能力。

⑤ 注意吊装、移动、翻转设备时的自我保护，做到安全第一。

四、拆装注意事项

U形管式换热器拆装现场如图5-10所示，拆装过程中应注意以下内容。

① U形管式换热器属于大型设备，企业在检修时应有专门起重工具、龙门吊车架及辅助工具等，本实训中心配备了电动葫芦，适合大型零部件的吊装。但是实训用的U形管式换热器属于小型设备，学生可以人工完成拆卸和装配。

② 准备好专用工具、拆卸常用工具及测绘工具等。

③ 注意同组同学之间的协作。

④ 在企业检修期间拆装换热器时，应将换热器内管程壳程介质置换清洗干净，并用蒸汽吹扫。本实训中不需要这个清理环节。

⑤ 记录拆卸先后顺序，专人保管拆下的各个零部件（不能混），尽可能考虑做好各方面的准备工作和安全保护措施。

图 5-10　U形管式换热器拆装现场

五、U形管式换热器拆卸方法

① 用绳索将一端管箱吊住，将管箱与筒体螺栓松开，可用松动剂配合。注意对称松开，并留顶部一对螺栓不拆，等最后提起分开时拆下。将管箱轻轻放在地面上，螺栓单独放好，如有必要需画好螺栓孔对齐线，以便下次装配时原位恢复。

② U形管式换热器只有一个管箱，将管箱拆掉后，露出管板和换热管。由于大型U形管管束抽芯有一定难度，企业在检修大型U形管式换热器抽芯时需要借助机械力。学生实训环节现场拆装的U形管式换热器属于小型换热器，抽芯比较容易，指导教师引导学生按照安全规程进行抽芯，但要求学生了解U形管式换热器的特性及抽芯的基本流程。

③ U形管式换热器管程分两管程，所以需在管箱内设置一分程隔板，管板上也预留分程间隙。

④ U形管式换热器的管板属于活动管板，该管板夹在壳体法兰和管箱法兰之间，法兰之间依靠密封垫圈来保证其密封性。

⑤ 按要求进行管箱及相关零部件的测绘，检查数据是否完整，零部件结构表达是否规范、完整。

六、U形管式换热器的装配

① U形管式换热器装配前要检查壳体内腐蚀情况，并及时清理壳体内杂质。

②　U形管式换热器装配过程比较简单，与拆卸顺序相反、按照由内到外的顺序进行合理装配。装配过程中如果需要使用电动葫芦，需要重点强调：电动葫芦属于特种设备，需要具备操作资格的人员操作，学生不得使用。

③　U形管式换热器属于双管程，装配管箱时注意隔板的方向。隔板与管板上的隔板槽对齐，此外还要检查隔板槽密封垫是否放置合适。

④　在进行管箱装配过程中，先检查法兰密封垫是否完好，装配螺栓前要确保密封垫装配位置合理。注意管箱法兰螺栓孔与壳体法兰螺栓孔对齐，不许有歪斜、错位现象，注意螺栓对角拧紧。

⑤　注意管箱接管方位的确定，一般液相是低进高出，不得随意旋转接管方位。

⑥　注意保证装配质量，否则须拆卸后重新装配。

⑦　检查现场装配情况，经指导老师确认无误后才算完成拆装任务。

⑧　清理拆装现场工器具和环境卫生。

七、拆装实训课后作业

①　说明U形管式换热器的拆卸过程。

②　测绘U形管式换热器管箱零部件图（用A3图纸）。

八、思考题

①　说明U形管式换热器的结构特点。

②　阐述U形管式换热器的适用场合。

第四节　固定管板式换热器拆装实训

一、固定管板式换热器的特点

固定管板式换热器主要由外壳、管板、管束、管箱（又称封头）等部件构成，其两端管板采用焊接方法与壳体连接固定。换热管可为光滑管或翅片管。其结构简单，制造成本低，能得到较小的壳体内径，管程可分成多程，壳程也可用纵向隔板分成多程，适用范围广，在过程工程中得到广泛应用。

图5-11为一典型的固定管板式换热器的结构图。如图所示，固定管板式换热器的管板与壳体焊接在一起，管板不能从壳体上拆卸下来。此类换热器的优点是结构比较简单、紧凑，造价低，因而得到比较广泛的应用。其缺点是管外不能采用机械法进行清洗，故要求壳程流体必须清洁、不易结垢或不易对壳体造成腐蚀。

由于管内、外是冷热两种不同温度的流体，致使管子与壳体的壁温不同，从而使换热管与壳体之间产生热膨胀差，而壳体与管板的连接方式为焊接，换热管与管板为胀接、焊接或胀接和焊接的组合，换热管、壳体和管板彼此约束，限制了管束的自由膨胀。其结果是在管壁截面和壳壁截面上产生应力。此应力是由于管壁与壳壁的温度不同而引起的，所以通常被称为温差应力。管壁与壳壁的温度差越大，温差应力也越大。温差应力有可能造成管子与管板连接接头泄漏，甚至造成管子从管板上拉脱，破坏整个换热器。

膨胀节补偿温差应力的特点是结构简单。当一个波的膨胀节的补偿能力不够时，也可以

图 5-11　固定管板式换热器结构简图

1—管箱；2—螺栓和螺母；3—管板；4—折流板；5—换热管；6—耳架；7—排气口；8—设备法兰；

9—封头；10—壳程接管；11—筒体；12—拉杆；13—支座；14—排液口；15—垫片；

16—管程接管；17—分程隔板

采用多波膨胀节。但膨胀节的波数最多不宜超过 6 个。为了使膨胀节具有良好的弹性，一般采用 1～3mm 厚的不锈钢薄板来制造，这样就使其承压能力受到了很大的限制。因此，在较高压力的场合，通常采用带保护罩（即夹壳式）的波形膨胀节。保护罩除了使膨胀节能够承受较高的压力外，还可防止膨胀节侧向变形，限制膨胀节在承压时波壳弯曲，以免使膨胀节失效。

一般情况下，装有膨胀节的固定管板式换热器，只能在管壁与壳壁温差低于 60～70℃和壳程流体压力不高的情况下使用。当壳程压力超过 0.6MPa 时，由于要承受较高的压力，波形膨胀节壁厚就要加大，但壁厚增加，刚性增大，弹性变小，温差补偿作用也就降低了。这时就应考虑采用其他结构形式的换热器，如浮头式换热器等。

二、实训目的

① 通过固定管板式换热器图纸结合现场实训设备了解其结构特点，分析拆卸顺序。培养自身的工程素养和工程理念，自觉遵守工程规范和工程质量考核标准，树立正确的工程职业道德。

② 以小组为单位，分工协作完成换热器拆装实训任务，培养团队意识。

③ 按要求进行零部件尺寸测量、绘图，提升对机械零部件的现场测绘能力，树立严谨细致、求真务实的工程态度。

④ 结合教材进行分析、讨论，详细了解固定管板式换热器的结构特点和工作原理（冷热介质流程、流向），强化专业理论与工程实践相结合的能力。

⑤ 实训过程注意吊装、移动、翻转设备时的自我保护，做到安全第一。

三、拆装注意事项

① 换热器属于大型设备，企业在检修时应有专门起重工具、龙门吊车架及辅助工具等，本实训中心专门配备了电动葫芦，适合大型零部件的吊装。但是实训用的固定管板式换热器属于小型设备，学生可以人工完成拆卸和装配。

② 准备好专用拆装工具、常用工具以及测绘工具等。

③ 固定管板式换热器有两个管箱，管箱质量较大，注意加强同组同学之间的协作。

④ 在企业拆装换热器时，应将换热器管程壳程内的介质置换清洗干净，并用蒸汽吹扫。本实训中不需要这个清理环节。

⑤ 记录拆卸先后顺序，专人保管拆下的各个零部件（不能混），尽可能考虑做好各方面的准备工作。

⑥ 注意保证装配质量，否则需要拆卸后重新装配。

⑦ 检查现场装配情况，经指导老师确认无误后才算完成拆装任务。

⑧ 清理拆装现场工器具和环境卫生。

四、固定管板式换热器拆卸方法

① 用绳索将左管箱吊住，将左管箱与筒体螺栓松开，可用松动剂配合。注意对称松开，并留顶部一对螺栓不拆，等最后起吊时拆下。将管箱放到垫木上，螺栓单独放好，如有必要需画好法兰螺栓孔的对齐线，以便下次装配时原位恢复。

② 移动绳索到右管箱，将右管箱吊住，松开螺栓，最后拧下顶部两个螺栓，并将右管箱吊起，轻轻放在指定位置，用木块垫上（注意放稳，螺栓单独放在一起，不要与左管箱螺栓混在一起）。

③ 固定管板式换热器的壳程是封闭的，两端管板与筒体为焊接结构，在实训过程中应了解该换热器的结构特点，优点和不足。

④ 按要求进行零部件的尺寸测绘，零部件结构表达要规范、完整。

⑤ 绘制零部件草图并进行尺寸标注。

五、固定管板式换热器的装配

① 固定管板式换热器装配过程比较简单，与拆卸顺序相反、按照由内到外的顺序进行合理装配。装配过程中如果需要使用电动葫芦，需要重点强调：电动葫芦属于特种设备，需要具备操作资格的人员操作，学生不得使用。

② 左、右管箱装配时注意管箱上接管的方位，不得错位和装反，注意隔板的方向，螺栓与孔对齐，不许有歪斜现象，注意螺栓对角拧紧。

③ 检查管箱法兰密封垫是否放置合适，然后对正接管方位，进行管箱法兰螺栓的装配。按照180°对角预紧的原则，确保管箱法兰密封面均匀受力，从而达到密封要求。对于多管程的要注意隔板的方向，螺栓与孔对齐，不许有歪斜现象，注意螺栓对角拧紧。

④ 在换热器装配过程中，注意保证装配质量，否则必须拆卸后重新装配。

六、拆装实训课后作业

① 说明固定管板式换热器的拆卸过程。

② 测绘管箱、管板等零部件图（用 A3 图纸）。

七、思考题

① 说明固定管板式换热器的结构特点。

② 什么情况下固定管板式换热器壳体会设置膨胀节？

第五节　填料函式换热器拆装实训

一、填料函式换热器的特点

填料函式换热器主要由外壳、管束、管板、封头等部件组成。在圆筒形外壳内，装入平行管束，管束两端用焊接或胀焊的方法固定在管板上。一块管板与壳体管箱用螺栓紧固在一起，称为固定管板，另一块管板通过螺栓与管箱连接，其与壳体之间通过填料密封，在热胀冷缩的作用下可以相对壳体做自由移动，称为活动管板。

填料函式换热器结构如图 5-12 所示。这种设备的结构特点与浮头式换热器相似，浮头部分露在壳体以外，在浮头与壳体的滑动接触面处采用填料函式密封结构。这种密封结构，使管束在壳体轴向可以自由伸缩，不会产生壳壁与管壁的热变形差引起热应力。填料函式换热器结构简单，加工制造方便，节省材料，造价比较低廉，且管束从壳体内可以抽出，管程、壳程都能进行清洗，维修方便。

图 5-12　填料函式换热器结构简图

1—右管箱端盖；2—填料压盖；3—填料；4—壳体；5—壳程分程隔板；6—拉杆；7—管程出口接管；
8—左管箱端盖；9—管程分程隔板；10—管箱法兰；11—活动管板；12—壳程接管；
13—支座；14—定距管；15—换热管；16—填料箱；17—右管箱

当然填料函式换热器在使用中也存在严重不足。浮动端采用填料函式密封结构，通过螺栓预紧力压紧填料达到密封要求，密封效果差。因填料处壳程介质易向外泄漏，填料函式换热器一般适用于工作压力为 4MPa 以下的工作条件，壳程流体不适用于易挥发、易燃、易爆、有毒及贵重介质，使用温度也受填料的物性条件限制。在石油化工行业，因其自身结构的缺陷，填料函式换热器现在已很少采用。填料函式换热器拆装现场图片见图 5-13。

二、实训目的

① 通过填料函式换热器图纸结合现场实训设备了解其结构特点，分析拆卸顺序。通过实训培养自身的工程素养和工程理念，自觉遵守工程规范和工程质量考核标准，树立正确的工程职业道德。

② 以小组为单位，分工协作完成拆装任务，强化团队意识。

③ 按要求进行零部件尺寸测量、绘图，提升对机械零部件的现场测绘能力，树立严谨细致、求真务实的工程态度。

图 5-13　填料函式换热器拆装现场

④ 结合教材进行分析、讨论，详细了解填料函式换热器的结构特点和工作原理（冷热介质流程、流向），增强专业理论与工程实践相结合的能力。

⑤ 实训过程注意吊装、移动、翻转设备时的自我保护，做到安全第一。

三、拆装注意事项

① 换热器属于大型设备，应有专门起重工具、龙门吊车架及辅助工具等，工程实训现场应该专门配备电动葫芦，用于大型零部件的吊装。

② 准备好专用拆装工具及常用工具等。

③ 因填料函式换热器部件较多，注意同组学员之间的协作精神。

④ 在企业拆装换热器时，应将换热器内管、壳程内介质置换清洗干净，并用蒸汽吹扫。本实训中不需要这个清理环节。

⑤ 记录拆卸先后顺序，专人保管拆下的各个零部件（不能混），尽可能考虑做好各方面的准备工作。

⑥ 注意保证装配质量，否则需要拆卸后重新装配。

⑦ 检查现场装配情况，经指导老师确认无误后才算完成拆装任务。

⑧ 清理拆装现场工器具和环境卫生。

四、填料函式换热器拆卸方法

① 填料函式换热器左右两端都有管箱，而且一端管箱法兰与筒体法兰密封依靠填料来实现，所以拆卸较其他三种换热器复杂。首先用起吊工具将前封头吊住，将前平板封头管箱连接螺栓依次按顺序对称松开，将平板法兰盖移开，再将左管箱与筒体螺栓对称松开，适当情况可用松动剂配合。注意对称松开，并留顶部一对螺栓不拆，等最后起吊时拆下。将管箱放到垫木上，螺栓单独放好，如有必要需画好法兰螺栓孔对齐线，以便下次装配时原位恢复。

② 移动起重工具到右管箱，将后封头吊住，同样松开螺栓，最后拧下顶部两个螺栓，并将右管箱吊起，轻轻放在垫木上（注意放稳，螺栓单独放在一起，不要与左管箱螺栓混在一起）。

③ 拆卸带填料函一端的管箱时先吊住管箱短节，松开拆下壳体法兰与管法兰之间的

螺栓，注意法兰顶部先留一个螺栓，等其他螺栓拆卸下来并做好保护后，才能拆下最后一个螺栓，并将管箱轻轻放在地上。

④ 卸掉填料函端管箱后就可以用螺丝刀轻轻将壳体边缘处密封填料一圈一圈依次拿出来，露出管束部分。

⑤ 换热器抽芯，移动吊车至左管箱的位置，用钢丝绳吊住管板吊耳，通过起吊时向前产生的分力，使管束向外拉。重新捆住管束，通过起吊的办法产生向前分力，继续使管束向外移动，直到管束中心移到筒体边缘时，捆住管束中心，使吊车移到外侧将管束拉出来，然后放在垫木上。若无吊耳，则应用钢丝绳捆住管箱侧的管板与管子连接处，并通过吊车拉手拉葫芦产生向前分力，使管束前进移动，或用垫木块在外力作用下使管束水平移动。

⑥ 填料函式换热器管程部分可以抽出，仔细观察其管程壳程的结构，注意其密封结构与其他换热器的区别，按要求进行测绘，注意数据的完整，应仔细检查是否齐全。

五、填料函式换热器的装配

① 填料函式换热器装配过程比较繁琐，与拆卸顺序相反，按照由内到外的顺序进行合理装配。装配过程中也会用到电动葫芦，启动吊钩时要注意周边同学的安全，确认无误后才能由指导教师操作电动葫芦完成较大部件的吊装工作。

② 注意隔板的方向，螺栓与孔对齐，不许有歪斜现象，注意螺栓对角拧紧。

③ 注意保证装配质量，否则需要拆卸后重新装配。

六、拆装实训课后作业

① 说明填料函式换热器的拆卸过程。

② 测绘填料函式换热器零部件图（如管箱、平板封头等）（用 A3 图纸）。

七、思考题

① 说明填料函式换热器的结构特点。

② 为什么石化行业使用填料函式换热器的情况比较少？说明原因。

第六章

塔设备拆装实训

第一节 概 述

一、实训意义

塔设备作为大型直立安装设备，在石油化工行业生产过程中具有重要的地位。大型设备检修与其他装置相比具有抢修频繁、复杂、技术性强、危险性大的特点。石化企业设备布局比较集中，检修场地比较狭小，设备往往纵横交错，检修工作在设备内外、高空、地下同时进行。检修作业时，往往需要动火作业、登高作业、罐内作业、起重作业、电气作业、拆装作业等同时进行，如果组织不严密、计划不周全、现场管理疏忽大意，就容易发生事故。据统计，全国石化企业发生的爆炸、中毒、窒息、坠落、触电等伤亡事故中，设备检修时发生的伤亡事故占 66% 以上，因此，在塔设备检修过程中采取有效的安全检修规程尤为重要。

通过塔设备拆装实训可以了解塔设备的主要结构、工作原理及拆装基本要求，为今后的专业实践打下一定的基础，有利于尽快融入企业的工程实际工作。本实训中拆装的塔设备属于专门定制的小型塔设备，内部结构相对简单，结构及内件都具有代表性，从安全角度考虑，适合拆装实训使用。实训中心塔设备拆装现场见图6-1。

图 6-1 填料塔、板式塔拆装现场

二、实训目的

① 掌握典型板式塔、填料塔的主体结构，塔内件组装，塔体试压操作，人孔、接管、密封系统的连接型式。通过塔设备拆装实训，培养自身的工程素养和工程理念，自觉遵守工程规范和工程质量考核标准，强化职业道德感。

② 掌握塔设备拆装实训步骤、拆装实训安全注意事项、零部件检查、质量检验常识。

③ 了解板式塔、填料塔各内件的结构以及固定装配关系，明确其工作原理。

④ 用计量及测量工具对塔设备主要零部件进行测量，绘制草图并标注尺寸，以便完成实训报告中要求的零部件测绘图。在拆装实训过程中，通过零部件图测绘，建立严谨细致、求真务实的工程态度。

三、实训内容及注意事项

① 通过塔设备装配图、设备模型了解板式塔和填料塔的结构特点，分析其拆装程序。

② 以小组为单位，分工完成板式塔、填料塔拆装任务。

③ 按要求进行两种塔设备主要零部件的测量并绘制草图。

④ 结合教材了解板式塔、填料塔的工作原理，气、液相选择路径、流动方向及传质特点。

⑤ 工程上塔设备属于大型直立设备，实训中心为了确保拆装过程的安全管理，将拆装的两种塔设备平放在实训场地，拆装时用到电动葫芦、吊具等辅助工具，需注意安全。

⑥ 准备好专用拆装工具及常用工具。

⑦ 注意组员之间的协作精神，并有专人指挥，电动葫芦应由指导教师操作。

⑧ 记录拆卸先后顺序，专人保管拆下的各个零部件（不能混），尽可能做好各项准备工作。

第二节　填料塔拆装实训

一、填料塔简介

填料塔是过程工业生产中最常见的塔设备之一，其结构见图 6-2。塔内填充适当高度的填料，以增加两种流体间的接触面积。例如应用于气体吸收时，液体由塔的上部通过分布器进入，沿填料表面下降，气体则由塔的下部通过填料孔隙逆流而上，与液体密切接触而相互作用。填料塔结构较简单，检修较方便，广泛应用于气体吸收、蒸馏、萃取等操作。为了强化生产，提高气流速度，可在乳化状态下操作，称为乳化填料塔或乳化塔。

填料塔尤其适用于真空蒸馏、常压及中压下的蒸馏，当然还有大气量的两相接触过程（如气体的吸收、冷却等），但在高压精馏塔中应用时要特别谨慎。人们正在对高压精馏填料塔进行研究，尝试从填料塔的结构和操作方法上解决其局限性，例如有人提出填料层分段乳化操作或采用超重力场分离等。目前在突破高压精馏塔应用填料的局限性方面已取得了一些进展，其关键是彻底弄清高压（高液相负荷）对塔的处理能力和塔盘效率的影响，可利用浅床层和高性能塔构件（如气体分布器、液体分布器及再分布器），也有人建议开发适用于高压精馏的组合式填料。

图 6-2　填料塔结构示意图

1—进气管；2—塔底液出口；3—填料支撑栅板；4—液体再分布器；5—塔壳体；6—填料；7—填料压板；8—液体分布器；9—进液管；10—塔顶气相接管

填料塔应用的另一个新领域是空气分离装置。20世纪30年代以前的空分设备，主要是满足焊接、切割用氧气及化工用氮气。由于现代钢铁、氮肥、化工及火箭等技术的发展，氧气、氮气及稀有气体的用量迅速增加。国外一些大公司，如德国的 Linde 公司、美国的 APCI 公司、英国的 BOC 公司和法国的 France Chemicals 公司等，均已开始把填料塔应用于空分方面的研究，瑞士 Sulzer 公司作为填料生产厂商与上述公司积极合作，已取得可喜成绩。

空分装置中规整填料的另一个用途是在粗氩塔中使用。过去的粗氩塔为筛板塔，无法得到氧含量小于 2×10^{-6} 的纯氩。改用填料塔，便可取消过去生产纯氩产品时使用的下游工艺。

二、填料塔工作原理

填料塔是以塔内的填料作为气液两相间接触构件的传质设备。填料塔的塔身是一直立式圆筒，底部装有填料支承板，填料以乱堆或整砌的方式放置在支承板上。填料的上方安装填料压板，防止被上升气流吹动。液体从塔顶经液体分布器喷淋到填料上，并沿填料表面流下。气体从塔底送入，经气体分布装置（小直径塔一般不设气体分布装置）分布后，与液体呈逆流连续通过填料层的空隙，在填料表面上，气液两相密切接触进行传质。填料塔属于连续接触式气液传质设备，两相组成沿塔高连续变化。在正常操作状态下，气相为连续相，液相为分散相。

当液体沿填料层向下流动时，有逐渐向塔壁集中的趋势，使得塔壁附近的液流量逐渐增大，这种现象称为壁流。壁流效应造成气液两相在填料层中分布不均，从而使传质效率下降。因此，当填料层较高时，需要进行分段，中间设置再分布装置。液体再分布装置包括液体收集器和液体再分布器两部分，上层填料流下的液体经液体收集器收集后，送到液体再分布器，经重新分布后喷淋到下层填料上。

填料塔具有生产能力大、分离效率高、压降小、持液量小、操作弹性大等优点。然而，也存在一些不足之处，如填料造价高；当液体负荷较小时不能有效地润湿填料表面，使传质效率降低；不能直接用于有悬浮物或容易聚合的物料；不适用于侧线进料和出料等复杂精馏过程。

三、填料塔主要零部件

塔内件和填料及塔体共同构成了一个完整的填料塔，塔内件是填料塔的组成部分。塔内件的作用是为了使气、液两相在塔内有更好的接触，以达到填料塔的最大生产能力和最大效率，所以说塔内件设计的好坏直接影响到整个填料塔的操作运行和填料性能的发挥。此外，填料塔的"放大效应"除了填料本身固有的因素之外，也受到塔内件对它的影响。

塔内件主要包括以下几个部分：填料支撑装置、液体分布装置、除沫装置、填料压紧装置、液体收集再分布及进出料装置、气体进料及分布装置等。

1. 填料支撑装置

主要用途是支撑塔内的填料，同时又能保证气液两相顺利通过。若设计不当，填料塔的液泛可能首先在填料支撑装置上发生。

对填料支撑装置的要求：

① 对于普通填料，支撑装置的自由截面积应不低于全塔面积的50%，并且要大于填料层的自由截面积。

② 具有足够的机械强度、刚度。

③ 结构要合理，利于气液两相均匀分布，阻力小，便于拆装。

2. 液体分布装置

液体在填料塔内均匀分布，可以增大填料的润湿表面积，以提高分离效率，因此液体的初始分布十分重要。常用的液体分布装置有：莲蓬式、盘式、齿槽式及多孔环管式分布器等。液体分布器的性能主要由分布器的布液点密度（即单位面积上的布液点数）、各布液点均匀性、各布液点上液相组成的均匀性决定。设计液体分布器主要是决定这些参数的结构尺寸。

对液体分布器的选型和设计，一般要求：液体分布要均匀分配液体物料；自由截面积要大；操作弹性大；不易堵塞，不易发生雾沫夹带及起泡等现象；可用多种材料制作且操作安装方便，安装时容易调整水平。

3. 除沫装置

当塔内操作气速较大或液沫夹带现象严重时，可在液体分布器的上方设置除沫装置，主要用途是除去出口气流中夹带的小液滴。由于气体在塔顶离开填料塔时，带有大量的液沫和雾滴，为回收这部分液相，经常需要在顶部设置除沫器。

常用的除沫器有以下几种：

① 折流板式除沫器，它是一种利用惯性使液滴得以分离的装置，一般在小塔径塔中使用。

② 旋流板式除沫器，由几块固定的旋流板片组成，气体通过时，产生旋转运动，形成一个离心力场，液滴在离心力作用下，向塔壁运动实现气液分离。适用于大塔径、净化要求高的场合。

③ 丝网除沫器，它由金属丝卷成高度为100~150mm的盘状结构使用。安装方式多种多样，气体通过除沫器的压降约为120~250kPa，丝网除沫器的直径由气体通过丝网的最大气速决定。

4. 填料压紧装置

安装在填料层上端。作用是保持填料层为一高度固定的床层，从而保持均匀一致的空隙结构，使操作正常、稳定运行，防止在高压降、瞬时负荷波动等情况下，填料层发生松动或跳动。填料压紧装置包括填料压板和床层限制板。

填料压板自由放置于填料上端，靠自身重量将填料压紧。适用于陶瓷、石墨材质的散装填料。由于填料易碎，当碎屑淤积在床层填料的空隙间使填料层的空隙率下降时，填料压板可随填料层一起下落，紧紧压住填料而不会形成填料的松动，降低填料塔的生产能力及分离效率。

四、填料及其选用

在工程中，填料指装于填料塔内的惰性固体物料，其结构有很多类型，例如鲍尔环和拉西环等，其作用是增大气液的接触面，使其相互强烈混合。在工业产品中，填料又称填充剂，是指用以改善加工性能、制品力学性能并降低成本的固体物料。在污水处理领域，主要用于接触氧化工艺，微生物会在填料的表面进行累积，以增大与污水的表面接触，对污水进行降解处理。

优点：结构简单、压力降小、易于用耐腐蚀非金属材料制造等，对于气体吸收、真空蒸馏以及处理腐蚀性流体的操作颇为适用。

缺点：当塔径增大时，引起气液分布不均、接触不良等，造成效率下降，即称为放大效应。同时填料塔还有质量大、造价高、清理检修麻烦、填料损耗大等缺点。

1. 填料选用准则

填料的几何特性数据主要包括比表面积、空隙率、填料因子等，是评价填料性能的基本参数。

① 比表面积：单位体积填料的表面积称为比表面积，以 a 表示，其单位为 m^2/m^3。填料的比表面积越大，所提供的气液传质面积越大。因此，比表面积是评价填料性能优劣的一个重要指标。

② 空隙率：单位体积填料中的空隙体积称为空隙率，以 e 表示，其单位为 m^3/m^3，或以%表示。填料的空隙率越大，气体通过的能力越大且压降越低。因此，空隙率是评价填料性能优劣的又一重要指标。

③ 填料因子：填料的比表面积与空隙率三次方的比值，即 a/e^3，称为填料因子，以 f 表示，其单位为 m^{-1}。它表示填料的流体力学性能，f 值越小，表明流动阻力越小。

填料性能优劣主要取决于是否有较大的比表面积、液体在填料表面是否分布均匀、气体能否在填料层中均匀分布、填料是否具有较大的空隙率等。

在相同的操作条件下，填料的比表面积越大，气液分布越均匀，表面的润湿性能越好，则传质效率越高；填料的空隙率越大，结构越开敞，则通量越大，压降亦越低。

填料的选择包括确定填料的种类、规格及材质等。所选填料既要满足生产工艺的要求，又要使设备投资和操作费用最低。

2. 填料种类的选择

填料种类的选择要考虑分离工艺的要求，通常考虑以下几个方面：

① 传质效率要高，一般而言，规整填料的传质效率高于散装填料。

② 通量要大。在保证具有较高传质效率的前提下，应选择具有较高泛点气速或气相动能因子的填料。

③ 填料层的压降要低。

④ 填料抗污堵性能强，拆装、检修方便。

3. 填料规格的选择

填料规格是指填料的公称尺寸或比表面积。

① 散装填料规格的选择

工业塔常用的散装填料主要有 $DN16$、$DN25$、$DN38$、$DN50$、$DN76$ 等几种规格。

同类填料，尺寸越小，分离效率越高，但阻力增加，通量减小，填料费用也增加很多。大尺寸的填料应用于小直径塔中，会产生液体分布不良及严重的壁流，使塔的分离效率降低。因此，对塔径与填料尺寸的比值要有一规定，一般塔径与填料公称直径的比值 D/d 应大于 8。

② 规整填料规格的选择

工业上常用规整填料型号和规格的表示方法很多，国内习惯用比表面积表示，主要有125、150、250、350、500、700 等几种规格。同种类型的规整填料，其比表面积越大，传质效率越高，但阻力增加，通量减少，填料费用也明显增加。选用时应从分离要求、通量要求、场地条件、物料性质及设备投资、操作费用等方面综合考虑，使所选填料既能满足技术要求，又具有经济合理性。

4. 填料材质的选择

① 陶瓷填料　陶瓷填料具有很好的耐腐蚀性及耐热性，陶瓷填料价格便宜，具有很好的表面润湿性能，质脆、易碎是其最大缺点。在气体吸收、气体洗涤、液体萃取等过程中应用较为普遍。

② 塑料填料　塑料填料的材质主要包括聚丙烯（PP）、聚乙烯（PE）及聚氯乙烯（PVC）等，国内一般多采用聚丙烯材质。塑料填料的耐腐蚀性能较好，可耐一般的无机酸、碱和有机溶剂的腐蚀。其耐温性良好，可长期在 100℃ 以下使用。塑料填料质轻、价廉，具有良好的韧性、耐冲击、不易碎，可以制成薄壁结构。它的通量大、压降低，多用于吸收、解吸、萃取、除尘等装置中。塑料填料的缺点是表面润湿性能差，但可通过适当的表面处理来改善。

③ 金属填料　金属填料可用多种材质制成，选择时主要考虑腐蚀问题。碳钢填料造价低，且具有良好的表面润湿性能，对于无腐蚀或低腐蚀性物系应优先考虑使用。不锈钢填料耐腐蚀性强，一般能耐除 Cl⁻ 以外常见物系的腐蚀，但其造价较高，且表面润湿性能较差，在某些特殊场合（如极低喷淋密度下的减压精馏过程），需对其表面进行处理，才能取得良好的使用效果。钛材、特种合金钢等材质制成的填料造价很高，一般只在某些腐蚀性极强的物系下使用。一般来说，金属填料可制成薄壁结构，它的通量大、气体阻力小，且具有很高的抗冲击性能，能在高温、高压、高冲击强度下使用，应用范围最为广泛。

五、填料塔拆卸步骤

为便于拆装实训操作，工程训练定制的填料塔一般分上、中、下三段塔体，分别通过法兰连接。塔顶和塔底分别设计了以法兰连接的封头，内件有喷淋装置、填料、填料支撑栅板。因塔设备比较笨重，拆装中要注意安全，选择配套的专用工具和扳手，设备筒体挪动时要做好保护，不得强行滚动，以防止发生损伤事故。

1. 上封头拆卸

一般拆卸的原则是先上后下、先外后内。用梅花扳手依次拆卸、松动法兰螺栓，在拆卸螺栓过程中切记不能直接把所有螺栓全部松开卸掉，这样会造成封头突然落地而产生危险，必须预留两个对角的螺栓，提前做好保护和防范措施，再松开这两个螺栓。将设备法兰密封垫轻轻撬开，放在规定位置。注意：不同部位的螺栓规格可能不同，每次拆卸后螺栓要摆好，放置在规定位置，防止发生混乱、丢失。

2. 喷淋装置拆卸

喷淋装置属于列管式布液器，由管法兰与外接管连接，注意轻拿轻放。

3. 下封头拆卸

与上封头拆卸程序基本一致。用梅花扳手依次拆卸、松动法兰螺栓，在拆卸螺栓过程中必须预留两个对角的螺栓，提前做好保护和防范措施，再松开这两个螺栓。

4. 填料支撑栅板拆卸

企业检修填料塔一般是先打开卸料孔卸填料，本实训中使用的填料塔没有安装，并且填料添加量很少，所以填料支撑栅板相对容易拆卸。填料支撑栅板固定在塔内支撑圈上，可以通过倾斜栅板的方式将支撑栅板取出来。

5. 塔内填料拆卸

填料是塔内主要附件，因本实训装置填料较少，便于取出。

六、填料塔装配步骤

在完成拆卸任务后需经指导教师检查零部件是否拆卸完整、各塔内件是否按照规定位置摆放，测绘零部件草图是否规范、正确等，检查合格后才能对填料塔进行装配。填料塔装配与拆卸顺序正好相反，按照先下后上、先内后外的基本原则进行。

装配前要检查各零部件是否完整，螺栓、垫片是否齐全，密封垫是否完好等，检查无误后进行分工和配合，完成装配任务。

1. 下封头装配

一般装配的原则是先下后上、先内后外。先把法兰密封垫清理干净，用黄油粘到法兰密封台位置上，不得偏移。用梅花扳手依次将法兰螺栓拧到对应的螺栓孔内，螺栓全部到位后先不急着拧紧，需要先找两个对角的螺栓开始紧固，180°间隔，对角同时紧固时保证密封面平行用力，待四个对角螺栓紧固后才能依次将其他螺栓逐个紧固，最后每个螺栓再紧固一次，保证预紧力一致。

2. 填料支撑栅板装配

企业装配填料塔一般是先固定好填料支撑栅板后进行填料的添加，本实训过程填料添加量很少，所以填料支撑栅板相对容易装配。填料支撑栅板固定在塔内支撑圈上，可以通过倾斜栅板的方式将支撑栅板塞进塔内进行装配。

3. 塔内填料装填

填料是塔内主要附件，现场有各种不同类型的填料，本实训中少量添加即可。

4. 喷淋装置装配

喷淋装置属于列管式布液器，由管法兰与外接管连接，注意装配时要保证其水平，法兰密封可靠，不得有泄漏情况。

5. 上封头装配

与下封头装配程序基本一致，参见"1. 下封头装配"。

6. 对填料塔装配进行检查

检查所有装配的零部件是否已经安装到位，现场有无剩下的零部件，经指导教师检查合格后，装配才算完成。清点并整理好工器具，分别收到指定的工具箱内。

第三节 板式塔拆装实训

一、板式塔简介

板式塔是一类用于气液或液液系统的分级接触传质设备，由圆筒形塔体和按一定间距水平装置在塔内的若干塔板组成。广泛应用于精馏和吸收，有些类型（如筛板塔）也用于萃取，还可作为反应器用于气液相反应过程。操作时（以气液系统为例），液体在重力作用下，自上而下依次流过各层塔板，至塔底排出；气体在压力差推动下，自下而上依次穿过各层塔板，至塔顶排出。每块塔板上保持着一定深度的液层，气体通过塔板分散到液层中去，进行相际接触传质。

1. 板式塔工作原理

操作时，液体由塔顶进入，经溢流管（一部分经筛孔）逐板下降，并在板上积存液层。气体（或蒸气）由塔底进入，经筛孔上升穿过液层，鼓泡而出，因而气液两相可以充分接触，并相互作用。

泡沫式接触气液传质过程性能优于泡罩塔。为克服筛板安装水平要求过高的困难，发展了环流筛板；为克服筛板在低负荷下出现漏液现象，设计了板下带盘的筛板；为减轻筛板上雾沫夹带缩短板间距，制造出板上带挡的筛板和凸孔式筛板，并可用倾斜的泡罩代替溢流堰，同时也有塔板上开设气体导向缝的林德筛板。筛板塔普遍用作 H_2S-H_2O 双温交换过程的冷、热塔，蒸馏、吸收和除尘等。在工业上实际应用的筛板塔中，两相接触不是泡沫状态就是喷射状态，很少采用鼓泡接触状态的。板式塔主要结构见图 6-3。

2. 工业生产对塔板的要求

① 通过能力要大，即单位塔截面处理的气液流量大。

② 塔板效率要高。

③ 塔板压力降要低。

④ 操作弹性要大。

⑤ 结构简单，易于制造。

在这些要求中，对于要求产品纯度高的分离操作，首先应考虑高效率，对于处理量大的一般性分离（如原油蒸馏等），主要是考虑通过能力大。

3. 板式塔内装置——塔板

塔板又称塔盘，是板式塔中气液两相接触传质的部位，决定塔的工艺操作性能，通常是由以下三部分组成的。

① 气体通道

为保证气液两相充分接触，塔板上均匀地开有一定数量的通道，供气体自下而上穿过板上的液层而进行传质、传热。

气体通道的形式很多，它对塔板性能有决定性影响，也是区别塔板类型的主要标志。筛板塔塔板的气体通道最简单，只是在塔板上均匀地开设许多小孔（通称筛孔），气体穿过筛孔上升并分散到液层中。

泡罩塔塔板的气体通道最复杂，它是在塔板上开有若干个较大的圆孔，孔上接有升气管，升气管上覆盖分散气体的泡罩。

浮阀塔塔板则直接在圆孔上盖以可浮动的阀片，根据气体的流量，阀片能自行调节开度。

② 溢流堰

为保证气液两相在塔板上形成足够的相际传质表面，塔板上须保持一定深度的液层，为

图 6-3　板式塔结构简图

1—塔壳体；2—塔板；3—溢流堰；

4—受液盘；5—降液管

此在塔板的出口端设置溢流堰。塔板上液层高度在很大程度上由堰高决定。对于大型塔板，为保证液流均布，还在塔板的进口端设置进口堰。

③ 降液管

液体自上层塔板流至下层塔板的通道，也是气体与液体分离的部位，为此，降液管中必须有足够的空间，让液体有一定的停留时间。

此外，还有一类无溢流塔板，塔板上不设降液管，仅是块均匀开设筛孔或缝隙的圆形筛板。操作时，板上液体随机地经某些筛孔流下，而气体则穿过另一些筛孔上升。

无溢流塔板虽然结构简单，造价低廉，板面利用率高，但操作弹性小，板效率较低，故应用不广。各种塔板只有在一定的气液流量范围内操作，才能保证气液两相有效接触，从而得到较好的传质效果。可用图 6-4 塔板负荷性能图来表示塔板正常操作时气液流量的范围，图中的几条边线表示的气液流量限度为：

图 6-4　塔板负荷性能图

① 漏液线：气体流量低于此限时，液体经开孔大量泄漏。

② 过量雾沫夹带线：气体流量高于此限时，雾沫夹带量超过允许值，会使塔板效率显著下降。

③ 液流下限线：若液体流量过小，则溢流堰上的液层高度不足，会影响液流的均匀分布，致使板效率降低。

④ 液流上限线：液体流量太大时，液体在降液管内停留时间过短，液相夹带的气泡来不及分离，会造成气相返混，板效率降低。

⑤ 液泛线：气液流量超过此线时，引起降液管液泛，使塔的正常操作受到破坏。

如果塔板的正常操作范围大，对气液负荷变化的适应性好，就称这些塔板的操作弹性大。浮阀塔和泡罩塔的操作弹性较大，筛板塔稍差。这三种塔型在正常范围内操作的板效率大致相同。

4. 塔板的分类

塔板是板式塔的主要构件，决定塔的性能。在几种主要类型错流塔板中，应用最早的是泡罩塔板，目前使用最广泛的是筛板和浮阀塔板。同时，各种新型高效塔板不断问世。按照结构分，板式塔塔板可以分为泡罩塔板、筛板、浮阀塔板和舌形塔板等。按照流体的路径分，可以分为单溢流型和双溢流型。按照两相流动的方式不同，可以分为错流式和逆流式两种。塔板结构详见图 6-5。

图 6-5 塔板结构示意图

（1）溢流塔板

溢流塔板（错流式塔板）：塔板间有专供液体溢流的降液管（溢流管），横向流过塔板的流体与由下而上穿过塔板的气体呈错流或并流流动。板上液体的流径与液层的高度可通过适当安排降液管的位置及堰的高度给予控制，从而可获得较高的板效率，但降液管将占据塔板的有效传质面积，影响塔的生产能力。

（2）逆流塔板（穿流式塔板）

塔板间没有降液管，气、液两相同时由塔板上的孔道或缝隙逆向穿流而过，板上液层高度靠气体速度维持。

优点：塔板结构简单，板上无液面差，板面充分利用，生产能力较大。

缺点：板效率及操作弹性不及溢流塔板。

与溢流塔板相比，逆流塔板应用范围小得多，常见的板型有筛孔式、栅板式、波纹板式等。

（3）泡罩塔板

泡罩塔板是在工业上最早（1813年）应用的一种塔板，其主要元件由升气管和泡罩构成。泡罩安装在升气管顶部，泡罩底缘开有若干齿缝浸入在板上液层中，升气管顶部应高于泡罩齿缝的上沿，以防止液体从中漏下。液体横向通过塔板经溢流堰流入降液管，气体沿升气管上升折流经泡罩齿缝分散进入液层，形成两相混合的鼓泡区。泡罩塔板结构见图 6-6。

优点：操作稳定，升气管使泡罩塔板在低气速下也不致产生严重的漏液现象，故操作弹性大。

缺点：结构复杂，造价高，塔板压降大，生产强度低。

（4）浮阀塔板

自1950年问世后，很快在石油、化工行业得到推广，至今仍为过程工业应用最广的一种塔板。

结构：以泡罩塔板和筛孔塔板为基础。有多种浮阀形式，但基本结构特点相似，即在塔板上按一定的排列开若干孔，孔的上方安置可以在孔轴线方向上下浮动的阀片。阀片可随上升气量的变化而自动调节开启度。在低气量时，开度小；气量大时，阀片自动上升，开度增大。因此，气量变化时，通过阀片周边流道进入液体层的气速较稳定。同时，气体水平进入液层也强化了气液接触传质。浮阀塔板见图 6-7，图中（a）表示 V-4 型浮阀，（b）表示 P1型浮阀，（c）表示 T 型浮阀。

优点：结构简单，生产能力和操作弹性大，板效率高，综合性能较优异。

缺点：采用不锈钢，浮阀易脱落。

图 6-6　泡罩塔板结构示意图　　　　　图 6-7　浮阀结构图

二、板式塔拆卸步骤

为便于拆装实训，工程训练定制的板式塔一般分上、中、下三段塔体，分别通过法兰连接。塔顶和塔底分别设计了以法兰连接的封头，内件主要有塔板及其附件和除沫器。因塔设备比较笨重，拆装中要严格执行安全规程，防止发生安全事故。拆装时要选择配套的专用工具和扳手，设备筒体挪动时要做好保护，不得强行滚动以防发生损伤事故。

1. 上封头拆卸

一般拆卸的原则是先上后下、先外后内。用梅花扳手依次拆卸、松动法兰螺栓，在拆卸螺栓过程中切记不能直接把所有螺栓全部松开卸掉，这样会造成封头突然落地而产生危险，必须预留两个对角的螺栓，提前做好保护和防范措施，再松开这两个螺栓。将设备法兰密封垫轻轻撬开，放在规定位置。注意：不同部位的螺栓规格可能不同，每次拆卸后螺栓要摆好，放置在规定位置，防止发生混乱、丢失。

2. 除沫器拆卸

板式塔内除沫器属于塔顶排气口之前的附件，一般以螺栓连接作为固定方式，分分块式和整体式两种。本实训中使用小型整体式，拆卸后注意轻拿轻放。

3. 下封头拆卸

与上封头拆卸程序基本一致，参见"1. 上封头拆卸"。

4. 板式塔内塔板拆卸

企业检修板式塔一般是先打开人孔，维修人员进入后分块拆卸塔板，本实训中使用的板式塔没有安装，且塔径偏小，塔盘属于整块式，所以塔板相对容易拆卸。塔板分三种类型，即泡罩塔板、筛板、浮阀塔板，塔板固定在塔内支撑圈上，可以通过塔顶、塔底将塔板取出来。

三、板式塔装配步骤

在完成拆卸任务后需经指导教师检查零部件是否拆卸完整、各塔内件是否按照规定位置摆放，测绘零部件草图是否规范、正确等，检查合格后才能对板式塔进行装配。板式塔装配与拆卸顺序正好相反，按照先下后上、先内后外的基本原则进行。

装配前要检查各零部件是否完整，螺栓、垫片是否齐全，密封垫是否完好等，检查无误后进行分工和配合，完成装配任务。

1. 下封头装配

　　一般装配的原则是先下后上、先内后外。先把法兰密封垫清理干净，用黄油粘到法兰密封台位置上，不得偏移。用梅花扳手依次将法兰螺栓拧到对应的螺栓孔内，螺栓全部到位后先不急着拧紧，需要先找两个对角的螺栓开始紧固，180°间隔，对角同时紧固时保证密封面平行用力，待四个对角螺栓紧固后才能依次将其他螺栓逐个紧固，最后每个螺栓再紧固一次，保证预紧力一致。

2. 塔板装配

　　企业装配板式塔一般是先将分块塔板在塔内组合好后再固定装配塔板，本实训中的塔板数量只有一块，所以塔板相对容易装配。塔板固定在塔内支撑圈上，可以通过筒节上端、下端将塔盘塞入塔内进行装配。

3. 塔内塔盘的固定

　　塔盘是塔内主要附件，因本实训装置板式塔塔盘数量较少，安装方便，添加一块即可，但必须保证其固定到位。

4. 上封头装配

　　与下封头装配程序基本一致，参见"1. 下封头装配"。

5. 对板式塔装配进行检查

　　检查所有装配的零部件是否已经安装到位，现场有无剩下的零部件，经指导教师检查合格后，装配才算完成。清点并整理好工器具，分别收到指定的工具箱内。

四、拆装实训报告要求

　　① 根据拆装实训过程分别详细记录板式塔、填料塔的拆卸和装配步骤。

　　② 测绘塔设备中主要零部件图（用 A4 图纸绘制零部件图）。

五、思考题

　　① 分别说明填料塔、板式塔的结构特点及适用场合。

　　② 塔式板一般由哪些零部件组成？

第七章
釜式反应器拆装实训

第一节　概　述

图 7-1　釜式反应器

釜式反应器（kettle reactor）又称反应釜或搅拌反应器，其高度一般为直径的 1～3 倍。在高径比较大时，可用多层搅拌桨叶，此时，因为搅拌轴较长，考虑到其重力载荷和搅拌轴的径向摆动，需要在搅拌轴中部设置导向机构，在搅拌轴下端设置底部支撑机构。图 7-1 为釜式反应器。

为了确保反应釜内部物料的充分混合，釜内设有搅拌装置，搅拌过程产生旋涡影响反应空间时，可以通过在筒体内侧设置均匀分布的挡板来阻挡旋涡的产生。在反应过程中物料需加热或冷却时，可在反应器壁处设置夹套或外盘管，或在釜体内设置换热部件以提高换热效率，换热介质也可通过外循环进行强制换热。

第二节　釜式反应器的分类

釜式反应器由长径比较小的圆筒形容器构成，搅拌装置除了常见的机械搅拌以外，还有气流搅拌装置。釜式反应器适合多种相态物料的物理混合和化学反应，可用于液相单相反应过程和液液相、气液相、气液固相等多相反应过程。用于气液相反应过程的称为鼓泡搅拌釜（见鼓泡反应器），用于气液固相反应过程的称为搅拌釜式浆态反应器。

釜式反应器按照加热或冷却方式不同可以分为水加热反应釜、蒸汽加热反应釜、其他介质加热反应釜、电加热反应釜等。

1. 水加热反应釜

当对温度要求不高时，可采用这种加热方式。其加热系统有敞开式和密闭式两种。敞开式较简单，它由循环泵、水槽、管路及控制阀门的调节器组成。当采用高压水加热时，设备机械强度要求高，反应釜外表面焊上蛇管（焊接半盘管），蛇管与蛇管在釜壁分布有间隙，使热阻增加，传热效果降低。有些反应过程放热或吸热比较剧烈，除了外部夹套或外盘管加热或冷却以外，在反应釜内部还要设置若干组传热蛇管，以补偿外部加热或冷却系统的不足。很多化工过程用水作为冷却剂对釜式反应器进行降温，根据冷却要求不同，企业采用的冷却介质也不一样，使用最多的是冷却循环水。如果需要降低更多的温度，采用冷冻盐水作为冷却介质。

2. 蒸汽加热反应釜

蒸汽是釜式反应器最常见的加热介质，其主要来源于蒸汽锅炉或废热锅炉。当反应釜内介质加热温度在100℃以下时，可用低压蒸汽或热水作为热源来加热；当反应釜内介质加热范围是100~150℃时，可以采用饱和蒸汽来加热；当釜内介质加热温度要求更高时，可采用高压过热蒸汽来加热，但是蒸汽加热也有上限，超出其加热范围需要考虑其他介质加热。

3. 其他介质加热反应釜

因为化工生产具有温度多变的复杂性，若工艺要求必须在高温下操作，或从安全角度考虑欲避免采用高压电加热系统时，可用矿物油（加热温度范围可达到275~300℃）、联苯醚混合剂（其沸点为258℃）、熔盐（加热温度范围可达到140~540℃）、液态铅（其熔点为327℃）等进行加热。

4. 电加热反应釜

将电阻丝缠绕在反应釜筒体的绝缘层上，或安装在离反应釜一定距离的特设绝缘体上，便可用电来加热。现在有些釜式反应器是在夹套内设置电加热器，夹套内充装导热油，这样更有利于传热过程的安全维护。

前三种方法获得高温均需在釜体上增设夹套，设备结构比较复杂。在整个加热过程中，由于温度变化的幅度大，使釜的夹套及壳体承受温度变化而产生温差压力，温差应力也是造成设备焊缝开裂的主要因素之一。采用电加热时，设备较轻便简单，温度较易调节，而且不用泵、加热炉、烟囱等辅助设施，设备启动、停止也非常简单，操作危险性不高，运行成本较低，但操作费用较其他加热方法高，热效率在85%以下，因此适用于加热温度在400℃以下和电能价格较低的地方。

第三节　釜式反应器拆装

一、釜式反应器拆装实训目的

① 了解釜式反应器结构特点及其在工业上的用途。

② 了解压力容器（壳体和夹套）与机械传动（搅拌系统）的组合特点，重点掌握搅拌轴密封结构和适用场合。

③ 了解釜式反应器的加热或冷却装置，熟悉夹套及内盘管的作用和焊接结构。

④ 熟悉搅拌系统的基本组成和装配关系，了解搅拌轴结构和轴上零部件轴向定位、环向定位的特点和应用。

⑤ 熟悉传动系统的装配，了解电动机、减速器连接及装配要求，熟悉机架与减速器装配及固定方式。

⑥ 熟悉釜式反应器附件：如视镜、人孔（手孔）、加料口、放料口等焊接结构和设置位置。

⑦ 熟悉釜式反应器常用支座（耳式）结构型式，了解其焊接位置和分布情况。

⑧ 熟悉釜式反应器釜盖与筒体法兰连接结构和密封情况，了解其密封垫材料和密封原理。

二、釜式反应器工作原理

釜式反应器主体结构主要由釜体、夹套、搅拌轴、接管、支座、人孔（或加料孔）、轴封和传动装置等组成，如图 7-2 所示。其结构件简图如图 7-3 所示。搅拌器包括传动装置、搅拌轴（含轴封）、叶轮（搅拌桨），釜体包括筒体、夹套和釜内件（如盘管、导流筒等）。工业上应用的搅拌釜式反应器类型比较多，但是基本组成大同小异，按反应物料的相态可分成均相反应器和非均相反应器两大类。非均相反应器包括固液反应器，液液反应器，气液反应器和气液固三相反应器。

图 7-2　釜式反应器结构简图

图 7-3　釜式反应器结构件简图

1—电机；2—减速器；3—接管；4—釜盖；5—盘管出口；6—支座；7—夹套；8—内盘管支撑；9—搅拌桨；10—夹套介质接管；11—釜内出料接管；12—搅拌轴；13—内盘管介质接管；14—夹套出口接管；15—内盘管；16—人孔；17—凸缘法兰；18—填料密封；19—机架

反应釜结构是通过对物料在反应器内混合与流动状况的研究，利用理论研究结合工程实际所得到的经验公式设计出来的，非常适合中小型化工企业生产需要。研究表明，超过 50% 的化工过程是在搅拌反应器中进行的间歇操作，在中小型化工企业中这个比例还要更高，因此釜式反应器设计和操作水平的提高对化工生产的生产过程安全、产品质量和能耗有重大影响。

釜体提供化学或物理反应所需的空间，是组成釜式反应器最大的主体结构。由壳体和上、下封头焊接或法兰连接组成，其高度与直径之比一般在 1～3 之间。在加压操作时，为了提升承压能力，釜体上、下封头多选用半球形或椭球形结构；而在常压操作时，釜体上、下封头可选用平盖结构。釜体内反应完成以后，如果物料黏度较大，为了放料方便，釜体底部封头也可做成锥形结构。

釜式反应器加热装置的作用是满足反应所需温度，其种类多种多样。夹套是指在容器壁外面加上的一个用于传热的外套，可通过加入热介质如蒸汽、热水、热油等来加热容器内（或管路内）物料，这种结构适用于传热面积大、单靠夹套传热面积能够满足传热要求的反应釜。当然也可通入冷却介质如冷却水或其他冷流体来冷却容器内（或管路内）的物料。对于大型反应釜，需高速传热时，只依靠外夹套传热不能满足要求，可在釜内安装盘管加热装置。盘管具有换热面积大，传热效果好，结构简单，操作弹性大的优点，根据传热效率的不同，盘管可以设置多组，在釜体内均匀分布。

外部循环式传热也是釜式反应器传热的一种形式。当夹套和蛇管传热面积不能满足工艺要求，或者无法在反应器内安装传热盘管时，可以通过泵将反应器内的料液抽出，经外部换热器换热后再循环返回反应器中。

回流冷凝式传热常常用于工业过程中的余热利用，可以节省能源消耗，降低生产成本。其工艺过程主要是将反应器内产生的蒸汽通过外部冷凝器加以冷凝，冷凝液返回反应器中。

在现代过程工业生产中，物料的混合在包括化工产品的加工等许多生产过程中有重要作用，它是参与物理和化学过程的前提和保证。在设计搅拌釜式反应器过程中，工程师们经常要面对许多问题，包括混合设备材料的选择、结构设计、功能放大和优化。

釜式反应器的搅拌装置属于机械传动的范畴，其结构主要包括搅拌器、搅拌轴等。

搅拌器：推动静止的料液运动，维持搅拌过程所需的流体流动状态，以达到搅拌的目的。搅拌器的种类有很多，图7-4为各种常见的搅拌器样式。

图 7-4　各种搅拌器图例

在釜式反应器设计过程中，需要对搅拌装置进行选型，一般选型依据有以下几条。

1. 按照物料黏度选型

对于低黏度液体，应选用小直径、高转速搅拌器，如推进式、涡轮式；

对于高黏度液体，就选用大直径、低转速搅拌器，如锚式、框式和桨式。

2. 按照搅拌目的选型

对低黏度均相液体混合，主要考虑循环流量，各种搅拌器的循环流量按从大到小顺序排列：推进式、涡轮式、桨式。

对于非均相液液分散过程，首先考虑剪切作用，同时要求有较大的循环流量，各种搅拌器的剪切作用按从大到小的顺序排列：涡轮式、推进式、桨式。

釜式反应器传动装置的作用是提供搅拌的动力。反应釜需要电动机和传动装置来驱动，

传动装置　安全阀　人孔

支座

外框搅拌器

夹套

内搅拌器

出料接管

图 7-5　两组搅拌系统的釜式反应器

搅拌器传动装置一般安放在釜体的顶部，通常采用立式布置。电动机的转速较高，通过减速机可将转速降至工艺要求的搅拌转速，再通过联轴器带动搅拌轴转动。

少数釜式反应器设置两组搅拌系统，比如一些聚合反应或黏度比较大的物料混合。图 7-5 为两组搅拌系统的釜式反应器，两组搅拌器分别有独立的传动系统，主次传动系统互补。

三、釜式反应器检修及保养

釜式反应器最常见的类型是搪瓷反应釜，具有承压能力强、耐腐蚀、设备成本低等优点，所以在精细化工、制药等行业应用非常广泛。搪瓷反应釜，分开式和闭式两种结构，开式为体盖分离，一般容积在 5000L 以下；闭式为体盖一体，一般容积在 5000L 以上。这两种结构各有优势，开式拆卸比较方便，如果罐盖上的管口出现问题，易于拆下单独修理，而闭式密封性能好。一般来说，开式结构还有平焊对接式法兰连接和平盖式两种。

釜式反应器长时间使用以后需对其进行详细的检修与保养，具体如下。

① 在日常使用过程中要注意搪瓷反应釜减速机和电机的声音是否正常，以及减速机、机座轴承等各部位的温度变化情况。

② 经常检查反应釜减速机有无漏油现象，检查减速箱内油位和油质变化情况，如出现缺油需及时补加或更新。

③ 经常检查搪瓷反应釜的安全阀、压力表、温度计等安全装置是否准确灵敏，有无偏差，如出现问题及时更换，以保证反应数据的准确性。

④ 要注意反应釜内有无异常的振动和响声，如发现应及时停车处理。

⑤ 对于搪瓷反应釜的搪瓷搅拌等附件也应该经常检修。

⑥ 检查反应釜所有进出口阀是否完好，若有问题须及时处理。

⑦ 检查搪瓷反应釜的法兰和机座等有无螺栓松动。

⑧ 检查反应釜本体有无裂纹、变形、鼓包、穿孔、腐蚀、泄漏等现象，保温、油漆等是不是完整，有无脱落、烧焦情况。

⑨ 同时在日常使用中也应该维持搪瓷反应釜的卫生环境，保证无油污、设备见本色。

因为搪瓷反应釜出现问题通常是由很细小的变化开始的，所以这就要求我们按照上述方法来逐一对其进行详细的检测，确保能够及时找出问题并解决，从而提高设备使用寿命。

四、釜式反应器拆装实训步骤

1. 釜式反应器拆卸步骤

① 釜式反应器属于立式容器，反应器的上部是传动系统，主要由电机、减速器和机架等组成，拆装传动系统时按照先上后下的连接关系依次拆卸。

② 检查电机、减速器、机架等部件之间的连接方式，确定需要使用的工器具。

③ 由于电机、减速器安装位置较高，拆装时需要配备移动式检修平台，以便于将拆卸的电机、减速器放置在平台上。

④ 用于拆装的釜式反应器属于小型（50～100L）设备，部件重量较轻，拆卸电机、减速器等部件时需要借助钢丝绳索套把需要拆卸的部件固定好，用钢管套在钢丝绳索套上，由两位学生配合分别将拆卸后的电机、减速器轻轻放置在检修平台上。

⑤ 分工用扳手拆卸反应釜釜盖上的螺栓，注意每拆卸一套螺栓将螺母和螺杆重新拧好摆放到空阔位置。

⑥ 将釜盖和传动系统放置平稳后，开始进行搅拌器、机械密封、搅拌轴、联轴器的拆卸。

在这期间应注意：各种零部件的拆卸必须按照其各自的装配关系分组摆放，以便于装配。有些螺栓、螺钉、平键拆卸时不能硬撬、硬砸，防止螺栓变形及螺纹损坏。釜式反应器拆装设备见图7-6。

图 7-6　釜式反应器拆装实训现场

2. 釜式反应器装配步骤

釜式反应器的装配与拆卸步骤正好相反，按照先内后外、先下后上的顺序，依次按要求进行装配，具体装配要求如下。

① 检查搅拌系统，将搅拌器与搅拌轴进行装配，注意不能用手锤硬砸，搅拌器上的销钉孔（或者键槽）要对正轴头上的销钉孔（或键槽）。对准后，用木槌或者橡胶锤轻轻敲击，确保搅拌器平稳装配。

② 搅拌器装配到位后，穿好固定销，将锁紧螺母拧紧，防止运转过程发生搅拌器脱落。

③ 搅拌器固定好后，进行搅拌轴上端轴头与减速器轴头的装配，这两个轴头通过联轴器连接，注意两个轴头保持同心，然后将联轴器紧固。紧固过程中必须确保同轴度。

④ 搅拌器装配完成后，将搅拌器轻轻放入釜体内，开始安装反应器釜盖，两位学生对角把釜盖抬起来，先轻轻放置在釜体法兰上，然后根据釜盖方向和螺栓孔位置找中：

⑤ 釜盖找中时，在传动部件上釜盖法兰与釜体法兰快接近的时候，必须对法兰上的螺栓孔进行对准摆正，同时还要检查法兰密封垫是否放正。两名学生提前用螺栓对角进行找中装配，确保所有螺栓能够正常穿入螺栓孔进行装配。

⑥ 釜式反应器法兰螺栓必须进行对角紧固，然后再均匀施加载荷，确保法兰螺栓受力均匀。

⑦ 釜体装配完成后，进行釜体外传动系统的装配。首先安装机架，机架抬到检修平台

上，将机架底座法兰螺栓孔对准釜体凸缘法兰螺栓孔，找中后再把螺栓拧紧，在装配过程中要注意机架的垂直度。

⑧ 减速器的安装借助钢丝绳索套，减速器底座与机架顶端连接对准后进行减速器的安装调试，要调节减速器输出、输入轴的垂直度以满足装配要求。将搅拌轴轴端提起来与联轴器输出轴端对准，依靠联轴器使两根轴形成刚性连接。

⑨ 对搅拌轴的机械密封进行装配。机械密封装配要求比较高，用棉纱将搅拌轴装配部位擦干净，然后开始安装机械密封，必须保证装配间隙在圆周方向均匀，紧固螺钉载荷一致。

⑩ 电机的安装与减速器一致，需要借助钢丝绳索套，将电机传动轴与减速器输入轴对准，保证其同轴度，然后固定电机底座螺栓，注意安装时需要通过调节底座垫片厚度来保证电机的水平度。

⑪ 检查釜盖和夹套上的可动部件和固定接点是否正常，检查上盖传动装置，检查连接件接触是否松动，是否有因装配不善而造成的损坏或松动。

⑫ 用手盘动釜上的回转体（搅拌轴），检查运转是否灵活。如发生卡顿现象，可以通过调节机械密封来解决。

装配后续要求：

① 反应釜四个支座整体处于平稳状态。核实无误后，可以将电动葫芦吊钩及起重钢丝绳松掉。

② 每次实训装配完毕，应清除釜体、釜盖上的残留物。主密封口应经常清洗，并保持干净，不允许用硬物或表面粗糙物进行擦拭。

五、思考题

① 釜式反应器搅拌系统密封结构有哪些？各有什么特点。
② 为什么在釜式反应器釜盖法兰与筒体法兰装配过程中要求法兰螺栓均匀受力？
③ 釜式反应器一般有哪些加热附件？具体特点是什么。

第八章
空气压缩机拆装实训

第一节　概　述

　　压缩机（compressor）是将低压气体提升为高压气体的一种从动的流体机械，是制冷系统的心脏。它从吸气管吸入低温低压的制冷剂气体，通过电机运转带动活塞对其进行压缩后，向排气管排出高温高压的制冷剂气体，为制冷循环提供动力，从而实现压缩→冷凝（放热）→膨胀→蒸发（吸热）的制冷循环。压缩机又是一种典型的气体输送机械设备，具有较全种类的机构和零部件，是一种比较适合机械类专业学生实践教学的设备，能够帮助学生认识和理解机械的构造、功能、工作原理及装配关系等。便携式空气压缩机如图 8-1 所示。

　　机器测绘就是对现有的机器或部件进行实物测量，绘出全部非标准零部件的草图，再根据这些草图绘制出装配图和零部件图的过程（简称测绘）。它在对现有设备的改造、维修、仿制和先进技术的引进等方面有着重要的意义。因此，测绘是工程技术人员应该具备的基本技能。

图 8-1　便携式空气压缩机

　　活塞式空压机的优点是结构简单，使用寿命长，并且容易实现大容量和高压输出。缺点是振动大，噪声大，且因为排气为断续进行，输出有脉冲，需要储气罐。本项目是以活塞式压缩机为对象，进行机械拆装测绘的实训。

一、空气压缩机拆装实训的意义

　　本课程是过程装备与控制工程专业的实践教学课，是应用已学知识（机械设计基础、机械制造基础、公差配合、工程制图等）对实物进行拆装、测量，绘制工程图样训练的课程。通过实训能够锻炼自身的综合工程素质，提高实际动手能力，加深对机械、机器、机构、零部件的认识和理解，掌握其构造、功能、工作原理之间的关系，为今后从事机械设备管理、机械产品设计打下工程基础。通过拆装实训，可熟悉掌握常用测量器具的使用方法，具有正确测量获得数据的能力以及转化为图样的能力。

二、实训目的

① 了解空气压缩机的构造、工作原理。

② 掌握机械产品正确的拆装方法，熟悉常用工具的使用方法。

③ 熟悉、掌握常用测量器具的使用方法。

④ 正确应用所学知识完成规定的零部件的测绘工作，正确标注尺寸、加工精度、粗糙度等。

三、拆装实训项目

序号	实训项目名称	实训目的
1	气缸筒部件的拆装测绘	了解气缸盖、缸筒部件的拆装步骤和方法，工作原理。熟悉、掌握常用测量器具的使用方法
2	活塞连杆部件的拆装测绘	了解活塞连杆部件的拆装步骤和方法，工作原理。熟悉、掌握常用测量器具的使用方法
3	皮带传动系统部件的拆装测绘	了解皮带、带轮部件的拆装步骤和方法，工作原理。熟悉、掌握常用测量器具的使用方法
4	曲轴部件的拆装测绘	了解曲轴部件的拆装步骤和方法，工作原理。熟悉、掌握常用测量器具的使用方法

每 8 人 1 大组，拆卸 1 台压缩机。每 2～3 人 1 小组，选择以上 4 个项目中的 2 项。

本项目为整台空气压缩机的拆装、测绘实训，因此，在实训之前应分配好工作小组，各自负责一部分的拆装、测绘工作，并按以下顺序执行拆卸整机和装配整机工作。

四、空气压缩机拆卸的基本原则

① 拆卸中应按照空气压缩机的各部分结构预先考虑操作程序，以免发生先后倒置，从而造成拆卸混乱或零部件损坏变形。

② 拆卸的顺序一般是与装配的顺序相反，即先拆外部零件，后拆内部零件，从上部依次拆组合件，再拆零件。

③ 拆卸时，要使用专用工具、卡具。必须保证不损伤合格零部件，如拆卸气阀组合件时，也应用专用工具，不允许把阀夹在台上直接拆下，这样易使阀座发生变形。拆活塞和装活塞时不能损坏活塞环。

④ 大型空气压缩机的零件、部件都很重，拆卸时要准备好起吊工具、绳套，在绑吊时注意保护好部件，不要碰伤和损坏。

⑤ 拆卸下来的零件、部件要放在合适的位置，不要乱放，大件、重要机件等不要放在地面上，应放在垫木上。例如：大型空气压缩机的活塞、气缸盖、曲轴、连杆等要特别防止因放置不当而发生变形，小零件应放在箱子里，并且要盖好。

⑥ 拆卸下的零件要尽可能地按原来结构摆放在一起，对成套不能互换的零件在拆卸前要做好记号，拆卸后要放在一起，或用绳子串在一起，以免搞乱，使装配时发生错误而影响装配质量。

⑦ 注意小组几个人的合作关系，应有一人指挥，并做好详细分工，一定要有指导老师在场的情况下进行实训。

第二节　气缸筒部件的拆装测绘实训

一、实训目的

① 了解气缸筒部件的拆装步骤、方法和工作原理。

② 熟悉并掌握常用测量器具的使用方法。

二、零部件

进、排气管，气缸盖及螺母，进、排气门，进、排气口（空气滤清器），气门摇臂部件，气门摇臂座及螺栓、螺母、喷油器及压板、螺栓、螺母、垫圈，气缸盖罩及垫片，定位销，减压手柄及座、弹簧等。

三、实训内容

1. 拆卸

① 拆下进、排气管及垫，拧下气缸盖罩压紧螺母及垫，取下气缸盖罩部件。

② 拆下机油指示器。

③ 拆下轴、座、弹簧。

④ 绘制装配示意图。

⑤ 拆下气门摇臂座螺母及垫，取下气门摇臂座组件，取下气门推杆。

⑥ 拆下气门摇臂轴卡簧及垫，取下气门摇臂部件及轴。

⑦ 拧下气门调节螺钉及螺母。

⑧ 绘制装配示意图。

⑨ 拧下缸筒压板螺母及垫圈，松开螺母。

⑩ 拧下气缸盖螺母，取下气缸盖组件。

⑪ 拧下缸筒底座压板螺栓。

⑫ 拆下进、排气门卡簧及座、内外弹簧，取下进、排气门。

⑬ 绘制装配示意图。

2. 测绘

选用适当的测量器具测绘零、部件，绘制草图。

3. 装配

① 组装气缸盖组件。

② 将进、排气门，内外弹簧，座，卡簧装上气缸盖。

③ 拧上缸筒底座压板螺栓。

④ 将气缸盖组件装上箱体，拧上气缸盖螺母，拧紧力矩达 $22\sim24\text{N}\cdot\text{m}$。

⑤ 装上缸盖压板螺母及垫圈。

⑥ 组装活塞组件。

⑦ 将活塞阀片进行组装。

⑧ 将活塞在缸筒内上下移动。

⑨ 装上缸盖。

⑩ 装上气门推杆。

⑪ 组装气缸盖罩部件。

⑫ 将减压手柄及轴、座、弹簧、减压限位杆装上气缸盖罩。

⑬ 放上气缸盖罩垫，对准定位销装上气缸盖罩部件，套上垫圈、拧上螺母，拧紧。

4. 绘制工程图

小组人员分工合作，根据草图完成上述零件、部件的工作图和装配图。

四、实训报告

实训完成后需提交实训报告，报告内容包括：

① 上述实训内容、步骤，使用的工具、测量器具，拆装注意事项，装配应达到的技术要求等。

② 零件图和部件装配图：气缸盖、进气门（空气滤清器）、排气门，进、排气门卡簧及座、内外弹簧的零件图，包含上述零部件的装配图。

第三节 活塞连杆部件的拆装测绘实训

一、实训目的

① 了解活塞连杆部件的拆装步骤，方法和工作原理。

② 掌握常用测量器具的使用方法。

二、零部件

零部件包括活塞、连杆、活塞环、活塞销、卡簧、连杆盖、连杆螺栓、衬套、保险丝。

三、实训内容

1. 拆卸

① 拆下保险丝。

② 拧下连杆螺栓。

③ 卸下连杆盖、连杆轴瓦。

④ 取出活塞连杆组件。

⑤ 拆下活塞销卡簧。

⑥ 敲出活塞销，分离活塞、连杆。

⑦ 拆下气缸套。

⑧ 绘制装配示意图。

2. 测绘

选用适当的测量器具测绘零、部件，绘制草图。

3. 装配

① 封水圈套上气缸套，涂少许机油，气缸套装入机体孔内。

② 敲入活塞销，连接活塞、连杆，注意不可损伤零部件。

③ 装上活塞销卡簧，连杆轴瓦。

④ 气缸套内及活塞涂少量机油，装入活塞连杆组件，使连杆轴瓦与曲轴配合紧密。

⑤ 装上连杆盖及连杆轴瓦。

⑥ 拧上连杆螺栓，拧紧力矩要求在 12～14N·m。

⑦ 装上保险丝。

4．绘制工程图

小组人员分工合作，根据草图完成上述零件、部件的工作图和装配图。

四、实训报告

实训完成后需提交实训报告，报告内容包括：

① 上述实训内容、步骤，使用的工具、测量器具，拆装注意事项，装配应达到的技术要求等。

② 零件图和部件装配图：活塞、连杆、连杆盖、连杆轴瓦、连杆螺栓、活塞环、活塞销零件图，部件装配图。

第四节　皮带传送机构部件的拆装测绘实训

一、实训目的

① 了解皮带传动系统部件的拆装步骤，方法和工作原理。

② 掌握常用测量器具的使用方法。

二、零部件

零部件包括电机、皮带防护罩、皮带、带轮、平键、带轮压盖、螺栓、螺钉等。

三、实训内容

1．拆卸

① 松开进气管与缸筒连接螺母。

② 拆下进气管。

③ 拧出连接螺栓。

④ 用螺丝刀等工具拆下皮带防护罩。

⑤ 在教师的指导下用工具拆卸掉皮带，注意防止手指被皮带夹伤。

⑥ 用扳手拆掉带轮固定装置等，拆卸带轮。

⑦ 绘制装配示意图。

2．测绘

选用适当的测量器具测绘零、部件，绘制草图。

3．装配

① 装上皮带相关部件，如平键。

② 装上带轮，保证其平行装入，不得用手锤硬砸。

③ 大带轮的带槽尽量与电动机上的小带轮带槽对齐。

④ 拧上大带轮固定螺栓。

⑤ 拧上柴油管接头及柴油管。

⑥ 拧上高压油管与高压油泵连接螺母。

4. 绘制工程图

小组人员分工合作，根据草图完成上述零件、部件的工作图和装配图。

四、实训报告

实训完成后需提交实训报告，报告内容包括：

① 上述实训内容、步骤，使用的工具、测量器具，拆装注意事项，装配应达到的技术要求等。

② 零件图和部件装配图：大小带轮、连接螺母等零件图，部件装配图。

第五节　曲轴部件的拆装测绘实训

一、实训目的

① 了解曲轴部件的拆装步骤，方法和工作原理。

② 掌握常用测量器具的使用方法。

二、零部件

曲轴部件包括曲轴、连杆 1、连杆 2、端部轴承、轴承定位卡簧、轴承密封圈、轴承挡盖、连接螺栓等零件。

三、实训内容

1. 拆卸

① 首先将曲轴两端轴承挡盖的连接螺栓拆卸。

② 拆下曲轴两端的轴承挡盖。

③ 拆卸轴承密封圈。

④ 用卡簧钳将轴承定位卡簧取出。

⑤ 借助三爪式拔轮器将曲轴端部轴承拆卸分离。

⑥ 固定曲轴，转动连杆 1 至合适方位，用铜棒顶着连杆 1 与曲轴连接部位，通过手锤在对称方向敲击连杆 1 外缘，拆卸连杆 1 并使其退出曲轴。

⑦ 固定曲轴，转动连杆 2 至合适方位，用铜棒顶着连杆 2 与曲轴连接部位，通过手锤在对称方向敲击连杆 2 外缘，将连杆 2 拆卸并使其退出曲轴。

2. 测绘

选用适当的测量器具测绘曲轴部件的典型零件，现场测绘典型零件草图。

3. 装配

① 首先将曲轴端部清理干净，然后将曲轴固定在平台上并使其与台面垂直，装配连杆的一端向上。

② 检查连杆 2 的装配方向，然后将连杆 2 摆平，找准合适的装配方位，借助外力将连杆 2 轻轻装配到曲轴对应的位置，确保连杆 2 端面与轴肩紧靠。

③ 检查连杆 1 的装配方向，然后将连杆 1 摆平，找准合适的装配方位，借助外力将连杆 1 轻轻装配到曲轴对应的位置，确保其与轴肩紧靠。

④ 安装曲轴端部轴承。将曲轴端部轴承依次装入曲轴两端，通过铜棒和手锤敲击轴承内圈进行装配，确保轴承安装到位。

⑤ 用卡簧钳将卡簧卡在轴承内圈外侧，卡簧内圈部分嵌入卡簧槽内，卡簧外圈限制轴承移动，以确保轴承定位。

⑥ 安装轴承密封圈，对准曲轴端部装入。

⑦ 将曲轴安装到轴座上，并将轴承挡盖对准螺栓孔装配，拧上固定螺栓。

4. 绘制工程图

小组人员分工合作，根据实训现场测绘的零件草图完成曲轴部件典型零件的零件图。

四、实训报告

实训完成后需提交实训报告，报告内容包括：

① 拆装实训内容、步骤及装配中存在的问题，如何正确使用工具、测量器具，拆装注意事项以及曲轴部件装配应达到的技术要求等。

② 曲轴部件典型零件图：曲轴、连杆、轴承挡盖的零件图。

第六节　工具和量具一览

1. 工具清单（单组用）

① 榔头，2 磅。

② 套筒扳手，1 套。

③ 钉子扳手，12 或 13、16 或 17，各 1 把。

④ 扭力扳手，1 把。

⑤ 钳子，1 把。

⑥ 内卡簧钳，1 把。

⑦ 外卡簧钳，1 把。

⑧ 螺丝刀，20cm，1 把。

⑨ 呆扳手，12、13、16、17 各 1 把。

⑩ 毛巾，5 条。

⑪ 煤油若干。

2. 测量器具清单（单组用）

① 磁力表座，1 个。

② 百分表，1 个。

③ 内径量表，0~150 系列，1 套。

④ 表面粗糙度仪（公用），1 个。

⑤ 高度尺，1 个。

⑥ 卡尺，0~200mm，1 个。

⑦ 千分尺，0~125 系列，1 套。

⑧ 杠杆百分表，1 个。

⑨ 深度卡尺，1 个。

⑩ 平板尺，1 个。

第九章

煤制甲醇仿真实训

第一节　煤制甲醇气化工段仿真实训

一、气化工艺介绍

气化是一种将碳氢原料转变为以 CO 和 H_2 为主要气体成分的工艺，其他气体成分如 CH_4、CO_2、H_2S、苯酚等和微量的 HCl、HCN 以及在特殊工艺下基于原料和工况产生的甲酸盐。气化产出的气体既可作为发电用的燃料，又可作为化工原料，对气化工艺及气化介质的选择，取决于气化进料的类型和产品的要求。

煤粉经煤粉仓、发送罐及高压煤粉仓，由高压氮气送至气化炉工艺烧嘴。来自空压机的高压氧气经预热后与中压过热蒸汽混合，然后导入煤烧嘴。煤粉、氧气及蒸汽在气化炉高温加压条件下发生碳的氧化及各种转化反应。气化炉顶部约 1500℃ 的高温煤气经除尘冷却后激冷至 900℃ 左右进入合成气冷却器。经合成气冷却器回收热量后的粗煤气进入干式除尘及湿法洗涤系统，处理后的煤气送至后续工序。

高温气化使煤中所含灰分呈熔融状并流到气化炉下部渣池中，由于激冷迅速，灰分分解成灰渣小颗粒，随水进入渣收集器中。灰水由渣池循环水泵输送，经渣池水冷却器循环回到渣池，并将熔渣的热量带走。渣由收集器进入排渣罐，在此过程中，排渣罐中灰水通过排放支持水泵循环回到渣收集器中，同时部分高压新鲜水将补充到系统。在气化炉内气化产生的高温熔渣经激冷后形成数毫米的玻璃体，可作为建筑材料或用于路基辅料。

湿洗系统排出的废水大部分经冷却后循环使用，小部分废水经闪蒸、沉降及汽提处理后送污水处理装置进一步处理。闪蒸气及汽提气可作为燃料或送火炬燃烧后放空。

1. 工作原理

坤天模拟煤加压气化采用的是气流床加压气化技术，氧气、水蒸气和煤粉（含水量约为 3%）通过特制的工艺烧嘴混合后喷入气化炉（R1001）内。在气化炉内，氧气、水蒸气和煤粉发生不完全氧化还原反应产生水煤气，为达到较高的转化率，采用部分氧化释放热能，维持气化炉在煤灰熔点温度以上反应，以满足液态排渣的需要。反应进行得非常迅速，煤粒在炉内停留时间一般仅为数秒，反应生成的水煤气中甲烷含量较少，一般仅为 0.1% 以下，碳的转化率较高。由于反应温度较高，不生成焦油、酚及高级烃等易凝聚的副产物，所以对环境的污染较小。

在气化炉内的反应大致分成三个区域：

① 裂解和挥发区：主要为煤粉中水的蒸发和煤的热裂解反应，释放出挥发组分，小煤粒变成煤焦。

② 燃烧和气化区：主要发生煤焦的燃烧反应。

③ 气化区：主要为煤焦和水蒸气、二氧化碳之间的氧化还原反应，综合反应式如下。

$$C_nH_m + n/2O_2 \longrightarrow nCO + m/2H_2$$
$$C_nH_m + nH_2O \longrightarrow nCO + (n+m/2)H_2$$
$$C + CO_2 \longrightarrow 2CO$$
$$C + H_2O \longrightarrow CO + H_2$$
$$C + 2H_2O \longrightarrow 2H_2 + CO_2$$

上述反应产物主要为 $CO + H_2$、CO_2 和少量的 H_2O（g）及 H_2S、CH_4、N_2 等气体。

2. 工艺流程

（1）煤的加压和进料

煤的加压和进料是在完全惰性的条件下进行的。煤粉经煤粉仓（V1001A/B）加压至 4800kPa 被输送到发送罐（V1002A/B）及高压煤粉仓（V1003A/B），之后被输送到两个对称的工艺烧嘴，传送过程中用高压氮气作为传送介质，使煤粉始终处于均匀悬浮状态，传送设备是成对配置的。选择干法输送系统是因为这将得到最大的气化效率，而且，气化工艺本身不依赖于煤的特性，比如煤的湿度、颗粒大小、结块性能等。但是，作为化工原料，大量的氮气会带入合成气中。

（2）气化和合成气冷却

来自空压机的高压氧气经预热器加热到 180℃ 后，与少量中压过热蒸汽在氧蒸汽混合器中混合后进入工艺烧嘴（A1001A/B/C/D）的外环隙，水蒸气、煤粉与氧气在工艺烧嘴中充分混合雾化后喷入气化炉（R1001）。

气化炉是由一个内有气化炉中压蒸汽发生器（E1004）的压力容器组成的，在操作压力为 4.0MPa，气化温度约 1350～1450℃ 发生部分氧化还原反应。反应瞬间完成，生成 CO、H_2、CO_2、H_2O 和少量 H_2S 等气体。环绕着气化炉中压蒸汽发生器（E1004）的气化炉内壁（膜式壁）是采用温度控制的，它通过管子中循环水换热产生低压蒸汽。在气化区有 2 个出口，气化炉底部的出口为渣口，它是用来排渣的；在气化炉顶部，其温度约为 1500℃，允许带飞灰的热气进入激冷区。在激冷区用经激冷气压缩机（C1001）送来的大约 190℃ 的无灰循环气来激冷煤气，以避免熔融的灰和黏性的飞渣颗粒带入合成气管路造成淤塞问题，同时，用中压循环水泵 P1001 送来的激冷水激冷，激冷壁中压蒸汽发生器（E1001）出口温度约为 900℃。经输气管进入合成气冷却器蒸汽发生器（E1003），经合成气冷却器蒸汽发生器回收热量后的煤气，温度降至 290℃ 左右，再送往 HPHT 飞灰过滤器（F1003）过滤。

气化炉（R1001）、合成气冷却器蒸汽发生器（E1003）、输气管中压蒸汽发生器（E1002）和激冷壁中压蒸汽发生器（E1001）采用锅炉给水强制循环，由中压循环水泵（P1001）供给，被加热后的汽水混合物进汽包（V1007）分离，汽包内的水经下降管至中压循环水泵（P1001）加压后循环使用，产生的低压蒸汽排出他用。汽包可通过省煤器来补水。从外界来的中压蒸汽注入汽包，需预热到大约 200℃，以避免煤引入时发生露点腐蚀。

气化炉点火用点火烧嘴（A1003），以液化石油气（LPG）作燃料。开车升温用开工烧嘴（A1002），用柴油泵（P1006）从柴油储罐（V1021）抽出柴油作燃料，开车初期不合格的煤气经洗涤塔（T1001）洗涤冷却后送至火炬燃烧放空。

（3）渣的除去和处理

煤中大多数的矿物质以熔渣的形式离开气化区，因为高的气化温度使熔渣自由地沿着膜式壁经渣口流入渣池（V1004）。熔渣进入渣池水浴后被淬冷成固态渣，经破渣机（X1004）破碎后，排入渣收集器（V1005）。为使渣顺利排入渣收集器（V1005），从渣收集器（V1005）上部抽出较清的水经渣池循环水泵（P1003）升压，其中一部分通过渣池水冷却器冷却至42℃后进入渣池（V1004），使渣池（V1004）与渣收集器（V1005）之间形成灰水的强制流动，便于冲洗带出渣池锥底的粗渣，防止堵塞。为了限制在渣池循环装置中形成非纯净物和结块，部分循环水经水力旋流器除渣，然后流至给料罐（V1016）及酸性灰浆汽提塔（T1002）。将粗渣排入排渣罐（V1006）与脱水槽（V1019）中，用捞渣机将排出的炉渣经由皮带转运至渣场。且从渣池排出的大部分灰渣易沉降在渣收集器（V1005）的底部，为保证一个适当的流量，需用排放支持水泵（P1002）将水从排渣罐（V1006）打入到渣收集器（V1005），同时，可以通过加入新鲜水到排渣罐（V1006）底部来洗渣（部分的）。渣脱水槽的灰水经渣灰泥排放泵（P1004）连续不断地送至澄清槽，若脱水槽的液位将要低于它能接受另一批水的液位时，可通过打开LV1008来保持脱水槽的液位不变。

（4）飞灰的除去和处理

煤气化产生的飞灰随合成气引出气化炉，必须经过干法脱除和湿法洗涤使灰尘含量达到要求，以保证下游压缩机及变换工段催化剂不致因灰尘积累而影响装置的正常运行。HPHT飞灰过滤器（F1003）处于工艺中的飞灰收集工序的顶端，将气化炉生成的合成气中的绝大部分粉尘过滤掉，使合成气达到一定的标准后进入湿洗工序进一步洗涤和用作激冷气。飞灰过滤器过滤了合成气中99%的飞灰，然后通过飞灰排放罐（V1009）、飞灰汽提冷却罐（V1010）、中间飞灰储罐（V1011）、飞灰充气仓（V1012A/B）及飞灰储仓（V1013）排出，最后，通过卡车运走。停车时，飞灰过滤器温度最好保持在80℃以上，以避免过滤器上压差的增加（滤饼/管的渗透性不可逆转地下降，导致这种情况的因素与湿含量有关，如果发生这种情况，机械方法不能彻底清洁）。

（5）合成气洗涤系统

洗涤系统的主要目的是除去卤化物（主要是氯化物）和灰中的微量元素。从干法除尘系统来的无灰合成气进入文丘里洗涤器（J1001）与洗涤塔循环水泵（P1011）来的灰水直接接触，使气体中夹带的细灰进一步增湿，进入洗涤塔（T1001），沿下降管进入塔底的水浴中。水煤气向上穿过水层，大部分固体颗粒沉降与粗煤气分离。上升的粗煤气沿下降管和导气管的环隙进入洗涤塔上部四块冲击式塔板，与新鲜水逆向接触，进一步洗涤掉剩余的固体颗粒。在洗涤塔顶部经过旋流板除沫器，除去夹带气体中的雾沫，温度降至177℃后离开洗涤塔（T1001）进入后续工序。

整个气化系统的压力是在这个系统的末尾来控制的，可根据产量的变化来调节气化炉的压力。洗涤塔（T1001）底部烧碱的注入是为了维持液体的pH值大约为7.5~8，注入的速度可与合成气产量相结合。

（6）废水的汽提和澄清

灰浆汽提主要目的是处理废水中溶解的气体如 H_2S、NH_3、CO_2 和 HCN。从渣收集器（V1005）排来的渣池水经渣池循环水泵（P1003）升压，再经水力旋流器除渣后与从洗涤塔（T1001）排来的废水一同引入到给料罐（V1016）。同时，为了防止 $CaCO_3$ 沉淀，盐酸被加入渣池排放水中，由流量控制器 FIC1027 控制出口 pH 值在 6.0～7.0。给料罐（V1016）的闪蒸气和灰浆汽提塔（T1002）的汽提气一起经排放气空冷器冷却后送往回流罐（V1017）。汽提的灰浆是由料位控制（LIC1016）从汽提塔排出的，经排污水空冷器（E1006）冷却后送至澄清系统。

（7）烧嘴循环水系统流程

为了保护气化炉内的工艺烧嘴，防止高温损坏，工艺烧嘴头部带有冷却水盘管。烧嘴冷却水给料罐（V1020）中的新鲜水通过热水泵（P1005）加压后经热水加热器（E1008）用中压蒸汽加热至120℃，进入烧嘴冷却水盘管，对工艺烧嘴头部进行冷却。由于回水温升很小，所以返回给料罐底吸收膨胀。另外由于温度较高，压力低时易汽化，造成泵汽蚀，所以必须加压，这样不仅节约能源，还降低了加热器的负荷。

3. 仿真界面

气化仿真示意图见图 9-1，气化仿真总貌图见图 9-2，气化仿真 DCS 图和现场图见图 9-3和图 9-4。

图 9-1　气化仿真示意图

扫码查看气化工段流程图

二、工艺设备及参数

1. 工艺设备说明

A1001A/B/C/D：工艺烧嘴，高压煤粉、水蒸气、氧气完全混合雾化后喷入气化炉。

A1002：开工烧嘴，开车时对气化炉点火用。

A1003：点火烧嘴，开车时对开工烧嘴点火用。

C1001：激冷气压缩机，将经洗涤塔（T1001）洗涤过的无灰煤气压缩送至气化炉激冷室。

E1001：激冷壁中压蒸汽发生器，对粗煤气进行激冷降温。

E1002：输气管中压蒸汽发生器，对粗煤气进行降温。

E1003：合成气冷却器蒸汽发生器，对粗煤气进行降温。

E1004：气化炉中压蒸汽发生器，气化反应燃烧室。

E1005：排放气空冷器，将灰浆汽提塔与给料罐中排放至回流罐的气体冷却。

E1006：排污水空冷器，冷却灰浆汽提塔排放至澄清槽的灰水。

E1007：渣池水冷却器，将渣收集器排出的部分循环水降温。

E1008：热水加热器，对自给料罐V1020流至工艺烧嘴的水加热。

F1001A/B：煤粉仓过滤器，过滤煤粉仓放空气体中的煤粉。

图 9-2　气化仿真总貌图

图 9-3　气化仿真 DCS 图

F1002A/B：发送罐过滤器，过滤发送罐放空气体中的煤粉。

F1003：HPHT飞灰过滤器，过滤粗煤气中飞灰的高温高压设备。

F1004：飞灰排放过滤器，过滤自飞灰排放罐V1009排放至火炬的飞灰。

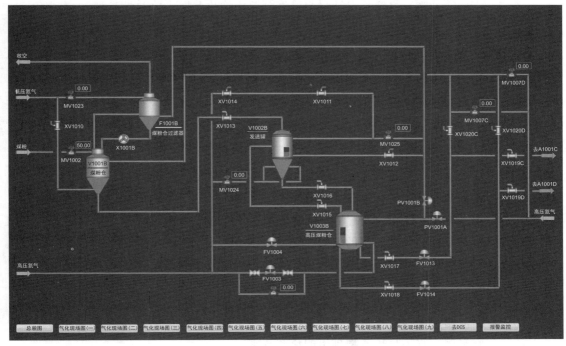

图9-4　气化仿真现场图

F1005：飞灰汽提冷却罐过滤器，过滤自飞灰汽提冷却罐V1010排放至火炬的飞灰。

F1006：中间飞灰储罐过滤器，过滤自中间飞灰储罐排放至放空气体中的飞灰。

F1007：飞灰储仓过滤器，过滤自飞灰储仓V1013排放至放空气体中的飞灰。

J1001：文丘里洗涤器，对经过飞灰过滤器过滤后的煤气进行初步洗涤。

P1001：中压循环水泵。

P1002：排放支持水泵。

P1003：渣池循环水泵。

P1004：渣灰泥排放泵。

P1005：热水泵。

P1006：柴油泵。

P1007：油泵。

P1008：回流泵。

P1009：排污水泵。

P1010：给料泵。

P1011：洗涤塔循环水泵。

R1001：气化炉，气化反应用高压高温设备。

S1001A/B：水力旋流器，除去循环水中的渣。

T1001：洗涤塔，洗涤经飞灰过滤器过滤的煤气，主要除去煤气中含有的卤化物和灰中的微量元素。

T1002：灰浆汽提塔，主要处理废水中的溶解气体如 H_2S、NH_3、CO_2 和 HCN 等。

V1001A/B：煤粉仓，储藏煤粉的装置。

V1002A/B：发送罐，将煤粉从煤粉仓输送到高压煤粉仓的中间装置。

V1003A/B：高压煤粉仓，储藏高压煤粉的装置。

V1004：渣池，收集从气化炉排出的渣，并对其降温冷却。

V1005：渣收集器，收集自破渣机排出的碎渣及灰水。

V1006：排渣罐，收集自渣收集器排出的渣及灰水。

V1007：汽包，可用于气化炉用循环水、新鲜水的储藏，低压蒸汽的分离，开车时中压蒸汽换热等。

V1008：收集器，储藏飞灰的装置。

V1009：飞灰排放罐，储藏飞灰的装置。

V1010：飞灰汽提冷却罐，储藏飞灰的装置。

V1011：中间飞灰储罐，储藏飞灰的装置。

V1012A/B：飞灰充气仓，储藏飞灰的装置。

V1013：飞灰储仓，储藏飞灰的装置。

V1014：飞灰汽提冷却罐过滤器反吹罐，缓存低压氮气的装置。

V1015：中间飞灰储罐过滤器反吹罐，缓存低压氮气的装置。

V1016：给料罐，储存自洗涤塔至除渣工段的废水。

V1017：回流罐，储存自排放气空冷器冷却后回流到灰浆汽提塔中的液体。

V1019：脱水槽，收集自排渣罐排出的渣及灰水。

V1020：给料罐，储存水的装置。

V1021：柴油储罐，储存柴油。

X1003：灰泥搅拌机，搅拌飞灰的设备。

X1004：破渣机，自渣池降温冷却之后，渣的硬度增加，破渣机可将其粉碎。

2. 控制器介绍

FIC1003：单回路控制，通过控制阀门 FV1003 的开度大小，对 N_2 进料量进行控制。进料量偏大，阀门 FV1003 开度减小；反之，阀门开度增大。

LIC1014：单回路控制，通过控制阀门 LV1014 的开度大小，对给料罐 V1016 的液位进行控制。给料罐 V1016 的液位偏高时，阀门 LV1014 的开度增大；反之，阀门开度减小。

PIC1011：单回路控制，通过控制阀门 PV1011 的开度大小，对洗涤塔 T1001 的压力进行控制。洗涤塔 T1001 的压力偏高时，阀门 PV1011 的开度增大；反之，阀门开度减小。

TIC1004：单回路控制，通过控制阀门 TV1004 的开度大小，对去四个工艺烧嘴的工艺水的温度进行控制。去工艺烧嘴的工艺水温度偏低时，阀门 TV1004 的开度增大；反之，阀门 TV1004 的开度减小。

PIC1008：分程控制器，通过控制阀 PV1008A 与阀 PV1008B 的开度大小调节给料罐 V1020 的压力。给料罐 V1020 的压力偏高时，阀 PV1008A 开度减小，阀 PV1008B 开度增大；反之，阀 PV1008A 开度增大，阀 PV1008B 开度减小。

LIC1013：串级控制中的主回路控制，通过调节副回路的流量来控制液位。液位偏高时，将副回路流量调大；液位偏低时，将副回路流量调小；副回路为 FIC1025，通过控制阀门 FV1025 开度调节流量。流量偏高时，将阀门关小；流量偏小时，将阀门开大。

FFC1001A：串级比值控制，设定水蒸气/氧气的进料比例；FIC1005A 串级控制中的主回路控制，通过 FV1005A 对氧气进料进行控制；FIC1012A 串级控制中的副回路控制，通过 FV1012A 对水蒸气进料进行控制。

3. 进口物料一览表（见表 9-1）

表 9-1　进口物料组分一览表

物流名称	水煤浆		氮气	水蒸气	氧气
成分	摩尔分数/%	质量分数/%	摩尔分数/%	摩尔分数/%	摩尔分数/%
$CaCl_2$	0	0	0	0	0
CH_4	0	0	0	0	0
CO	0	0	0	0	0
CO_2	0	0	0	0	0
COS	0	0	0	0	0
H_2	0	0	0	0	0
H_2O	3.154	3.068	0	100	0
SO_2	0	0	0	0	0
H_2S	0	0	0	0	0
N_2	0	0	100	0	79
O_2	0	0	0	0	21
C_2H_5O	13.465	33.493	0	0	0
HCl	0	0	0	0	0
C_6H_6	0	0	0	0	0
C	81.134	52.615	0	0	0
$CaCO_3$	1.888	10.202	0	0	0
S	0.359	0.622	0	0	0
总	100	100	100	100	100

4. 工艺指标一览表（见表 9-2）

表 9-2　工艺指标一览表

名称	描述	稳态值	工程单位
FI1001	高压煤粉仓 A 吹送氮气流量 A	4832.33	kg/h
FI1003	高压煤粉仓 B 吹送氮气流量 C	4832.33	kg/h
FI1023	洗涤塔补充水流量	30000	kg/h
FI1027	补充盐酸流量	100	kg/h
LI1005	渣池料位	49.96	%
LI1013	洗涤塔液位	50.00	%
LI1014	给料罐液位	50.00	%
LI1016	回流罐液位	49.716	%
PI1001	高压煤粉仓 B 压力	4698.657	kPa

名称	描述	稳态值	工程单位
PI1014	气化炉输气罐压力	3896.91	kPa
PI1015	给料罐压力	1098.671	kPa
PI1026	灰浆汽提塔顶部压力	47.670	kPa
TI1004	烧嘴冷却循环水温度	120.22	℃
TI1017	渣池循环水进口温度	42.00	℃
TIA1009	输气管中压蒸汽发生器进口温度	700	℃
TIA1010	输气管中压蒸汽发生器出口温度	500	℃
TIZ1013	气化炉中部温度	1500	℃
TIZ1014	气化炉底部温度	1500	℃

三、气化工段操作规程

(一) 稳态停车

停车操作共涉及煤粉发送系统、气化炉系统、渣系统、飞灰处理系统、洗涤系统及循环水系统。在操作过程中采用隔离进样装置，对系统的其他装置进行降液、降压、降温处理；同时，对进样进料装置的压力及液位进行监测，使压力不高于5000kPa，液位位于50%左右。

气化停车1：包括停进料，停吹送氮气等。

气化停车2：包括排废水，排渣等。

气化停车3：包括泄压，排灰，吹扫等。

进行气化停车前，需将安全联锁解除。

1. 气化停车1

① 去气化现场，打开洗涤塔T1001去火炬总管阀MV1013，开度设定为50%。

② 进入气化DCS图（九），将T1001的压力控制器PIC1011投手动，将OP值设定为0。

③ 进入气化DCS图（九），将新鲜水进口总流量控制器FIC1023投手动，将OP值设定为0。

④ 进入气化DCS图（九），将新鲜水进T1001的流量控制器FIC1024投手动，将OP值设定为0。

⑤ 进入气化DCS图（九），关闭洗涤塔T1001的气体去激冷气压缩机C1001的进口开关阀XV1028。

⑥ 去气化现场，关闭压缩机C1001。

⑦ 进入气化DCS图（九），关闭C1001去气化炉的出口开关阀XV1029。

⑧ 进入气化DCS图（九），将盐酸去V1016的入口流量控制器FIC1027投手动，将OP值设定为0。

⑨ 去气化现场，关闭烧碱进料阀MV1012。

⑩ 去气化现场，关闭煤粉去V1001B的进口阀MV1002。

⑪ 进入气化DCS图（一），关闭煤粉仓V1001B去V1002B的出口开关阀XV1013。

⑫ 进入气化DCS图（一），关闭发送罐V1002B去V1003B的出口开关阀XV1015

和 XV1016。

⑬ 进入气化 DCS 图（一），关闭高压煤粉仓 V1003B 的出口开关阀 XV1017 和 XV1018。

⑭ 进入气化 DCS 图（一），将高压煤粉仓 V1003B 去工艺烧嘴 A1001C 的出口流量控制器 FIC1013 投手动，将 OP 值设定为 0，并关闭截止阀 XV1019C。

⑮ 进入气化 DCS 图（一），将高压煤粉仓 V1003B 去工艺烧嘴 A1001D 原料出口流量控制器 FIC1014 投手动，将 OP 值设定为 0，并关闭截止阀 XV1019D。

⑯ 进入气化 DCS 图（一），将高压氮气去 V1003B 的进口流量控制器 FIC1003 投手动，OP 值设定为 0。

⑰ 进入气化 DCS 图（一），将 V1003B 的压力控制器 PIC1002 投手动，将 OP 值设定为 0。

⑱ 进入气化 DCS 图（一），将高压氮气去 V1003B 的进口流量控制器 FIC1004 投手动，OP 值设定为 0。

⑲ 去气化现场，关闭煤粉去 V1001A 的进口阀 MV1001。

⑳ 进入气化 DCS 图（二），关闭煤粉仓 V1001A 去 V1002A 的出口开关阀 XV1005。

㉑ 进入气化 DCS 图（二），关闭发送罐 V1002A 去 V1003A 的出口开关阀 XV1007 和 XV1008。

㉒ 进入气化 DCS 图（二），关闭高压煤粉仓 V1003A 的出口开关阀 XV1001 和 XV1009。

㉓ 进入气化 DCS 图（二），将高压煤粉仓 V1003A 去工艺烧嘴 A1001A 原料出口流量控制器 FIC1010 投手动，OP 值设定为 0；关闭截断阀 XV1019A。

㉔ 进入气化 DCS 图（二），将高压煤粉仓 V1003A 去工艺烧嘴 A1001B 原料出口流量控制器 FIC1011 投手动，OP 值设定为 0；关闭截断阀 XV1019B。

㉕ 进入气化 DCS 图（二），将高压氮气去 V1003A 的进口流量控制器 FIC1001 投手动，OP 值设定为 0。

㉖ 进入气化 DCS 图（二），将 V1003A 的压力控制器 PIC1001 投手动，将 OP 值设定为 100。

㉗ 进入气化 DCS 图（二），将高压氮气去 V1003A 的进口流量控制器 FIC1002 投手动，将 OP 值设定为 0。

㉘ 进入气化 DCS 图（三），分别将氧气进氧蒸汽混合器的进口流量控制器 FIC1005A、FIC1005B、FIC1005C、FIC1005D 投手动，并分别将 OP 值设定为 0。

㉙ 进入气化 DCS 图（三），分别将氧气的进口流量比例控制器 FFC1002A、FFC1002B、FFC1002C、FFC1002D 投手动。

㉚ 进入气化 DCS 图（三），将高压蒸汽进口流量控制器 FIC1012A、FIC1012B、FIC1012C、FIC1012D 投手动，将 OP 值均设定为 0。

㉛ 进入气化 DCS 图（三），将高压蒸汽进口流量比例控制器 FFC1001A、FFC1001B、FFC1001C、FFC1001D 投手动。

㉜ 进入气化 DCS 图（三），打开高压氮气去氧蒸汽混合器的进口开关阀 XV1032A、XV1032B、XV1032C、XV1032D。

㉝ 进入气化 DCS 图（五），打开高压氮气去激冷壁底部吹灰器 Y1001 和 Y1002 的总截断阀 XV1030。

㉞ 进入气化 DCS 图（五），打开合成气冷却器吹灰器 Y1001 去合成气冷却器蒸汽发生器 E1003 的开关阀 XV1027。

㉟ 进入气化 DCS 图（五），打开激冷壁底部吹灰器 Y1002 去激冷壁中压蒸汽发生器 E1001 的开关阀 XV1031。

㊱ 去气化现场，打开高压氮气去激冷壁中压蒸汽发生器 E1001 的入口阀 MV1003，开度设定为 100%。

㊲ 进入气化 DCS 图（五），将压缩机 C1001 去激冷壁中压蒸汽发生器 E1001 的入口流量控制器 FIC1007 投手动，将 OP 值设定为 0。

㊳ 进入气化 DCS 图（五），关闭自排放支持水泵去 V1005 渣收集器的开关阀 XV1033。

㊴ 进入气化 DCS 图（五），关闭自渣池水冷却器 E1007 去渣池 V1004 的开关阀 XV1037。

㊵ 进入气化 DCS 图（五），将渣池水冷却器 E1007 的温度控制器 TIC1017 投手动，将 OP 值设定为 0。

㊶ 进入气化 DCS 图（七），关闭高压氮气去飞灰过滤器 F1003 的开关阀 XV1066。

㊷ 进入气化 DCS 图（七），将去收集器 V1008 的流量控制器 FIC1021 投手动，将 OP 值设定为 100。

㊸ 进入气化 DCS 图（七），将 V1009 的压力控制器 PIC1010 投手动，将 OP 值设定为 0。

㊹ 进入气化 DCS 图（七），通过调节 V1009 去火炬总管的截止阀 XV1048、XV1049、XV1050 及高压氮气去 V1009 的入口阀 XV1046，使 V1008 的液位 LIS1011 低于 80%。

注：将截止阀 XV1048、XV1049、XV1050 打开可以使 V1008 的液位 LIS1011 下降；将截止阀 XV1046 打开可以使 V1008 的液位上升；反之则作用相反。

㊺ 进入气化 DCS 图（七），将低压氮气去 V1010 的进口流量控制器 FIC1030 投手动。

㊻ 进入气化 DCS 图（七），调节 F1005 的气体出口阀 XV1052 和低压氮气进口阀，使 V1009 的液位 LIS1012 低于 80%。

注：将截止阀 XV1052 关闭可以使 V1009 的液位 LIS1012 上升；将低压氮气进口阀开度增大，会使 V1009 的液位上升；反之则作用相反。

㊼ 进入气化 DCS 图（七），查看 V1010 的重力显示 WIS1003，如果 WIS1003 $\geqslant$ 180000kg/h，则进入气化 DCS 图（八），打开放空阀 XV1055，使 WIS1003 < 180000kg/h 后，再关闭 XV1055，否则不做操作。

㊽ 进入气化 DCS 图（八），查看 V1011 的液位显示 LI1019，如果 LI1019 $\geqslant$ 80%，则打开放空阀 XV1055，使 LI1019 < 80% 后，再关闭 XV1055；否则不做操作。

㊾ 进入气化 DCS 图（六），将 V1006 的压力控制器 PIC1009 投手动，将 OP 值设定为 100。

㊿ 进入气化 DCS 图（六），待 PIC1009 压力降到 1000kPa 左右时，将 OP 值设为 50。

注：等待压力下降的同时，可往下操作，但要及时关注 PIC1009 的压力。

○51 去气化现场，关闭排放支持水泵 P1002。

○52 进入气化 DCS 图（六），关闭泵 P1002 的入口阀 XV1039 和 XV1043。

○53 去气化现场，关闭给料罐 V1020 的出口泵 P1005。

○54 进入气化 DCS 图（六），关闭给料罐 V1020 的新鲜水进料截断阀 XV1021。

�55 进入气化 DCS 图（六），将 V1020 的液位控制器 LIC1017 投手动，将 OP 值设定为 0。

�56 进入气化 DCS 图（六），将 V1020 的压力控制器 PIC1008 投手动，将 OP 值设定为 100，对给料罐进行泄压。

�57 进入气化 DCS 图（六），将脱水槽 V1019 的液位控制器 LIS1008 投手动，将 OP 值设定为 0。

�58 进入气化 DCS 图（六），将 E1008 的出口温度控制器 TIC1004 投手动，将 OP 值设定为 0。

�59 进入气化 DCS 图（五），将汽包 V1007 的压力控制器 PIC1007 投手动，将 OP 值设定为 50。

�60 进入气化 DCS 图（五），将汽包 V1007 的液位控制器 LIC1006 投手动，将 OP 值设定为 0。

�61 去气化现场，关闭汽包 V1007 的出口中压循环水泵 P1001。

�62 进入气化 DCS 图（九），将新鲜水去文丘里洗涤器 J1001 的入口流量控制器 FIC1022 投手动，将 OP 值设定为 0。

�63 进入气化 DCS 图（九），将洗涤塔 T1001 的液位控制器 LIC1013 投手动。

�64 进入气化 DCS 图（九），将 T1001 的出口流量控制阀 FIC1025 投手动，将 OP 值设定为 50。

�65 进入气化 DCS 图（九），当洗涤塔 T1001 液位 LIC1013 降为 0 后，将 FIC1025 的 OP 值设为 0。

�66 去气化现场，关闭洗涤塔 T1001 的出口循环水泵 P1011。

�67 进入气化 DCS 图（九），将进压缩机 C1001 的温度控制器 TIC1005 投手动，将 OP 值设定为 0。

�68 进入气化 DCS 图（九），将 V1017 的压力控制器 PIC1012 投手动，将 OP 值设定为 100。

�69 进入气化 DCS 图（九），将 V1017 的液位控制器 LIC1015 投手动，将 OP 值设定为 20。

� 进入气化 DCS 图（九），将 V1016 的液位控制器 LIC1014 投手动，将 OP 值设定为 10。

㊻ 进入气化 DCS 图（九），将 T1002 的出口流量控制器 FIC1029 投手动，OP 值设定为 10。

㊼ 进入气化 DCS 图（九），将 T1002 的液位控制器 LIC1016 投手动。

㊽ 进入气化 DCS 图（五），待 V1004 液位 LI1005 降至 0 后，去气化现场，打开高压氮气去 V1004 入口阀 MV1010，开度设定为 100%。

㊾ 去气化现场，将 V1019 的出口阀 MV1011 的开度增大为 50%。

2. 气化停车 2

① 进入气化 DCS 图（七），打开 XV1050 及高压氮气去 V1009 的入口阀 XV1046、XV1052。

② 进入气化 DCS 图（六），打开新鲜水截止阀 XV1040 和 XV1036。

③ 进入气化 DCS 图（五），待 V1005 的温度 TIS1016<80℃后，进入气化 DCS 图

（六），关闭新鲜水截止阀 XV1040 和 XV1036。

④ 进入气化 DCS 图（六），将 V1006 的压力控制器 PIC1009 的 OP 值设为 100，待 PIC1009 降到 1000kPa 左右时，再将 OP 值设为 50。

⑤ 去气化现场，将 V1019 的出口阀 MV1011 的开度增大为 100%。

⑥ 进入气化 DCS 图（五），待 V1005 的液位 LI1018 降为 0 后，关闭 V1005 的排渣阀 XV1038。

⑦ 去气化现场，关闭 V1005 的排液泵 P1003。

⑧ 进入气化 DCS 图（五），关闭 V1005 的上部清水出口阀 XV1035。

⑨ 进入气化 DCS 图（六），将 V1006 的压力控制器 PIC1009 的 OP 值设定为 0，待 PIC1009 升高到 2800kPa 后，将 OP 值设定为 50。

⑩ 进入气化 DCS 图（九），将 V1016 的液位控制器 LIC1014 的 OP 值设定为 50。

⑪ 进入气化 DCS 图（九），当 LIC1014 降为 0，且出口流量 FI1026＜20kg/h 后，关闭 V1016 的进口阀 XV1044。

⑫ 进入气化 DCS 图（九），将控制器 LIC1014 的 OP 值设定为 0。

⑬ 去气化现场，关闭 V1016 的排液泵 P1010。

⑭ 去气化现场，打开 V1016 去火炬总管的泄压阀，开度设定为 100%。

⑮ 进入气化 DCS 图（九），待 V1017 的液位 LIC1016 降为 0 后，将 LIC1015 的 OP 值设定为 0。

⑯ 去气化现场，关闭 V1017 的出口回流泵 P1008。

⑰ 进入气化 DCS 图（九），待 T1002 的液位 LIC1015 降为 0 后，将 FIC1029 的 OP 值设定为 0。

⑱ 去气化现场，关闭 T1002 的出口排污水泵 P1009。

⑲ 进入气化 DCS 图（七），当 V1008 的液位 LIS1011 为 0 时，关闭 XV1050。

⑳ 进入气化 DCS 图（七），查看 V1009 的压力 PIC1010。

㉑ 进入气化 DCS 图（五），查看 E1002 的压力 PI1014，若与 PIC1010 相近时，进入气化 DCS 图（三），关闭高压氮气的进口阀 XV1032A、XV1032B、XV1032C、XV1032D。

㉒ 去气化现场，关闭高压氮气去 E1004 的进口阀 MV1003。

㉓ 去气化现场，关闭高压氮气去 V1004 的进口阀 MV1010。

㉔ 进入气化 DCS 图（五），关闭高压氮气去吹灰器 Y1001 和 Y1002 的入口总截断阀 XV1030。

㉕ 进入气化 DCS 图（五），关闭吹灰器 Y1001 的出口阀 XV1027。

㉖ 进入气化 DCS 图（五），关闭吹灰器 Y1002 的出口阀 XV1031。

㉗ 进入气化 DCS 图（七），将 V1008 的入口流量控制器 FIC1021 的 OP 值设定为 0。

㉘ 进入气化 DCS 图（七），关闭 V1008 的排液阀 XV1045。

3. 气化停车 3

① 进入气化 DCS 图（六），待 V1006 液位 LIS1007 降至 0 后，关闭 V1006 的液相出口阀 XV1042。

② 进入气化 DCS 图（六），将 V1006 的压力控制器 PIC1009 的 OP 值设为 100。

③ 进入气化 DCS 图（六），等待 V1019 液位 LIS1008 降为 0。

④ 去气化现场，关闭 V1019 的排液泵 P1004。

⑤ 去气化现场，关闭排液阀 MV1011。

⑥ 进入气化 DCS 图（七），当飞灰排放罐 V1009 液位 LIS1012 降为 0 后，关闭 V1009 的液相出口阀 XV1047。

⑦ 进入气化 DCS 图（七），关闭 XV1052。

⑧ 进入气化 DCS 图（七），打开 XV1048、XV1049、XV1050。

⑨ 进入气化 DCS 图（七），将低压氮气去 V1010 的入口流量控制器 FIC1030 的 OP 值设定为 100。

⑩ 进入气化 DCS 图（七），待 V1010 的压力 PI1020 升至 2000kPa 左右后，将 FIC1030 的 OP 值设定为 0。

⑪ 进入气化 DCS 图（七），当 V1010 的重力显示 WIS1003 降至 0kg/h 左右后，关闭 V1010 去中间飞灰储罐的排放阀 XV1053。

注：等待的过程，可以判断是否要进行"附注"操作，若需要，则可以按照"附注"的步骤进行后续操作。

⑫ 进入气化 DCS 图（七），打开 F1005 去火炬总管的排气阀 XV1052。

⑬ 进入气化 DCS 图（八），打开低压氮气去 V1011 的入口阀 XV1056。

⑭ 进入气化 DCS 图（八），待 V1011 的液位 LI1019 降为 0 后，关闭 XV1056。

⑮ 进入气化 DCS 图（八），打开 V1011 和 V1012A、V1012B 的连接阀 XV1063、XV1064。

⑯ 进入气化 DCS 图（八），当 V1012A 的液位 LI1010、V1012B 的液位 LI1009 均降为 0 后，打开放空阀 XV1055。

⑰ 进入气化 DCS 图（八），待 V1012A 的压力 PIS1019、V1012B 的压力 PIS1020 均降为 0。

⑱ 进入气化 DCS 图（八），关闭 V1012A、V1012B 的排液阀 XV1061、XV1062。

⑲ 进入气化 DCS 图（八），关闭 V1011 的排液阀 XV1063、XV1064。

⑳ 进入气化 DCS 图（八），关闭放空阀 XV1055。

㉑ 进入气化 DCS 图（五），待 V1007 的压力 PIC1007 降为 0 后，将其 OP 值设定为 0。

㉒ 进入气化 DCS 图（六），待 V1020 的压力 PIC1008 降至接近 0 后，将其 OP 值设定为 50。

㉓ 进入气化 DCS 图（六），待 PIC1009 降为 0 后，将 OP 值设定为 50。

㉔ 进入气化 DCS 图（七），待 V1009 的压力 PIC1010 降为 0 后，关闭 XV1048、XV1049、XV1050。

㉕ 进入气化 DCS 图（七），待 PI1020 压力降为 0 后，关闭 XV1052。

㉖ 进入气化 DCS 图（九），待 T1001 的压力 PIC1011 降为 0，去气化现场，关闭 T1001 去火炬总管的截断阀 MV1013。

㉗ 进入气化 DCS 图（九），待 V1017 的压力 PIC1012 降为 0 后，将其 OP 值设定为 0。

㉘ 去气化现场，关闭 V1016 去火炬总管的截断阀 MV1016。

附注： PRIS1004 与 PRIS1003 压力调节

在停车过程中若气化 DCS 图（一）与图（二）中压力显示 PRIS1004 与 PRIS1003 显示高于 6000kPa，可通过以下操作进行调节：

① 进入气化 DCS 图（一），打开高压煤粉仓 V1003B 去煤粉仓 V1001B 的开关阀 XV1017、XV1018、XV1020C、XV1020D。

② 进入气化 DCS 图（一），将 FIC1013、FIC1014 的 OP 值设定为 10。

③ 进入气化 DCS 图（一），打开发送罐 V1002B 去高压煤粉仓 V1003B 的开关阀 XV1015、XV1016。

④ 进入气化 DCS 图（一），打开煤粉仓 V1001B 去发送罐 V1002B 的开关阀 XV1013。

⑤ 进入气化 DCS 图（一），通过调节开关阀 XV1016 调节高压煤粉仓 V1003B 的液位 LIRS1002，使其维持在 50％左右。

注：50％左右指的是保持有液位且液位不至于过高，在 30％～70％即可。

⑥ 进入气化 DCS 图（一），当 V1002B 的液位 LS1004 与 V1003B 的液位 LIRS1002 相近时，可通过开关阀 XV1013 调节发送罐 V1002B 的液位，使其维持在 50％左右。

⑦ 进入气化 DCS 图（一），V1002B 的压力 PRIS1004 与 V1003B 的压力 PIC1002 均为 4500～4800kPa，发送罐 V1002B 的液位 LS1004 与高压煤粉仓 V1003B 的液位 LIRS1002 均在 35％～60％。

⑧ 进入气化 DCS 图（一），关闭高压煤粉仓 V1003B 去煤粉仓 V1001B 的开关阀 XV1017、XV1018、XV1020C、XV1020D。

⑨ 进入气化 DCS 图（一），将控制器 FIC1013 的 OP 值设为 0。

⑩ 进入气化 DCS 图（一），将控制器 FIC1014 的 OP 值设为 0。

⑪ 进入气化 DCS 图（一），关闭发送罐 V1002B 去高压煤粉仓 V1003B 的开关阀 XV1015、XV1016。

⑫ 进入气化 DCS 图（一），关闭煤粉仓 V1001B 去发送罐 V1002B 的开关阀 XV1013。

⑬ 进入气化 DCS 图（二），打开高压煤粉仓 V1003A 去煤粉仓 V1001A 的开关阀 XV1001、XV1009、XV1020A、XV1020B。

⑭ 进入气化 DCS 图（二），将 FIC1010 的 OP 值设定为 10。

⑮ 进入气化 DCS 图（二），将 FIC1011 的 OP 值设定为 10。

⑯ 进入气化 DCS 图（一），打开发送罐 V1002A 去高压煤粉仓 V1003A 的开关阀 XV1007、XV1008。

⑰ 进入气化 DCS 图（二），打开煤粉仓 V1001A 去发送罐 V1002A 的开关阀 XV1005。

⑱ 进入气化 DCS 图（二），通过调节开关阀 XV1008 调节高压煤粉仓 V1003A 的液位 LIRS1001，使其维持在 50％左右。

⑲ 进入气化 DCS 图（二），当 V1002A 的液位 LS1003 与 V1003A 的液位 LIRS1001 相近时，可通过开关阀 XV1005 调节发送罐 V1002A 的液位，使其维持在 50％左右。

⑳ 进入气化 DCS 图（二），V1002A 的压力 PRIS1003 与 V1003B 的压力 PIC1002 均为 4500～4800kPa，发送罐 V1002A 的液位 LS1003 与高压煤粉仓 V1003A 的液位 LIRS1001 均在 35％～60％。

㉑ 进入气化 DCS 图（二），关闭高压煤粉仓 V1003A 去煤粉仓 V1001A 的开关阀 XV1001、XV1009、XV1020A、XV1020B。

㉒ 进入气化 DCS 图（二），将控制器 FIC1010 的 OP 值设为 0。

㉓ 进入气化 DCS 图（二），将控制器 FIC1011 的 OP 值设为 0。

㉔ 进入气化 DCS 图（二），关闭发送罐 V1002A 去高压煤粉仓 V1003A 的开关阀 XV1007、XV1008。

㉕ 进入气化 DCS 图（二），关闭煤粉仓 V1001A 去发送罐 V1002A 的开关阀 XV1005。

（二）冷态开车

造气系统开车一般涉及气化炉升压升温、水循环、点火烧嘴、开工烧嘴、进料、气化、渣处理、飞灰处理、湿洗及灰浆汽提等工段的操作。

气化开车1：开车前准备，系统充压，新鲜水投用，烧嘴开工等。

气化开车2：气化炉进料。

气化开车3：等待液位逐渐达到稳态，将控制器投自动。

1. 气化开车1

① 去气化现场，打开高压氮气去气化炉R1001的阀MV1003，其开度为100％。

② 去气化现场，打开高压氮气去渣池V1004的阀MV1010，其开度为100％。

③ 去气化现场，打开自汽包V1007去气化炉的中压循环水泵P1001。

④ 进入气化DCS图（五），将自中压蒸汽发生器去汽包V1007的流量控制器FIC1009的OP值设为50。

⑤ 进入气化DCS图（五），将自汽包V1007去低压蒸汽发生器的压力控制器PIC1007投自动，SP值设为1450.31。

⑥ 进入气化DCS图（五），将自渣池水冷却器E1007去循环水上水的温度控制器TIS1017的OP值设为50。

⑦ 进入气化DCS图（六），将给料罐V1020的压力控制器PIC1008投自动，将SP值设为1098.671。

⑧ 进入气化DCS图（六），将自热水加热器E1008去凝液的阀TIC1004的OP值设为50。

⑨ 去气化现场，打开自给料罐V1020去热水加热器的热水泵P1005。

⑩ 进入气化DCS图（六），打开新鲜水去给料罐的开关阀XV1021。

⑪ 进入气化DCS图（六），将LIC1017投自动，SP值设为50。

⑫ 进入气化DCS图（六），将PIC1009投自动，SP值设为1898.67。

⑬ 进入气化DCS图（五），待PI1014达到1000kPa左右，去气化现场，关闭MV1003、MV1010。

⑭ 进入气化DCS图（九），将FIC1028的OP值设为100。

⑮ 进入气化DCS图（九），当PIC1012的压力升高到47kPa左右时，将FIC1028的OP值设为0。

⑯ 进入气化DCS图（九），将PIC1012投自动，SP值设为47.67。

⑰ 进入气化DCS图（九），将新鲜水去洗涤塔T1001的流量控制器FIC1023的OP值设为5。

⑱ 进入气化DCS图（九），将FIC1024的OP值设为50。

⑲ 进入气化DCS图（九），将由烧碱与洗涤塔循环水泵P1011循环物质混合去文丘里洗涤器J1001的流量控制器的OP值设为50。

⑳ 去气化现场，打开烧碱去文丘里洗涤器的阀MV1012，开度设为5％。

㉑ 进入气化DCS图（九），待T1001的液位LIC1013达到5％以上，去气化现场，打开循环水泵P1011。

㉒ 进入气化DCS图（九），将经洗涤塔循环水泵P1011去给料罐V1016的流量控制器FIC1025的OP值设为100。

㉓ 进入气化 DCS 图（九），将盐酸去给料罐 V1016 的流量控制器 FIC1027 的 OP 值设为 5。

㉔ 进入气化 DCS 图（九），待 V1016 的液位 LIC1014 达到 5％以上，将液位控制器 LIC1014 的 OP 值设为 50。

㉕ 去气化现场，打开经给料罐 V1016 去灰浆汽提塔 T1002 的给料泵 P1010。

㉖ 进入气化 DCS 图（九），打开新鲜水去灰浆汽提塔 T1002 的阀门 MV1016，开度设为 5％。待 T1002 的液位 LIC1016 达到 5％以上，将自排污水空冷器 E1006 去澄清池的流量控制器 FIC1029 的 OP 值设为 20。

㉗ 去气化现场，打开自灰浆汽提塔 T1002 去澄清池的排污水泵 P1009。

㉘ 进入气化 DCS 图（七），将低压氮气去飞灰排放罐的压力控制器 PIC1010 投自动，SP 值设为 2898.67。

㉙ 进入气化 DCS 图（七），打开热超高压氮气去 F1003 的开关阀 XV1066。

㉚ 去气化现场，打开自洗涤塔 T1001 去火炬总管的阀 MV1013，其开度为 15％。

㉛ 进入气化 DCS 图（四），将 LPG 去点火烧嘴 A1003 的压力控制阀 PCV1017 的开度设为 50％。

㉜ 进入气化 DCS 图（四），将仪表空气去点火烧嘴 A1003 的压力控制阀 PCV1018 的开度设为 50％。

㉝ 进入气化 DCS 图（四），待 PIS1016 到 350kPa 左右，将 PIC1016 投自动，SP 值设为 398.67。

㉞ 进入气化 DCS 图（四），待 PIC1017 到 350kPa 左右，将 PIC1017 投自动，SP 值设为 398.67。

㉟ 进入气化 DCS 图（四），打开氮气去开工烧嘴 A1002 的开关阀 XV1026。

㊱ 进入气化 DCS 图（四），将高压氮气去开工烧嘴 A1002 的流量控制器阀 FIC1008 的 OP 值设为 50。

㊲ 进入气化 DCS 图（四），将自柴油泵 P1006 去开工烧嘴 A1002 的流量控制器 FIC1006 的 OP 值设为 50。

㊳ 进入气化 DCS 图（四），将开工烧嘴 A1002 蒸汽的压力控制器 PIC1006 的 OP 值设为 50。

㊴ 去气化现场，打开柴油去柴油储罐 V1021 的阀 MV1008，其开度为 50％。

㊵ 去气化现场，打开柴油储罐 V1021 去开工烧嘴 A1002 与热风炉的泵 P1006。

㊶ 去气化现场，打开柴油储罐 V1021 去开工烧嘴 A1002 与热风炉的泵 P1007。

㊷ 去气化现场，打开高压工艺水去开工烧嘴 A1002 的阀 MV1006，其开度为 50％。

㊸ 进入气化 DCS 图（四），打开氧气去开工烧嘴 A1002 的开关阀 XV1025。

㊹ 进入气化 DCS 图（四），将控制器 FIC1008 投自动，SP 值设为 17021.21。

㊺ 进入气化 DCS 图（四），将控制器 FIC1006 投自动，SP 值设为 6811.98。

㊻ 进入气化 DCS 图（四），将控制器 PIC1006 投自动，SP 值设为 1898.67。

㊼ 进入气化 DCS 图（四），打开低压氮气去点火烧嘴 A1003 的开关阀 XV1022。

㊽ 进入气化 DCS 图（五），将自激冷气压缩机去激冷壁中压蒸汽发生器的流量控制器 FIC1007 的 OP 值设为 15。

㊾ 进入气化 DCS 图（五），打开自渣池水冷却器去渣池 V1004 的开关阀 XV1037。

○50 进入气化 DCS 图（三），将氧气去氧蒸汽混合器的流量控制器阀 FIC1005D 的 OP 值设为 50。

○51 进入气化 DCS 图（一），打开自高压煤粉仓 V1003B 去工艺烧嘴 A1001D 的阀 XV1018、XV1019。

○52 进入气化 DCS 图（一），将 FIC1014 的 OP 值设为 50。

○53 进入气化 DCS 图（一），将高压氮气去高压煤粉仓 V1003B 的流量控制器 FIC1003 的 OP 值设为 25。

○54 进入气化 DCS 图（一），打开自发送罐 V1002B 去高压煤粉仓 V1003B 的阀 XV1015、XV1016。

○55 进入气化 DCS 图（一），打开自煤粉仓 V1001B 去发送罐 V1002B 的阀 XV1013。

○56 进入气化 DCS 图（一），将去 V1003B 的压力控制器 PIC1002 投自动，SP 值设为 4698.66。

○57 去气化现场，打开煤粉去煤粉仓 V1001B 的阀 MV1002，其开度为 25%。

○58 进入气化 DCS 图（三），将高压蒸汽去氧蒸汽混合器的流量控制器 FIC1012D 的 OP 值设为 50。

○59 进入气化 DCS 图（五），将自中压蒸汽发生器去汽包 V1007 的流量控制器 FIC1009 的 OP 值设为 0。

○60 进入气化 DCS 图（五），将新鲜水去汽包 V1007 的液位控制器 LIC1006 投自动，SP 值设为 34.32。

○61 进入气化 DCS 图（六），打开新鲜水去排放支持水泵的开关阀 XV1043。

○62 进入气化 DCS 图（六），打开排渣罐 V1006 去排放支持水泵的开关阀 XV1039。

○63 去气化现场，打开排放支持水泵 P1002。

○64 进入气化 DCS 图（六），打开自排放支持水泵去渣收集器 V1005 的开关阀 XV1033。

○65 进入气化 DCS 图（五），待 V1005 液位 LI1018 达到 5% 以上，打开自渣收集器 V1005 去渣池循环水泵的开关阀 XV1035。

○66 去气化现场，打开渣池循环水泵 P1003。

○67 进入气化 DCS 图（九），打开自水力旋流器去给料罐 V1016 的开关阀 XV1044。

○68 进入气化 DCS 图（一），关注发送罐 V1002B 与高压煤粉仓 V1003B 的液位变化，可通过调节开关阀 XV1016、XV1013 的开度调节液位（以后的操作中及时关注、调节），使 V1002B、V1003B 的液位维持在 30%～60%。

○69 进入气化 DCS 图（九），将新鲜水去洗涤塔 T1001 的流量控制器 FIC1023 的 OP 值设为 15。

○70 进入气化 DCS 图（九），将 FIC1024 的 OP 值设为 15。

○71 进入气化 DCS 图（九），将盐酸去给料罐 V1016 的流量控制器 FIC1027 的 OP 值设为 15。

○72 进入气化 DCS 图（九），将经给料罐 V1016 去给料泵 P1010 的液位控制器 LIC1014 的 OP 值设为 100。

○73 进入气化 DCS 图（九），打开自洗涤塔 T1001 去激冷气压缩机 C1001 的开关阀 XV1028。

○74 去气化现场，启动压缩机 C1001。

⑦ 进入气化 DCS 图（九），打开自激冷气压缩机 C1001 去气化炉的开关阀 XV1029。

⑦ 去气化现场，开大新鲜水去灰浆汽提塔 T1002 的阀 MV1016，开度设为 15％。开大烧碱去文丘里洗涤器的阀 MV1012，开度设为 15％。

⑦ 进入气化 DCS 图（四），关闭自氧气去开工烧嘴 A1002 的开关阀 XV1025。

⑦ 去气化现场，关闭高压工艺水去开工烧嘴 A1002 的阀 MV1006。

⑦ 去气化现场，关闭柴油去柴油储罐 V1021 的阀 MV1008。

⑧ 去气化现场，关闭柴油储罐 V1021 去开工烧嘴 A1002 与热风炉的泵 P1006。

⑧ 去气化现场，关闭柴油储罐 V1021 去开工烧嘴 A1002 与热风炉的泵 P1007。

⑧ 进入气化 DCS 图（四），关闭低压氮气去点火烧嘴 A1003 的开关阀 XV1022。

⑧ 进入气化 DCS 图（四），将高压氮气去开工烧嘴 A1002 的流量控制器 FIC1008 投手动，OP 值设为 0。

⑧ 进入气化 DCS 图（四），将控制器 FIC1006 投为手动，OP 值设为 0。

⑧ 进入气化 DCS 图（四），将控制器 PIC1006 投为手动，OP 值设为 100。

⑧ 进入气化 DCS 图（四），关闭氮气去开工烧嘴 A1002 的开关阀 XV1026。

⑧ 进入气化 DCS 图（四），当 PIC1006 显示为 0kPa 左右时，将开工烧嘴 A1002 蒸汽的压力控制器 PIC1006 的 OP 值设为 0。

⑧ 进入气化 DCS 图（四），关闭控制阀 PCV1017。

⑧ 进入气化 DCS 图（四），关闭控制阀 PCV1018。

⑨ 进入气化 DCS 图（九），将自回流罐 V1017 去灰浆汽提塔 T1002 的液位控制器 LIC1015 的 OP 值设为 10。

⑨ 去气化现场，打开泵 P1008。

2. 气化开车 2

① 进入气化 DCS 图（五），将自渣池水冷却器 E1007 去循环水上水的温度控制器 TIS1017 的 OP 值设为 100。

② 进入气化 DCS 图（三），将氧气去氧蒸汽混合器的流量控制器 FIC1005B 的 OP 值设为 50。

③ 进入气化 DCS 图（二），打开高压煤粉仓 V1003A 去工艺烧嘴 A1001B 的阀 XV1019B、XV1009。

④ 进入气化 DCS 图（二），将 FIC1011 的 OP 值设为 50。

⑤ 进入气化 DCS 图（二），将高压氮气去高压煤粉仓 V1003A 的流量控制器 FIC1001 的 OP 值设为 25。

⑥ 进入气化 DCS 图（二），打开自发送罐 V1002A 去高压煤粉仓 V1003A 的阀 XV1007、XV1008。

⑦ 进入气化 DCS 图（二），打开自煤粉仓 V1001A 去发送罐 V1002A 的阀 XV1005。

⑧ 进入气化 DCS 图（二），将去 V1003A 的压力控制器 PIC1001 投自动，SP 值为 4698.66。

⑨ 去气化现场，打开煤粉去煤粉仓 V1001A 的阀 MV1001，其开度为 25％。

⑩ 进入气化 DCS 图（三），将高压蒸汽去氧蒸汽混合器的流量控制器 FIC1012B 的 OP 值设为 50。

⑪ 进入气化 DCS 图（五），将激冷气压缩机 C1001 去激冷壁中压蒸汽发生器的流量控

制器 FIC1007 的 OP 值设为 25。

⑫ 进入气化 DCS 图（九），将盐酸去给料罐 V1016 的流量控制器 FIC1027 的 OP 值设为 25。

⑬ 进入气化 DCS 图（九），将洗涤塔循环水泵 P1011 去给料罐 V1016 的流量控制器 FIC1025 的 OP 值设为 25。

⑭ 去气化现场，将烧碱去文丘里洗涤器的阀 MV1012 的开度设为 25％。

⑮ 去气化现场，将洗涤塔 T1001 去火炬总管的阀 MV1013 的开度设为 25％。

⑯ 进入气化 DCS 图（二），发送罐 V1002A 与高压煤粉仓 V1003A 的液位变化可通过开关阀 XV1008、XV1005 的开度调节，使 V1002A、V1003A 的液位维持在 30％～60％。

⑰ 进入气化 DCS 图（七），若飞灰排放罐 V1009 压力 PIC1010 高于 3000kPa 时，可通过飞灰排放过滤器 F1004 去火炬的开关阀 XV1050 进行调节。之后的操作中及时关注，依照上述两步，来调节相应液位和压力。

⑱ 进入气化 DCS 图（七），将低压氮气去飞灰汽提冷却罐 V1010 的流量控制器 FIC1030 的 OP 值设为 100，为 V1010 充压。

⑲ 进入气化 DCS 图（三），将氧气去氧蒸汽混合器的流量控制器 FIC1005C 的 OP 值设为 50。

⑳ 进入气化 DCS 图（一），打开高压煤粉仓 V1003B 去工艺烧嘴 A1001C 的阀 XV1017、XV1019C。

㉑ 进入气化 DCS 图（一），将 FIC1013 的 OP 值设定为 50。

㉒ 进入气化 DCS 图（一），将高压氮气去高压煤粉仓 V1003B 的流量控制器 FIC1003 的 OP 值设为 50。

㉓ 去气化现场，开大煤粉去煤粉仓 V1001B 的阀 MV1002，开度设为 50％。

㉔ 进入气化 DCS 图（三），将高压蒸汽去氧蒸汽混合器的流量控制器 FIC1012C 的 OP 值设为 50。

㉕ 进入气化 DCS 图（五），将激冷气压缩机 C1001 去激冷壁中压蒸汽发生器的流量控制器 FIC1007 的 OP 值设为 35。

㉖ 进入气化 DCS 图（九），将新鲜水去洗涤塔 T1001 的流量控制器 FIC1023 的 OP 值设为 25。

㉗ 进入气化 DCS 图（九），将 FIC1024 的 OP 值设为 50。

㉘ 进入气化 DCS 图（九），将盐酸去给料罐 V1016 的流量控制器 FIC1027 的 OP 值设为 35。

㉙ 进入气化 DCS 图（九），将洗涤塔循环水泵 P1011 去给料罐 V1016 的流量控制器 FIC1025 的 OP 值设为 15。

㉚ 去气化现场，开大烧碱去文丘里洗涤器的阀 MV1012，开度设为 35％。开大新鲜水去灰浆汽提塔 T1002 的阀 MV1016，开度设为 35％。

㉛ 去气化现场，开大洗涤塔 T1001 去火炬总管的阀 MV1013，开度设为 35％。

㉜ 进入气化 DCS 图（七），待飞灰汽提冷却罐 V1010 的压力显示 PI1020 为 1900kPa 左右，将 FIC1030 的 OP 值设为 0（若飞灰汽提冷却罐的压力高于 2000kPa，可通过开关阀 XV1052 进行调节）。

㉝ 进入气化 DCS 图（三），将氧气去氧蒸汽混合器的流量控制器 FIC1005A 的 OP 值设

为 50。

㉞ 进入气化 DCS 图（二），打开高压煤粉仓 V1003A 去工艺烧嘴 A1001A 的阀 XV1001、XV1019A。

㉟ 进入气化 DCS 图（二），将 FIC1010 的 OP 值设为 50。

㊱ 进入气化 DCS 图（二），将高压氮气去高压煤粉仓 V1003A 的流量控制器 FIC1001 的 OP 值设为 50。

㊲ 去气化现场，开大煤粉去煤粉仓 V1001A 的阀 MV1001，其开度为 50％。

㊳ 进入气化 DCS 图（三），将高压蒸汽去氧蒸汽混合器的流量控制器 FIC1012A 的 OP 值设为 50。

㊴ 进入气化 DCS 图（五），将激冷气压缩机 C1001 去激冷壁中压蒸汽发生器的流量控制器 FIC1007 的 OP 值设为 50。

㊵ 去气化现场，关闭洗涤塔 T1001 去火炬总管的阀 MV1013。开大新鲜水去灰浆汽提塔 T1002 的阀 MV1016，开度设为 50％。

㊶ 去气化现场，打开烧碱去文丘里洗涤器的阀 MV1012，开度为 50％。

㊷ 进入气化 DCS 图（九），将 PIC1011 的 OP 值设为 50。

㊸ 进入气化 DCS 图（九），当 PIC1011 达到 3800kPa 左右，将 PIC1011 投自动，SP 值为 3798.67。

㊹ 进入气化 DCS 图（九），将新鲜水去洗涤塔 T1001 的流量控制器 FIC1023 的 OP 值设为 50。

㊺ 进入气化 DCS 图（九），当 FIC1023 达到 30000kg/h 左右，将 FIC1023 投自动，SP 值设定为 29999.52。

㊻ 进入气化 DCS 图（九），将 FIC1024 投为自动，SP 值设为 26999.52。

㊼ 进入气化 DCS 图（九），将盐酸去给料罐 V1016 的流量控制器 FIC1027 的 OP 值设为 50。

㊽ 进入气化 DCS 图（九），当 FIC1027 达到 100kg/h 左右时，将 FIC1027 由手动投自动，SP 值设为 100。

㊾ 进入气化 DCS 图（七），观察收集器 V1008 的液位显示 LIS1011，若液位达到 50％ 左右时，打开收集器 V1008 去飞灰排放罐 V1009 的开关阀 XV1045（等待过程中，可留意液位 LIC1013）。

㊿ 进入气化 DCS 图（九），将控制器 FIC1022 投自动，SP 值设为 8717.775。

�51 进入气化 DCS 图（九），将控制器 FIC1029 的 OP 值先设为 0，然后投自动，并勾上串级。

�52 进入气化 DCS 图（九），将控制器 LIC1016 投自动，SP 值设为 50。

�53 进入气化 DCS 图（九），将控制器 LIC1015 投自动，SP 值设为 50。

�54 进入气化 DCS 图（九），等待 LIC1013 达到 50％ 左右，将 LIC1013 投自动，SP 值设为 50（等待的过程中，可以进行后面操作）。

�55 进入气化 DCS 图（九），将 FIC1025 投自动，并勾上串级（等待的过程中，可以进行后面操作）。

�56 进入气化 DCS 图（七），待飞灰排放罐 V1009 的液位显示 LIS1012 高于 50％ 时，打开飞灰排放罐 V1009 去飞灰汽提冷却罐 V1010 的开关阀 XV1047。

㊼ 进入气化 DCS 图（七），观察飞灰排放罐 V1009 压力 PIC1010，等待压力升至 2898kPa 左右（若压力高于 3000kPa，可通过飞灰排放过滤器 F1004 去火炬的开关阀 XV1050 进行调节）。

㊽ 进入气化 DCS 图（七），观察飞灰汽提冷却罐的压力 PI1020，等待压力升至 1900kPa 左右（若高于 1950kPa，可通过阀 XV1052 进行调节）。

㊾ 进入气化 DCS 图（七），当飞灰汽提冷却罐 V1010 的质量流量显示 WIS1003 超过 150000kg/h 时，打开飞灰汽提冷却罐 V1010 去中间飞灰储罐 V1011 的开关阀 XV1053。

㊿ 进入气化 DCS 图（八），当 V1011 的液位大于 5% 后，打开 XV1056 给 V1011 充压。

㉛ 进入气化 DCS 图（八），压力升高到 1400kPa 左右后，关闭阀 XV1056（等待过程中可以进行后续操作）。

㉜ 进入气化 DCS 图（八），打开 XV1057、XV1058 给 V1012A、B 充压至 400kPa 左右后，关闭阀 XV1057 和阀 XV1058（等待过程中可以进行后续操作）。

㉝ 进入气化 DCS 图（八），当 V1012A、B 的液位大于 50% 时，打开飞灰充气仓 V1012A、V1012B 去飞灰储仓 V1013 的开关阀 XV1061、XV1062。

㉞ 进入气化 DCS 图（五），当 V1005 的料位 LI1018 升高到 50% 左右后，打开去排渣罐 V1006 的开关阀 XV1038〔若 DCS 图（九）中液位 LIC1014 大于 60%，可先关闭阀 XV1044，待 LI1018 升至 50% 左右后，再打开阀 XV1044〕。

㉟ 进入气化 DCS 图（六），待料位 LIS1007 为 50% 左右时，打开自排渣罐 V1006 去脱水槽 V1019 的开关阀 XV1042。

㊱ 去气化现场，待料位 LIS1008 为 50% 左右时，打开自脱水槽 V1019 去澄清槽的渣灰泥排放泵 P1004。

㊲ 去气化现场，打开自渣灰泥排放泵 P1004 去澄清槽的阀 MV1011，其开度为 50% 左右，微调，保持 LIS1008 为 50% 左右。

㊳ 进入气化 DCS 图（六），将 LIS1008 由手动投为自动，SP 值设为 50。

注：进入气化 DCS 图（八），若 V1011 及 V1012A、V1012B 的压力显示低于 1400kPa、400kPa 时，可通过打开开关阀 XV1056 及 XV1061、XV1062 为其充压。

3. 气化开车 3

① 进入气化 DCS 图（三），当 FIC1005A 达到 23000kg/h 左右，将控制器 FIC1005A 投自动，SP 值设为 23000。

② 进入气化 DCS 图（三），当 FIC1005B 达到 23000kg/h 左右，将控制器 FIC1005B 投自动，SP 值设为 23000。

③ 进入气化 DCS 图（三），当 FIC1005C 达到 23000kg/h 左右，将控制器 FIC1005C 投自动，SP 值设为 23000。

④ 进入气化 DCS 图（三），当 FIC1005D 达到 23000kg/h 左右，将控制器 FIC1005D 投自动，SP 值设为 23000。

⑤ 进入气化 DCS 图（三），将控制器 FIC1012A 投自动，勾上串级。

⑥ 进入气化 DCS 图（三），将控制器 FIC1012B 投自动，勾上串级。

⑦ 进入气化 DCS 图（三），将控制器 FIC1012C 投自动，勾上串级。

⑧ 进入气化 DCS 图（三），将控制器 FIC1012D 投自动，勾上串级。

⑨ 进入气化 DCS 图（二），当 FIC1001 达到 4832.33kg/h 左右时，将控制器 FIC1001

投自动，SP值为 4832.41。

⑩ 进入气化 DCS 图（二），将控制器 FIC1002 投自动，SP值为 0。

⑪ 进入气化 DCS 图（一），当 FIC1003 达到 4832.33kg/h 左右时，将控制器 FIC1003 投自动，SP值为 4832.33。

⑫ 进入气化 DCS 图（一），将控制器 FIC1004 投自动，SP值为 0。

⑬ 进入气化 DCS 图（二），将控制器 FIC1010 投自动，并勾上串级。

⑭ 进入气化 DCS 图（二），将控制器 FIC1011 投自动，并勾上串级。

⑮ 进入气化 DCS 图（一），将控制器 FIC1013 投自动，并勾上串级。

⑯ 进入气化 DCS 图（一），将控制器 FIC1014 投自动，并勾上串级。

⑰ 进入气化 DCS 图（三），将控制器 FFC1001A 投自动，SP值设为 0.13。

⑱ 进入气化 DCS 图（三），将控制器 FFC1001B 投自动，SP值设为 0.13。

⑲ 进入气化 DCS 图（三），将控制器 FFC1001C 投自动，SP值设为 0.13。

⑳ 进入气化 DCS 图（三），将控制器 FFC1001D 投自动，SP值设为 0.13。

㉑ 进入气化 DCS 图（三），将控制器 FFC1002A 投自动，SP值设为 1.26。

㉒ 进入气化 DCS 图（三），将控制器 FFC1002B 投自动，SP值设为 1.26。

㉓ 进入气化 DCS 图（三），将控制器 FFC1002C 投自动，SP值设为 1.26。

㉔ 进入气化 DCS 图（三），将控制器 FFC1002D 投自动，SP值设为 1.26。

㉕ 进入气化 DCS 图（五），将控制器 TIS1017 投自动，SP值设为 42。

㉖ 进入气化 DCS 图（五），将控制器 FIC1007 投自动，SP值设为 174736。

㉗ 进入气化 DCS 图（六），将控制器 TIC1004 投自动，SP值设为 120.22。

㉘ 进入气化 DCS 图（七），将控制器 FIC1021 投自动，SP值设为 0。

㉙ 进入气化 DCS 图（七），将控制器 FIC1030 投自动，SP值设为 0。

㉚ 进入气化 DCS 图（九），将控制器 TIC1005 投自动，SP值设为 177.35。

㉛ 进入气化 DCS 图（九），将 LIC1014 投自动，SP值设为 50。

㉜ 开车结束后，除紧急停车按钮外，将安全联锁全部打开。

4. 液位的调节

① 发送罐 V1002A 与高压煤粉仓 V1003A 的液位变化可通过开关阀 XV1008、XV1005 的开度调节。

② 发送罐 V1002B 与高压煤粉仓 V1003B 的液位变化可通过开关阀 XV1016、XV1013 的开度调节。

③ 其他的罐、储槽的液位在操作过程中可能需要调节相应的进、出口阀门，使得液位不至于过高或无液。

④ V1016 液位过高时，可以暂时关闭 XV1044 一段时间。

注：由于开车过程是由不稳状态向稳定状态过渡，有些罐的液位建立稳定状态需要一段时间。在本工段中，需要对 V1019 的液位进行调节，进入"气化现场图（六）"调节 MV1011 的开度；另外，V1016 的液位需要较长的时间才能达到 50% 左右。

5. 开车成功指标

① 温度指标：TIZ1012，TIZ1013 稳定在 1500℃ 左右；TIZ1009 稳定在 700℃ 左右；TIZ1010 稳定在 500℃ 左右。

② 压力指标：PI1014 稳定在 3900kPa 左右。

③ 液位指标：各罐维持某个稳定的液位（如大多的液位在50%左右）。

（三）故障

1. 气化炉 R1001 温度过高

故障现象：气化炉 R1001 温度 TIZ1012 过高；气化炉 R1001 温度 TIZ1013 过高；气化炉 R1001 温度 TIZ1014 过高。

故障处理：调节气化炉进氧量。

操作步骤：

① 进入气化 DCS 图（三），将 O_2 进料流量控制器 FIC1005A 投手动，将 OP 值设定为40。

② 进入气化 DCS 图（三），待气化炉温度高警报解除后，将 FIC1005A 投自动，SP 值设定为23000。

③ 进入气化 DCS 图（三），等待所有报警解除。

2. 高压煤粉仓 V1003A 的 N_2 进料降低

故障现象：N_2 的进料量 FIC1001 过小。

故障处理：重设流量控制器 FIC1001 的 SP 值。

操作步骤：

① 进入气化 DCS 图（二），将 N_2 进料控制器 FIC1001 的 SP 值设定为4832.40608。

② 进入气化 DCS 图（二），等待 N_2 的进料量 FIC1001 恢复 4832kg/h 左右。

3. T1001 的出口压力 PIC1011 显示较高

故障现象：洗涤塔 T1001 的出口压力 PIC1011 过高；新鲜水去洗涤塔 T1001 的进样流量 FIC1023 降低。

故障处理：重设 PIC1011 的 SP 值。

操作步骤：

① 进入气化 DCS 图（九），将气体出口压力控制器 PIC1011 的 SP 值调到 3798.67。

② 进入气化 DCS 图（九），使洗涤塔 T1001 的出口压力 PIC1011 显示维持在 3798kPa 左右。

4. 停电

故障现象：各泵及压缩机失效。

故障处理：按紧急停车步骤处理。

操作步骤：

① 去气化现场，关闭煤粉入口阀 MV1002。

② 去气化现场，关闭煤粉入口阀 MV1001。

③ 进入气化 DCS 图（三），关闭各氧气入口阀 FV1005A、FV1005B、FV1005C、FV1005D。

④ 进入气化 DCS 图（三），关闭高压蒸汽入口阀 FV1012A、FV1012B、FV1012C、FV1012D。

⑤ 进入气化 DCS 图（九），将 PIC1011 投手动，OP 值设为100。

5. 仪表风中断

故障现象：各气动控制阀失效。

故障处理：按紧急停车步骤处理。

操作步骤：

① 去气化现场，关闭煤粉入口阀 MV1002。

② 去气化现场，关闭煤粉入口阀 MV1001。

③ 进入气化 DCS 图（三），关闭各氧气入口阀 FV1005A、FV1005B、FV1005C、FV1005D。

④ 进入气化 DCS 图（三），关闭高压蒸汽入口阀 FV1012A、FV1012B、FV1012C、FV1012D。

⑤ 进入气化 DCS 图（九），将 PIC1011 投手动，OP 值设为 100。

第二节　煤制甲醇变换工段仿真实训

一、变换工艺介绍

1. 工作原理

把气化工序送来的经洗涤塔洗涤冷却后合格的粗煤气送入变换工段，经部分耐硫变换，与未参加变换的粗煤气混合得到有效气 $H_2/CO \approx 2.2$ 的变换气，同时回收部分变换反应热，副产低压蒸汽、预热锅炉给水及脱盐水等物料。

本工序的主要任务：负责本工段所属动静设备的开停、置换、正常运转、日常维护保养和有关设备的试车及配合检修等，保证设备处于完好状态，确保本工序正常稳定生产。

变换反应方程：$CO + H_2O(g) \underset{T/p}{\overset{催化剂}{\rightleftharpoons}} CO_2 + H_2 + Q$

2. 工艺流程

变换工段的流程简图如图 9-5 所示。

扫码查看变换
工段流程图

图 9-5　煤化工变换工段流程简图

来自气化工序的粗煤气（180℃左右，汽气比约 1.5）经 1# 气液分离器（S2001）分离掉气体中夹带的水分后，约 53% 的粗煤气进入变换炉进料换热器（E2002）管程，与蒸汽网过来的中压蒸汽汇合，在 230℃左右进入变换炉（R2001）进行耐硫变换，变换炉温度控制在 325℃左右。出变换炉的变换气（温度 325℃）经变换炉进料换热器（E2002）壳程与进料煤气换热，预热粗煤气回收热量，温度降至 277℃后，进入 2# 中压蒸发冷凝器（E2003），副产 1.0MPa 中压蒸汽，变换气温度降为 180℃，与蒸汽网过来的中压蒸汽适量汇合进入 2# 变换炉（R2002），变换炉温度控制在 352℃。出变换炉的变换气（温度 352℃）经 1# 中压蒸发冷凝器（E2004），副产1.0MPa中压蒸汽，变换气温度降为250℃，再经冷凝液加热器（E2005）加热过来的冷凝液，换热降温后，再补入来自蒸汽网的低压蒸汽。变换气在232℃下进入3#变换炉（R2003），变换炉温度控制在343℃。出变换炉的变换气（温度343℃），进入1#低压蒸发冷凝器（E2006）和2#低压蒸发冷凝器（E2007），换热副产一系列低压蒸汽。进入2#气液分离器（S2002）分离出冷凝液后，进入锅炉给水预热器（E2008），将锅炉水预热至100℃后经煤气换热器（E2010）与循环水换热，变换气温度降至75.3℃。经3#气液分离器（S2003）分离掉工艺冷凝液，在变换气水冷器（E2009）用循环冷却水冷却至40℃左右，在4#气液分离器（S2004）分离掉工艺冷凝液后变换气送入低温甲醇洗工段。2#气液分离器（S2002）和3#气液分离器（S2003）分离出来的冷凝液汇合后，温度约为97.4℃，经过冷凝液加热器（E2005）加热后送至气化工段洗涤塔使用。

脱盐水站来的冷脱盐水，温度为25℃、0.7MPa，由1#冷凝水泵P2001升压送至4#气液分离器（S2004），分离出来的低温冷凝液（40℃）进入汽提塔（T2001）上部，在汽提塔内用中压闪蒸汽作为汽提气汽提出溶解在冷凝液中的H_2、H_2S、NH_3，合称为酸性气。汽提塔顶出口酸性气送至火炬燃烧，底部分离出来的低温冷凝液送至气化工段使用。

3. 仿真界面

煤制甲醇变换工艺仿真总貌图见图9-6，DCS图与仿真现场图见图9-7和图9-8。

图9-6　煤制甲醇变换工艺仿真总貌图

图 9-7　煤制甲醇变换工艺仿真 DCS 图

图 9-8　煤制甲醇变换工艺仿真现场图

二、工艺设备及参数

(一) 工艺设备说明

S2001：1# 气液分离器，分离来自气化的粗煤气中的冷凝液。

S2002：2#气液分离器，分离换热后的变换气中的冷凝液。

S2003：3#气液分离器，进一步分离换热后的变换气中的冷凝液。

S2004：4#气液分离器，进一步分离换热后的变换气中的冷凝液。

R2001：1#变换炉，对新进气进行耐硫变换，产生的变换气与进气换热。

R2002：2#变换炉，进一步对变换气进行耐硫变换。

R2003：3#变换炉，对副产一系列中压蒸汽后的变换气进行变换反应，进一步降低CO含量，使之达到要求。

E2002：变换炉进料换热器，预热进气。

E2003：2#中压蒸发冷凝器，与1#变换炉出炉气换热副产中压蒸汽。

E2004：1#中压蒸发冷凝器，与2#变换炉出炉气换热副产中压蒸汽。

E2005：冷凝液加热器，利用出炉气加热分离器分离出的冷凝液，使之气化送入气化工段。

E2006：1#低压蒸发冷凝器，与3#变换炉出炉气换热副产低压蒸汽。

E2007：2#低压蒸发冷凝器，与3#变换炉出炉气换热副产低压蒸汽。

E2008：锅炉给水预热器，对闪蒸气冷凝，预热锅炉水。

E2009：变换气水冷器，利用循环冷凝水冷凝变换气。

E2010：煤气换热器，利用循环冷凝水冷凝煤气。

T2001：汽提塔，汽提来自4#气液分离器的冷凝液，除掉杂质气，塔底液体回收进入气化工段。

P2001：冷凝水泵，提升2#气液分离器的冷凝液。

P2002：冷凝水泵，提升3#气液分离器的冷凝液。

V2001：脱盐水槽，储存脱盐水。

（二）控制器介绍

LIC2001：单回路控制，通过阀门LV2001开度的调节，进行对1#气液分离器液位的控制。阀门LV2001开度增大，液位降低；反之，阀门开度减小，液位升高。

LIC2002：单回路控制，通过阀门LV2002开度的调节，进行对2#中压蒸发冷凝器液位的控制。阀门LV2002开度增大，液位升高；反之，阀门开度减小，液位降低。

LIC2003：单回路控制，通过阀门LV2003开度的调节，进行对1#中压蒸发冷凝器液位的控制。阀门LV2003开度增大，液位升高；反之，阀门开度减小，液位降低。

LIC2004：单回路控制，通过阀门LV2004开度的调节，进行对1#低压蒸发冷凝器液位的控制。阀门LV2004开度增大，液位升高；反之，阀门开度减小，液位降低。

LIC2005：单回路控制，通过阀门LV2005开度的调节，进行对2#低压蒸发冷凝器液位的控制。阀门LV2005开度增大，液位升高；反之，阀门开度减小，液位降低。

LIC2006：单回路控制，通过阀门LV2006开度的调节，进行对3#气液分离器液位的控制。阀门LV2006开度增大，液位降低；反之，阀门开度减小，液位升高。

LIC2007：单回路控制，通过阀门LV2007开度的调节，进行对4#气液分离器液位的控制。阀门LV2007开度增大，液位降低；反之，阀门开度减小，液位升高。

LIC2008：单回路控制，通过阀门LV2008开度的调节，进行对脱盐水槽液位的控制。阀门LV2008开度增大，液位升高；反之，阀门开度减小，液位降低。

LIC2009：单回路控制，通过阀门LV2009开度的调节，进行对汽提塔进料塔釜液位的控制。阀门LV2009开度增大，液位降低；反之，阀门开度减小，液位升高。

LIC2010：单回路控制，通过阀门 LV2010 开度的调节，进行对 $2^{\#}$ 气液分离器液位的控制。阀门 LV2010 开度增大，液位降低；反之，阀门开度减小，液位升高。

TIC2002：单回路控制，通过阀门 TV2002 开度的调节，进行对进 $1^{\#}$ 变换炉煤气温度的控制。阀门 TV2002 开度增大，温度降低；反之，阀门开度减小，温度升高。

TIC2009：单回路控制，通过阀门 TV2009 开度的调节，进行对 $2^{\#}$ 变换炉进口温度的控制。阀门 TV2009 开度增大，温度降低；反之，阀门开度减小，温度升高。

TIC2013：单回路控制，通过阀门 TV2013 开度的调节，进行对 $3^{\#}$ 变换炉进口温度的控制。阀门 TV2013 开度增大，温度降低；反之，阀门开度减小，温度升高。

PIC2008：单回路控制，通过阀门 PV2008 开度的调节，进行对 $2^{\#}$ 中压蒸发冷凝器蒸汽压力的控制。阀门 PV2008 开度增大，压力降低；反之，阀门开度减小，压力升高。

PIC2009：单回路控制，通过阀门 PV2009 开度的调节，进行对 $1^{\#}$ 中压蒸发冷凝器蒸汽压力的控制。阀门 PV2009 开度增大，压力降低；反之，阀门开度减小，压力升高。

PIC2012：单回路控制，通过阀门 PV2012 开度的调节，进行对 $1^{\#}$ 低压蒸发冷凝器蒸汽压力的控制。阀门 PV2012 开度增大，压力降低；反之，阀门开度减小，压力升高。

PIC2014：单回路控制，通过阀门 PV2014 开度的调节，进行对 $2^{\#}$ 低压蒸发冷凝器蒸汽压力的控制。阀门 PV2014 开度增大，压力降低；反之，阀门开度减小，压力升高。

PIC2019：单回路控制，通过阀门 PV2019 开度的调节，进行对 $4^{\#}$ 气液分离器压力的控制。阀门 PV2019 开度增大，压力降低；反之，阀门开度减小，压力升高。

FIC2001：单回路控制，通过阀门 FV2001 开度的调节，进行对 $1^{\#}$ 变换炉补充中压蒸汽流量的控制。阀门 FV2001 开度增大，流量增大；反之，阀门开度减小，流量减小。

FIC2002：单回路控制，通过阀门 FV2002 开度的调节，进行对 $2^{\#}$ 变换炉补充中压蒸汽流量的控制。阀门 FV2002 开度增大，流量增大；反之，阀门开度减小，流量减小。

FIC2006：单回路控制，通过阀门 FV2006 开度的调节，进行对汽提塔进料蒸汽流量的控制。阀门 FV2006 开度增大，流量增大；反之，阀门开度减小，流量减小。

FIC2007：单回路控制，通过阀门 FV2007 开度的调节，进行对 $3^{\#}$ 变换炉补充中压蒸汽流量的控制。阀门 FV2007 开度增大，流量增大；反之，阀门开度减小，流量减小。

FIC2009：单回路控制，通过阀门 FV2009 开度的调节，进行对脱盐水槽出口流量的控制。阀门 FV2009 开度增大，流量增大；反之，阀门开度减小，流量减小。

（三）进口物料成分一览表（见表 9-3）

表 9-3　进口物料成分一览表

物流名称	成分		CO	CO_2	H_2O	H_2S	N_2	H_2	总
粗煤气	摩尔分数	%	50.47	0.70	22.97	0.17	4.49	16.43	100
	质量分数	%	67.95	1.49	19.90	0.28	6.05	1.59	100

（四）工艺指标

1. 温度

① $1^{\#}$ 变换炉进口：(230 ± 5)℃。

② $2^{\#}$ 变换炉进口：(230 ± 5)℃。

③ $3^{\#}$ 变换炉进口：(230 ± 5)℃。

2. 压力

系统压力（变换炉压力）$\leqslant3.55$MPa。

3. 气体成分

① 1# 变换炉出口 CO 含量：约 60%。

② 2# 变换炉出口 CO 含量：约 30%。

③ 3# 变换炉出口 CO 含量：低于 20%。

4. 报警一览表（见表 9-4）

表 9-4　报警一览表

位号	描述	单位	HH	H	L	LL
TIC2013_SP	3# 变换炉进口温度设定值	℃	500	280	40	20
TIC2009_PV	2# 变换炉进口温度	℃	500	280	40	20
TIC2002_SP	进 1# 变换炉煤气温度设定值	℃	500	280	40	20
TI2015	3# 变换炉下部温度	℃	400	310	200	100
LIC2010_PV	2# 气液分离器液位	%	90	70	20	10
FIC2009_PV	脱盐水槽出口流量	kg/h	8000	6000	2000	1000
AI2008	3# 变换炉出口 H_2 浓度	%	102	101	35	30
AI2005	2# 变换炉出口 CO 浓度	%	50	40	−1	−2
AI2004	1# 变换炉出口 H_2 浓度	%	102	101	20	15
AI2003	1# 变换炉出口 CO 浓度	%	60	44	0	0

三、变换工段操作规程

（一）稳态停车

煤制甲醇变换工段稳态停车包括系统排液、吹扫和降温、系统降压三个阶段。在稳态停车前，需将安全联锁解除，具体操作步骤如下：

① 进入变换 DCS 图（一），将中压蒸汽进气控制阀 FIC2001 打手动，并将 OP 值设定为 0。

② 进入变换 DCS 图（一），将中压蒸汽进气控制阀 FIC2002 打手动，并将 OP 值设定为 0。

③ 进入变换 DCS 图（二），将中压蒸汽进气控制阀 FIC2007 打手动，并将 OP 值设定为 0。

④ 去变换现场，关闭粗煤气进气阀 MV2001。

⑤ 去变换现场，关闭变换气去低温甲醇洗阀 MV2020。

⑥ 进入变换 DCS 图（一），将变换炉进料换热器 E2002 的温度控制器 TIC2002 打手动，并将 OP 值设定为 0。

⑦ 进入变换 DCS 图（一），将 2# 中压蒸发冷凝器 E2003 的温度控制器 TIC2009 打手动，并将 OP 值设定为 0。

⑧ 进入变换 DCS 图（二），将 1# 中压蒸发冷凝器 E2004 的温度控制器 TIC2013 打手动，并将 OP 值设定为 0。

1. 系统排液

以下排液标注均为并列操作。

（1）2# 中压蒸发冷凝器 E2003 的排液

① 进入变换 DCS 图（一），将气液分离器 S2001 的液位控制器 LIC2001 打手动，并将 OP 值设定为 50，等液位显示 LIC2001 降为 0% 后，再将 OP 值设定为 0。

② 进入变换 DCS 图（一），将 2# 中压蒸发冷凝器 E2003 的中压锅炉进水控制器 LIC2002 打手动，并将 OP 值设定为 0，停止进新鲜水。

③ 进入变换 DCS 图（一），将 2# 中压蒸发冷凝器 E2003 的压力控制器 PIC2008 打手动，并将 OP 值设定为 50。

④ 去变换现场，打开 E2003 的液体出口阀 MV2003，开度设定为 50%。

⑤ 进入变换 DCS 图（一），当 2# 中压蒸发冷凝器 E2003 的液位显示 LIC2002 为 0% 后，将压力控制器 PIC2008 的 OP 值设定为 0。

⑥ 去变换现场，关闭 E2003 的排液阀 MV2003。

（2）1# 中压蒸发冷凝器 E2004 的排液

① 进入变换 DCS 图（二），将 1# 中压蒸发冷凝器 E2004 的中压锅炉进水控制器 LIC2003 打手动，并将 OP 值设定为 0，停止进新鲜水。

② 进入变换 DCS 图（二），将 1# 中压蒸发冷凝器 E2004 的压力控制器 PIC2009 打手动，并将 OP 值设定为 50。

③ 去变换现场，打开 E2004 的液体出口阀 MV2005，开度设定为 50%。

④ 进入变换 DCS 图（二），当 1# 中压蒸发冷凝器 E2004 的液位显示 LIC2003 为 0% 后，将压力控制器 PIC2009 的 OP 值设定为 0。

⑤ 去变换现场，关闭 E2004 的排液阀 MV2005。

以下排液标注均为并列操作。

（1）1# 低压蒸发冷凝器 E2006 的排液

① 进入变换 DCS 图（二），将 1# 低压蒸发冷凝器 E2006 的液位控制器 LIC2004 打手动，并将 OP 值设定为 0。

② 进入变换 DCS 图（二），将 1# 低压蒸发冷凝器 E2006 的压力控制器 PIC2012 打手动，并将 OP 值设定为 50。

③ 去变换现场，打开 1# 低压蒸发冷凝器 E2006 的排液阀 MV2007，开度设定为 50%。

④ 进入变换 DCS 图（二），当 1# 低压蒸发冷凝器 E2006 的液位显示 LIC2004 降为 0% 后，将压力控制器 PIC2012 的 OP 值设定为 0。

⑤ 去变换现场，关闭 E2006 的排液阀 MV2007。

（2）2# 低压蒸发冷凝器 E2007 的排液

① 进入变换 DCS 图（二），将 2# 低压蒸发冷凝器 E2007 的液位控制器 LIC2005 打手动，并将 OP 值设定为 0。

② 进入变换 DCS 图（二），将 2# 低压蒸发冷凝器 E2007 的压力控制器 PIC2014 打手动，并将 OP 值设定为 50。

③ 去变换现场，将 2# 低压蒸发冷凝器 E2007 的排液阀 MV2008 打开，开度设定为 50%。

④ 进入变换 DCS 图（二），当 2# 低压蒸发冷凝器 E2007 的液位显示 LIC2005 降为 0% 后，将压力控制器 PIC2014 的 OP 值设定为 0。

⑤ 去变换现场，关闭 E2007 的排液阀 MV2008。

⑥ 进入变换 DCS 图（二），将 2# 气液分离器 S2002 的液位控制器 LIC2010 打手动，并将 OP 值设定为 100。

⑦ 进入变换 DCS 图（二），待 2# 气液分离器 S2002 的液位显示 LIC2010 降为 0％后，将 OP 值设定为 0。

⑧ 去变换现场，关闭其排液泵 P2001。

⑨ 去变换现场，关闭锅炉给水预热器 E2008 的新鲜水进口阀 MV2009。

⑩ 去变换现场，关闭煤气换热器 E2010 的循环水上水进口阀 MV2010。

⑪ 去变换现场，关闭变换气水冷器 E2009 的循环水上水进口阀 MV2012。

以下排液标注均为并列操作。

（1）脱盐水槽 V2001 的排液

① 进入变换 DCS 图（三），将脱盐水槽 V2001 的出口流量控制器 FIC2009 打手动，OP 值设定为 0。

② 去变换现场，关闭排液泵 P2003。

③ 进入变换 DCS 图（三），将脱盐水槽 V2001 的液位控制器 LIC2008 打手动，并将 OP 值设定为 0。

④ 进入变换 DCS 图（三），等待 V2001 的液位显示 LIC2008 为 0％。

（2）3# 气液分离器 S2003 的排液

① 进入变换 DCS 图（三），将 3# 气液分离器 S2003 的液位控制器 LIC2006 打手动，将 OP 值设定为 50。

② 进入变换 DCS 图（三），等待 3# 气液分离器 S2003 的液位显示 LIC2006 为 0％后，将 OP 值设定为 0。

③ 去变换现场，关闭排液泵 P2002。

④ 进入变换 DCS 图（三），将汽提塔 T2001 的中压蒸汽进气流量控制阀 FIC2006 打手动，并将 OP 值设定为 0。

⑤ 进入变换 DCS 图（三），将其压力控制器 PIC2020 打手动，OP 值设定为 50。

以下排液标注均为并列操作。

（1）4# 气液分离器 S2004 的排液

① 进入变换 DCS 图（三），将 4# 气液分离器 S2004 的液位控制器 LIC2007 打手动，并将 OP 值设定为 50。

② 进入变换 DCS 图（三），待其液位显示 LIC2007 为 0％后，将 OP 值设定为 0。

（2）汽提塔 T2001 的排液

① 进入变换 DCS 图（三），将汽提塔 T2001 的液位控制器 LIC2009 打手动，并将 OP 值设定为 100。

② 进入变换 DCS 图（三），待汽提塔 T2001 的液位显示 LIC2009 降为 0％后，将 OP 值设定为 0。

③ 进入变换 DCS 图（三），观察汽提塔 T2001 的压力显示 PIC2020，当 PIC2020≤ 5kPa 以后，再将压力控制器 PIC2020 的 OP 值设定为 0。

2. 吹扫和降温

以下为 N₂ 吹扫过程，由于 N₂ 温度很低，会使残留在容器中的少量气体骤冷液化而残留少量液体，从而产生少许液体。

① 去变换现场，打开 N₂ 的进气阀 MV2014，开度设定为 50％。

② 进入变换 DCS 图（三），将 4# 气液分离器 S2004 的压力控制器 PIC2019 打手动，

OP 值设定为 5。

③ 进入变换 DCS 图（一），等待 1# 变换炉 R2001 的出口成分显示 AI2003、AI2004 均降为 1% 以下，温度显示 TI2004、TI2005 均 ≤30℃；R2002 的出口成分显示 AI2005、AI2006 均降为 1% 以下，温度显示 TI2010、TI2011 均 ≤30℃。

④ 进入变换 DCS 图（二），等待 3# 变换炉 R2003 的出口成分显示 AI2007、AI2008 均降为 1% 以下，温度显示 TI2014、TI2015 均 ≤30℃。

⑤ 去变换现场，关闭 N_2 的进气阀 MV2014。

如果因为冷凝而引起蒸发冷凝器产生较高负压，可进行以下操作。

① 去变换现场，打开中压蒸发冷凝器 E2004 的低压氮气吹扫阀 MV2022，开度设定为 50%。

② 去变换现场，当其压力（PIC2009）接近大气压（−5～5kPa）后，关闭吹扫阀 MV2022。

③ 去变换现场，打开 2# 变换炉 R2002 的出口放空阀 MV2026，开度为 100%。

④ 进入变换 DCS 图（三），将 4# 气液分离器 S2004 的压力控制器 PIC2019 的 OP 值设定为 50，给系统卸压。

⑤ 进入变换 DCS 图（一），等待系统压力小于 5kPa［可将 1# 变换炉 R2001 的压力显示 PI2003、2# 变换炉 R2002 的压力显示 PI2006（DCS 图二中）和 3# 变换炉 R2003 的压力显示 PI2010（DCS 图二中）作为判断标准］。

⑥ 去变换现场，关闭放空阀 MV2026。

⑦ 进入变换 DCS 图（三），将 S2004 的压力控制器 PIC2019 的 OP 值设定为 0。

（二）冷态开车

煤制甲醇变换工段冷态开车是在系统压力较低、温度较低的状态下，通过一系列逻辑操作，使系统达到正常运行的状态，具体操作步骤如下。

① 去变换现场，打开氮气阀 MV2013，开度设定为 50%。

② 去变换现场，开启手操阀 MV2021，开度设定为 50%。

③ 去变换现场，打开鼓风机 K2001。

④ 去变换现场，打开燃料阀 MV2024，开度设为 50%。

⑤ 进入变换 DCS 图（一），打开升温线开关阀 XV2001。

⑥ 进入变换 DCS 图（一），打开升温线开关阀 XV2002。

⑦ 进入变换 DCS 图（二），打开升温线开关阀 XV2003。

⑧ 去变换现场，打开 CS_2 进口阀门 MV2030，开度为 50%。

⑨ 去变换现场，打开 V2002 出口阀门，开度为 50%。

⑩ 进入变换 DCS 图（一），观察 1# 变换炉 R2001 升温速率，调节燃料阀开度。

⑪ 进入变换 DCS 图（一），待 1# 变换炉 R2001 温度升至 280℃ 左右，保温一段时间。

⑫ 去变换现场，关闭燃料阀 MV2024，关闭 CS_2 进口阀门 MV2030，关闭 V2002 出口阀门。

⑬ 进入变换 DCS 图（三），将 S2004 压力控制器 PIC2019 投自动。

⑭ 去变换现场，关闭手操阀 MV2021。

⑮ 去变换现场，关闭鼓风机 K2001。

⑯ 进入变换 DCS 图（一），关闭开关阀 XV2001。

⑰ 进入变换 DCS 图（一），关闭开关阀 XV2002。

⑱ 进入变换 DCS 图（一），关闭开关阀 XV2003。

⑲ 进入变换 DCS 图（一），将 2# 中压蒸发冷凝器 E2003 的液位控制器 LIC2002 的 OP 值设定为 50。

⑳ 进入变换 DCS 图（一），待液位 LIC2002 显示为 20%～30% 后，将控制器 LIC2002 打自动，SP 值设定为 50。

㉑ 进入变换 DCS 图（一），将 2# 中压蒸发冷凝器 E2003 压力控制器 PIC2008 打自动，SP 值设定为 899.46。

㉒ 去变换现场，开启粗煤气进气阀 MV2001，开度设定为 50%。

㉓ 进入变换 DCS 图（三），将 S2004 压力控制器 PIC2019 投自动。

㉔ 进入变换 DCS 图（一），将气液分离器 S2001 的液位控制器 LIC2001 投自动，SP 值设定为 50。

㉕ 进入变换 DCS 图（一），将中压蒸汽进气流量控制器 FIC2001 投自动，SP 值设定为 5000。

㉖ 进入变换 DCS 图（一），将中压蒸汽进气流量控制器 FIC2002 投自动，SP 值设定为 20000。

㉗ 进入变换 DCS 图（一），将变换炉进料换热器 E2002 的温度控制器 TIC2002 投自动，SP 值设定为 228.94。

㉘ 进入变换 DCS 图（一），将 2# 中压蒸发冷凝器 E2003 的温度控制器 TIC2009 投自动，SP 值设定为 233.33。

㉙ 进入变换 DCS 图（二），将 1# 中压蒸发冷凝器 E2004 的压力控制器 PIC2009 投自动，SP 值设定为 899.20。

㉚ 进入变换 DCS 图（二），将 1# 中压蒸发冷凝器 E2004 的液位控制器 LIC2003 的 OP 值设定为 50。

㉛ 进入变换 DCS 图（二），液位 LIC2003 显示为 20%～30% 后，将控制器 LIC2003 投自动，SP 值设定为 50。

㉜ 进入变换 DCS 图（二），将 FIC2007 投自动，SP 值设定为 18000。

㉝ 进入变换 DCS 图（二），将 1# 中压蒸发冷凝器 E2004 的温度控制器 TIC2013 投自动，SP 值设定为 232.73。

㉞ 进入变换 DCS 图（二），当变换炉 R2003 的出口温度≥200℃，并且其出口 H_2 的含量达到 30%（观察成分分析显示点 AI2008）后，进行以下操作。

㉟ 进入变换 DCS 图（二），将 1# 低压蒸发冷凝器 E2006 的液位控制器 LIC2004 的 OP 值设定为 50。

㊱ 进入变换 DCS 图（二），当液位 LIC2004 显示为 20%～30% 后，将液位控制器 LIC2004 投自动，SP 值设定为 50。

㊲ 进入变换 DCS 图（二），将 1# 低压蒸发冷凝器 E2006 的压力控制器 PIC2012 投自动，SP 值设定为 98.66。

㊳ 进入变换 DCS 图（二），将 2# 低压蒸发冷凝器 E2007 的液位控制器 LIC2005 的 OP 值设定为 50。

㊴ 进入变换 DCS 图（二），当液位 LIC2005 显示为 20%～30% 后，将液位控制器

LIC2005 投自动，SP 值设定为 50。

㊵ 进入变换 DCS 图（二），将 2# 低压蒸发冷凝器 E2007 的压力控制器 PIC2014 投自动，SP 值设定为 98.68。

㊶ 进入变换 DCS 图（二），将 LIC2010 投自动，SP 值设定为 50。

㊷ 去变换现场，打开 2# 气液分离器 S2002 的排液泵 P2001。

㊸ 进入变换 DCS 图（二），等待 S2002 的进气温度显示 TI2033 在 50℃以上。

㊹ 去变换现场，打开锅炉给水预热器 E2008 的新鲜水进水阀 MV2009，开度设定为 50%。

㊺ 去变换现场，打开煤气换热器 E2010 的新鲜水进水阀 MV2010，开度设定为 50%。

㊻ 进入变换 DCS 图（三），将气液分离器 S2003 的液位控制器 LIC2006 投自动，SP 值设定为 50。

㊼ 去变换现场，打开 3# 气液分离器 S2003 的排液泵 P2002。

㊽ 去变换现场，开启循环水入口阀 MV2012，开度设定为 50%。

㊾ 进入变换 DCS 图（三），将脱盐水槽 V2001 的液位控制器 LIC2008 的 OP 值设定为 50。

㊿ 进入变换 DCS 图（三），当液位 LIC2008 显示在 20%～30% 后，将液位控制器 LIC2008 投自动，SP 值设定为 50。

51 进入变换 DCS 图（三），将 FIC2009 投自动，SP 值设定为 5000。

52 去变换现场，打开脱盐水槽 V2001 的排液泵 P2003。

53 进入变换 DCS 图（三），将气液分离器 S2004 的液位控制器 LIC2007 投自动，SP 值设定为 50。

54 进入变换 DCS 图（三），当汽提塔 T2001 有液位显示后（LIC2009＞0），将其液位控制器 LIC2009 投自动，SP 值设定为 50。

55 进入变换 DCS 图（三），将汽提塔 T2001 的压力控制器 PIC2020 投自动，SP 值设定为 1.79867。

56 进入变换 DCS 图（二），等待 3# 变换炉 R2003 的出口 H_2 含量≥35%（成分分析显示点 AI2008）。

57 去变换现场，打开变换气去低温甲醇洗阀 MV2020，开度设定为 50%。

58 进入变换 DCS 图（三），将中压蒸汽进气流量控制器 FIC2006 投自动，SP 值设定为 4000。

59 进入变换 DCS 图（三），当汽提塔 T2001 的液位显示 LIC2009 稳定在 50% 附近以后，变换工段可投入正式生产。

60 结束后，将安全联锁全部打开。

（三）故障

1. 粗煤气进料量过大

故障现象：1# 气液分离器 S2001 液位突然升高；1# 变换炉 R2001 反应温度偏低；原料气反应不彻底（变换炉出口成分显示点 AI2003 即原料气 CO 含量偏高）。

故障原因：粗煤气进料阀开度误操作。

故障处理：关小进料阀 MV2001。

操作步骤：

① 去变换现场，将粗煤气进口阀 MV2001 的开度调小为 30％。

② 进入变换 DCS 图（一），等待观察变换炉出口气 CO 的含量（AI2003）降为 44％以下。

③ 去变换现场，将粗煤气进口阀 MV2001 的开度调为正常值 50％。

2. 中压蒸汽进气流量过高

故障现象：$3^\#$ 变换炉 R2003 温度偏高（T2014、T2015）；$1^\#$ 低压蒸发冷凝器 E2006 和 $2^\#$ 低压蒸发冷凝器 E2007 液位降低，温度压力升高；气液分离器 S2002 液位升高。

故障原因：中压蒸汽流量过高。

故障处理：手动调节中压蒸汽流量阀 FV2007。

操作步骤：

① 进入变换 DCS 图（二），将中压蒸汽进气流量控制器 FIC2007 投手动。

② 进入变换 DCS 图（二），调小流量控制阀 FV2007 的开度。

③ 进入变换 DCS 图（二），边调节流量控制阀 FV2007 的开度，边等待报警解除。

3. 气液分离器 S2002 的液位过低

故障现象：$2^\#$ 气液分离器 S2002 的液位持续降低。

故障原因：S2002 的排液能力弱。

故障处理：手动调节排液阀 LV2010。

操作步骤：

① 进入变换 DCS 图（二），将 $2^\#$ 气液分离器 S2002 的液位控制器 LIC2010 投手动。

② 进入变换 DCS 图（二），$2^\#$ 气液分离器 S2002 蓄液至 50％（显示点：LIC2010）。

③ 进入变换 DCS 图（二），将液位控制器 LIC2010 投自动，SP 值设为 50。

4. 变换气水冷器 E2009 的进水量过小

故障现象：变换气水冷器 E2009 的出口温度（TI2023）偏高；$4^\#$ 气液分离器 S2004 压力（PIC2019）突然升高，冲开放空阀 PV2019；去净化工段的气体流量（FI2005）持续降低。

故障原因：进水流量控制阀 MV2012 开度过小。

故障处理：增大水冷器 E2009 的进水流量控制阀 MV2012 开度。

操作步骤：

① 去变换现场，将变换气水冷器 E2009 的进水流量控制阀 MV2012 开度增大为 60％。

② 进入变换 DCS 图（三），等待 E2009 的出口温度（TI2023）降低为 40℃以下。

③ 去变换现场，将进水阀 MV2012 的开度设定为 50％。

5. 停电

故障现象：电机及电磁阀停止运作。

故障原因：工厂电力中断。

故障处理：紧急停车。

操作步骤：按照停车步骤。

6. 停仪表风

故障现象：各气动阀停止工作。

故障原因：仪表风中断。

故障处理：紧急停车。

操作步骤：按照停车步骤。

第三节 煤制甲醇净化工段仿真实训

一、净化工艺介绍

1. 工作原理

净化工段又称低温甲醇洗,其主要任务是将变换气中的 H_2S、COS、CO_2 等对甲醇合成有害的气体脱除掉,使出净化工段的净化气中总硫 $\leqslant 0.1mL/m^3$,CO_2 达到 $2.65\%\sim2.85\%$,以满足甲醇合成的要求;同时对装置内 H_2S 浓缩塔解吸的酸气进行浓缩,使 H_2S 浓度 $\geqslant 25\%$,送硫回收工段处理。

2. 工艺流程

净化工段采用的四塔流程,可分为两大区,即冷区和热区。冷区由甲醇洗涤塔 T3001,闪蒸分离器 S3001、S3002,硫化氢浓缩塔 T3003,氮气气提塔 T3006 组成;热区由甲醇热再生塔 T3004 和醇水分离塔 T3005 组成。低温甲醇洗流程见图 9-9。

图 9-9　低温甲醇洗流程示意图

扫码查看净化
工段流程图

（1）原料气的预冷

来自变换工段的原料气首先经洗涤水换热器 E3019 用循环水冷却,将其温度由 133℃降至 42℃,再进入洗氨塔 T3002,变换气经高压锅炉给水洗涤,其中气体中所含的氨溶于水中,这部分含氨废水排出界区进入废水处理工序。

由洗氨塔 T3002 塔顶出来的原料气与循环闪蒸气混合,再与喷射的甲醇混合以除去原料气中的水分。原料气进入进料气冷却器 E3022A/B 被合成气、尾气冷却到 -11℃,在水分离器 S3006 中将冷凝下来的水、甲醇混合物分离。分离后的气体进入甲醇洗涤塔 T3001,醇水混合物进入第三甲醇换热器 E3016。

（2）H_2S/CO_2 气体脱除

甲醇洗涤塔分为上塔和下塔,来自甲醇贫液泵 P3005 的贫甲醇经甲醇水冷器 E3009、第三甲醇换热器 E3016、$2^\#$ 甲醇冷却器 E3007（与来自 T3003 塔底去再生的甲醇换热）、贫甲醇深冷器 E3017、贫甲醇冷却器 E3006 换热,温度降至 -54.8℃,送入 T3001 上塔吸收 CO_2,使出 T3001 塔顶的净化气中 CO_2 含量在 2.75%（体积分数）左右,总硫含量在 $0.1mL/m^3$ 以下。由塔顶出来的净化气,经净化气/甲醇换热器 E3014、进料气冷却器 E3022A/B 回收冷量,温度提高到 31℃ 左右进入合成工段。下塔主要用来脱硫，由于 H_2S 的溶解度大于 CO_2 溶解度，且硫组分在气体中含量要低于 CO_2，因此进入下塔的吸收了 CO_2 的甲醇液只需部分作为洗涤剂吸收 H_2S，使进入上塔的气体中总含硫量在 $0.1mL/m^3$ 以下。

（3）富液的膨胀闪蒸

从 T3001 上塔底盘上引出的不含硫富含 CO_2 的甲醇液，经甲醇换热器 E3005 和富甲醇深冷器 E3003 换热，温度分别降至 −26℃ 和 −35℃ 后，通过减压阀进入循环气第一闪蒸分离器 S3001，使得溶解的大部分 H_2 闪蒸解吸出来。

同时从 T3001 下塔底部来的富 H_2S 甲醇液，经尾气/甲醇换热器 E3002、甲醇换热器 E3005、净化气/甲醇换热器 E3014 换热，温度降至 −32.4℃，经减压阀进入第二闪蒸分离器 S3002，闪蒸气进入循环气压缩机 C3001、压缩机后冷器 E3001 冷却到 42℃ 送入进料气冷却器 E3022A/B 前的进气管，以回收利用 H_2。

（4）CO_2 气体的解吸及 H_2S 浓缩

来自循环气第一闪蒸分离器 S3001 底部的不含硫的富 CO_2 甲醇液，直接进入到 H_2S 浓缩塔 T3003 塔顶再次降压进行 CO_2 闪蒸解吸，闪蒸液作为塔中段含硫甲醇液中闪蒸出的上升气中 H_2S 的洗涤液，以保证 T3003 塔顶尾气的 H_2S 低于 $25mL/m^3$。从 S3002 底部来的同时溶解有 CO_2 和 H_2S 的甲醇液，进入 T3003 塔中部闪蒸解吸。同时解吸的 H_2S 被来自塔上部的不含硫的富 CO_2 甲醇闪蒸回流液洗涤重新进入甲醇液中。

从 T3003 塔中部升气管塔板上经 P3001 抽出的一股甲醇液作为低温冷源，对进入 T3001 的贫甲醇液在贫甲醇冷却器 E3006 中进一步预冷，进入循环甲醇冷却器 E3020 中，以移走 T3001 中甲醇吸收 CO_2 产生的溶解热，温度升高至 −38.6℃ 进入甲醇闪蒸罐 S3003 进行气液分离。由甲醇闪蒸罐 S3003 分离出的气体进入 T3003 塔中部，继续回收其中的含硫气体。为充分利用冷量，由甲醇闪蒸罐 S3003 底部出来的甲醇液经甲醇富液泵 P3002 抽出进入换热器 E3005 作为冷源对富甲醇液进行预冷。

为使甲醇液中的 CO_2 能够充分地解吸，在 T3003 塔底部引入氮气。解吸出来的 CO_2 成为尾气以 0.205MPa、−67℃ 离开 T3003 塔顶，CO_2 含量达 87.4%，N_2 含量为 12.1%，H_2S 大约 $55mL/m^3$。经 E3002 和 E3022B 回收冷量后以 35℃ 进入尾气洗涤塔 T3007，通过脱盐水洗涤尾气中夹带的甲醇，使尾气达到环保排放标准离开界区送火炬或放入大气中。

从 T3003 塔升气管塔板上经 P3001 泵抽出的一股甲醇液由于在上塔内不断减压并解吸出 CO_2，温度降为 −59.4℃。在返回 T3003 塔底解吸 CO_2 前，其冷量在 E3006、E3020、E3005 中进行回收。

出 T3003 塔底的富 H_2S 甲醇液经 P3003 泵送入 2$^\#$ 甲醇冷却器 E3007、第三甲醇换热器 E3016，自身温度分别提高到 33℃，进入氮气气提塔 T3006 顶部。通过塔底通入的氮气气提，使甲醇液中的 CO_2 进一步解吸，解吸出的 CO_2 连同气提氮气一起进入 T3003 下塔上段。塔底出来的富 H_2S 甲醇液经甲醇富液泵 P3004 送甲醇换热器 E3008 换热后，温度提高到 77℃ 进入热再生塔 T3004 中。从第二硫化氢分离器 S3005 分离出来的 −34℃ 的甲醇也进入 T3003 塔底。

（5）甲醇再生

从 T3006 塔底进入 T3004 塔的甲醇液在此塔内完成甲醇再生，再生的甲醇作为贫甲醇循环利用。富含 CO_2、H_2S 的甲醇液被塔底热再生塔再沸器 E3010 加热及醇水分离塔顶的甲醇蒸气气提，使 CO_2、H_2S 全部解吸。热再生塔再沸器 E3010 用低压蒸汽加热向 T3004 提供热量。

解吸出的气体离开 T3004 塔顶，首先进入 T3004 硫化氢冷却器 E3011 被水冷却，冷凝下来的液体在回流槽中分离后经回流泵 P3007 送入 T3004 塔顶回流。气体进入 H_2S 冷却器和丙烯冷却器，再在第二硫化氢分离器 S3005 中分离，分离的液体送回 T3003 塔底。分离的气体经酸气冷却器 E3012 换热后送入克劳斯装置。

再生后的贫甲醇以 98.5℃ 离开 T3004 塔左室，经贫甲醇冷却器冷却后进入甲醇储槽 V3001。定期补充的甲醇也加入到此槽中，经甲醇贫液泵 P3005 从 V3001 抽出的贫甲醇，在甲醇水冷器 E3009 中被冷却后分成两股，大部分进入 T3001 塔顶作为洗涤剂，另一部分作为喷射甲醇送入进料气冷却器 E3022A/B 前的原料气总管中。

T3004 塔右室的甲醇液经回流泵 P3006 抽出，与左室出口液体汇合去 E3008，另一部分经 T3005 进料、冷却器 E3018 冷却作为 T3005 塔的回流液，同时将所携带的一部分水分离掉。

（6）甲醇/水分离

从水分离器 S3006 来的甲醇水混合物，经 E3018 加热进入 T3005 塔进行甲醇/水蒸馏分离。醇水分离塔 T3005 塔底甲醇再沸器 E3013 的加热介质为低压蒸汽。塔顶的甲醇蒸气直接送入 T3004 塔中部作为热再生塔的气提气。由塔底分离的废水经废水换热器 E3021 与来自尾气洗涤塔 T3007 的含醇废水换热送往废水处理工段。

由尾气洗涤塔 T3007 排出的含醇废水，经废水换热器 E3021 换热后，进入醇水分离塔 T3005 中部进行精馏，分离其中的甲醇。醇水分离塔 T3005 塔顶回流液来自 T3004 塔右室，含水 0.54%，CH_3OH 为 99.5%，直接进入 T3005 塔板。

3. 仿真界面

煤化工净化仿真工艺总貌图见图 9-10，DCS 图与现场图见图 9-11 和图 9-12。

图 9-10　煤化工净化仿真工艺总貌图

图 9-11 煤化工净化仿真 DCS 图

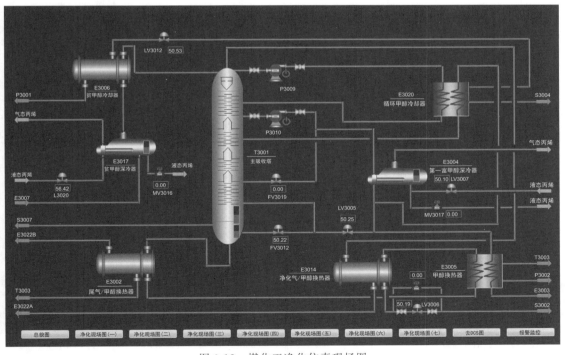

图 9-12 煤化工净化仿真现场图

二、工艺设备及参数

1. 工艺设备说明

E3011：硫化氢冷却器，冷却热再生塔解吸出来的气体。

E3019：洗涤水换热器，用循环水冷却进入洗氨塔前的高压锅炉给水。

S3006：水分离器，分离粗煤气中的被冷凝的水、甲醇混合物。

T3001：主吸收塔，又称甲醇洗涤塔，利用甲醇洗涤粗煤气中的 CO_2 和 H_2S 气体。

T3002：洗氨塔，粗煤气首先进入洗氨塔中，利用新鲜水洗涤粗煤气中的氨。

T3003：硫化氢浓缩塔，不含硫的富 CO_2 甲醇溶液，减压进行 CO_2 闪蒸，解吸的 H_2S 气体，被不含硫的富 CO_2 甲醇闪蒸回流液洗涤，重新进入甲醇溶液。

T3004：热再生塔，富含 CO_2、H_2S 的甲醇液被塔底的再沸器及甲醇蒸气气提，使 CO_2 和 H_2S 全部解吸。

T3005：醇水分离塔，分离甲醇和水，蒸馏出的甲醇蒸气，送入热再生塔中，塔底废水冷却后，送往废水处理工段。

T3006：氮气气提塔，通过氮气气提，使甲醇液中的 CO_2 气体进一步解吸。

T3007：尾气洗涤塔，通过新鲜水洗涤尾气中夹带的甲醇，使尾气达到环保排放标准，离开界区送往火炬。

V3001：甲醇储槽，提供净化工段所需的甲醇溶液。

设备一览表见表9-5。

表 9-5　设备一览表

点位	描述	点位	描述
C3001	循环气压缩机	E3019	洗涤水换热器
S3001	第一闪蒸分离器	E3020	循环甲醇冷却器
S3002	第二闪蒸分离器	E3021	废水换热器
S3003	甲醇闪蒸罐	E3022A	进料气冷却器 I
S3004	第一硫化氢分离器	E3022B	进料气冷却器 II
S3005	第二硫化氢分离器	P3001	甲醇富液泵 I
S3006	水分离器	P3002	甲醇富液泵 II
E3001	压缩机后冷器	P3003A	甲醇富液泵 III A
E3002	尾气/甲醇换热器	P3003B	甲醇富液泵 III B
E3003	富甲醇深冷器	P3004	甲醇富液泵 IV
E3004	第一富甲醇深冷器	P3005	甲醇贫液泵
E3005	甲醇换热器	P3006	醇水分离塔回流泵
E3006	贫甲醇冷却器	P3007	热再生塔回流泵
E3007	2# 甲醇冷却器	P3008	尾气洗涤水泵
E3008	第四甲醇换热器	P3009	主吸收塔的侧线采出泵
E3009	甲醇水冷器	P3010	主吸收塔的侧线采出泵
E3010	热再生塔再沸器	T3001	主吸收塔（甲醇洗涤塔）
E3011	硫化氢冷却器	T3002	洗氨塔
E3012	酸气换热器	T3003	H_2S 浓缩塔
E3013	甲醇再沸器	T3004	热再生塔
E3014	净化气/甲醇换热器	T3005	醇水分离塔
E3015	酸气深冷器	T3006	氮气气提塔
E3016	第三甲醇换热器	T3007	尾气洗涤塔
E3017	贫甲醇深冷器	V3001	甲醇储槽
E3018	回流甲醇/水冷却器		

2．控制器介绍

PIC3006：单回路控制，通过阀门 PV3006 开度的调节，实现对第二闪蒸分离器压力的控制。阀门 PV3006 开度增大，压力降低；反之，阀门开度减小，压力增大。

PIC3011：单回路控制，通过阀门 PV3011 开度的调节，实现对合成气压力的控制。阀门 PV3011 开度增大，压力降低；反之，阀门开度减小，压力升高。

TIC3073：单回路控制，通过阀门 TV3073 开度的调节，实现对水分离器进料温度的控制。阀门 TV3073 开度增大，温度升高；反之，阀门开度减小，温度降低。

FIC3008：单回路控制，通过阀门 FV3008 开度的调节，实现对新鲜水流量的控制。阀门 FV3008 开度增大，流量增大；反之，阀门开度减小，流量减小。

LIC3006：单回路控制，通过阀门 LV3006 开度的调节，实现对 T3001 塔釜液位的调节。阀门 LV3006 开度增大，液位降低；反之，阀门开度减小，液位升高。

3．进口物料成分一览表（见表 9-6）

表 9-6　进口物料成分一览表

物流名称	粗煤气	
成分	摩尔分数/%	质量分数/%
H_2	45.95	4.322
N_2	0.33	0.4313
CO	19.588	25.602
CH_4	0.08	0.0599
CO_2	33.682	69.169
H_2S	0.14	0.2226
H_2O	0.23	0.1933
总	100	100

4．工艺指标一览表（见表 9-7）

表 9-7　工艺指标一览表

位号	描述	稳态值	单位
FI3001	甲醇罐区出口流量	6640.15	kg/h
FI3002	合成气去甲醇合成的孔板流量	77814.76	kg/h
FI3007	粗煤气去洗氨塔的流量	255881.3	kg/h
FI3008	洗涤水换热器的新鲜水流量	3586.67	kg/h
FI3012	主吸收塔集液盘回流量	18596.57	kg/h
FI3013	去硫化氢浓缩塔的氮气流量	14286.63	kg/h
FI3020	氮气气提塔进口氮气流量	2342.24	kg/h
TI3002	硫化氢浓缩塔的甲醇进口温度	−35.81	℃
TI3003	净化气/甲醇换热器的合成气进口温度	−25.58	℃
TI3004	循环甲醇冷却器去主吸收塔的富甲醇温度	−45.11	℃
TI3005	主吸收塔上部循环泵的甲醇出口温度	−29.19	℃

位号	描述	稳态值	单位
TI3006	净化气/甲醇换热器合成气出口温度	−31.96	℃
TI3007	醇水分离塔的物料进口温度	69.82	℃
TI3008	粗煤气去洗氨塔的进口温度	41.99	℃
TI3009	洗氨塔底部的废水温度	41.56	℃
TI3010	洗氨塔顶部的合成气出口温度	42	℃
TI3011	洗氨塔洗涤水温度	42	℃
TI3012	进料气冷却器Ⅰ合成气进口温度	45.58	℃
TI3013	进料气冷却器Ⅱ顶部出口温度	34.82	℃
TI3014	粗煤气温度	−10.93	℃
TI3015	主吸收塔底部气相进口温度	−10.93	℃
TI3016	主吸收塔底部出口温度	−9.88	℃
TI3017	塔顶合成气温度	−54	℃
TI3018	甲醇换热器甲醇进口温度	−19.91	℃
TI3020	循环甲醇冷却器去主吸收塔的甲醇温度	−26	℃
TI3021	第一富甲醇深冷器的富甲醇入口温度	−9.68	℃
TI3022	贫甲醇冷却器去主吸收塔的洗涤甲醇温度	−54.14	℃
TI3023	贫甲醇冷却器甲醇进口温度	−66.48	℃
TI3024	贫甲醇冷却器甲醇出口温度	−45.6	℃
TI3025	硫化氢浓缩塔甲醇进口温度	−25.54	℃
TI3028	第二闪蒸分离器循环气进口温度	−35.03	℃
TI3029	第二闪蒸分离器循环气出口温度	−32.36	℃
TI3030	压缩机后冷器去原料冷却器的循环气温度	129.54	℃
TI3031	第一闪蒸分离器去硫化氢浓缩塔管线温度	−65.18	℃
TI3032	硫化氢浓缩塔循环气进口温度	−61.24	℃
TI3033	硫化氢浓缩塔塔顶产品温度	−67.22	℃
TI3034	硫化氢浓缩塔甲醇富液出口温度	−66.79	℃
TI3035	硫化氢浓缩塔塔底产品温度	−36.94	℃
TI3036	2# 甲醇冷却器的甲醇进口温度	−27.24	℃
TI3037	2# 甲醇冷却器的甲醇出口温度	2.64	℃
TI3041	氮气气提塔底部的甲醇出口温度	31.66	℃
TI3042	第四甲醇换热器去甲醇储槽的甲醇温度	56.84	℃
TI3044	第四甲醇换热器去热再生塔的甲醇温度	76.83	℃
TI3045	热再生塔塔底产品温度	99.1	℃
TI3046	热再生塔塔顶产品温度	91.49	℃

位号	描述	稳态值	单位
TI3047	热再生塔塔体温度	92.77	℃
TI3048	热再生塔甲醇入口温度	97.97	℃
TI3049	热再生塔去醇水分离塔回流泵的甲醇温度	99.04	℃
TI3050	第一硫化氢分离器顶部的硫化氢温度	45.46	℃
TI3051	酸气换热器的硫化氢出口温度	37.94	℃
TI3052	酸气换热器的硫化氢进口温度	45.46	℃
TI3053	第二硫化氢分离器顶部出口硫化氢的温度	−33.34	℃
TI3054	醇水分离塔的原料进口温度	76.5	℃
TI3055	醇水分离塔的塔顶产品温度	97.96	℃
TI3056	醇水分离塔塔节温度	101.43	℃
TI3057	醇水分离塔塔节温度	128.65	℃
TI3058	醇水分离塔的塔底温度	139.12	℃
TI3059	醇水分离塔去废水换热器的废水温度	139.79	℃
TI3060	废水换热器去醇水分离塔的洗涤水温度	102.69	℃
TI3061	废水换热器的废水温度	69.62	℃
TI3062	尾气洗涤塔底部洗涤水出口温度	17.86	℃
TI3063	尾气洗涤塔顶部尾气出口温度	17.86	℃
TI3064	尾气洗涤塔顶部去火炬总管的尾气出口温度	17.87	℃
TI3065	尾气/甲醇换热器甲醇出口温度	−21	℃
TI3067	贫甲醇冷却器甲醇进口温度	−34.22	℃
TI3068	净化气/甲醇换热器的甲醇出口温度	−45.07	℃
TI3070	进料气冷却器Ⅰ合成气出工段温度	24.89	℃
TI3071	合成气温度	24.89	℃
TI3072A	进料气冷却器Ⅰ去水分离器的管线温度	−11.87	℃
TI3072B	进料气冷却器Ⅱ去水分离器的管线温度	−9.03	℃
TI3074	主吸收塔塔底产品温度	−10.56	℃
PI3001	低压蒸汽去热再生塔再沸器的压力	1198.67	kPa
PI3003	主吸收塔顶部压力	5448.68	kPa
PI3004	压缩机后冷器去原料冷却器的循环气压力	6893	kPa
PI3005	醇水分离塔再沸器的蒸汽凝液压力	893.67	kPa
PI3006	循环气放空压力	1147.02	kPa
PI3007	硫化氢浓缩塔顶部尾气压力	103.68	kPa
PI3008	充压压力	2.4	kPa
PI3009	热再生塔塔顶压力	207.32	kPa

位号	描述	稳态值	单位
PI3010	热再生塔压力	170.66	kPa
PI3011	合成气压力	5428.68	kPa
PDI3012	主吸收塔压差	44.11	kPa
PDI3013	热再生塔压差	23.34	kPa
PDI3014	硫化氢浓缩塔压差	35.02	kPa
PDI3015	氮气气提塔压差	0.72	kPa
PDI3016	醇水分离塔压差	11.01	kPa

三、净化工段操作规程

(一) 稳态停车

净化停车操作首先要停止对硫回收工段的送气,以及切断变换工段的原料气输送。再切断甲醇循环,停止热再生系统、排甲醇操作,停循环水及系统泄压。

注:在控制阀打手动后,显示开度为 0 时,仍需重新设置 0 开度。如果排液速度过慢、降压速度过慢,可以加大相应阀开度。如果排液后出现罐内有液体情况为正常,液体多时可再次按照该设备的排液步骤进行操作。

1. 停原料气、出料,停止供热

稳态停车前,先将安全联锁控制全部关闭。

(1) 切断出料,停止进料

① 进入净化 DCS 图 (一),关闭净化气去甲醇合成的截断阀 XV3002。

② 进入净化现场,关闭净化气去甲醇合成的出口阀 MV3009。

③ 进入净化现场,关闭压缩机出口阀 MV3010,停止循环气压缩机 C3001。

④ 进入净化 DCS 图 (五),将硫回收压力控制器 PIC3009A 投手动,并将 OP 值设定为 0。

⑤ 进入净化 DCS 图 (五),将开火炬放空压力控制器 PIC3009B 投自动。

⑥ 进入净化 DCS 图 (一),关闭粗煤气去 T3002 的截断阀 XV3001。

(2) 停止供热

① 进入净化 DCS 图 (一),将进料气冷却器 E3022 的出口温度控制器 TIC3073 投手动,并将 OP 值设定为 0。

② 进入净化 DCS 图 (一),将进料气冷却器 E3022A 的出口温度控制器 TIC3071 投手动,并将 OP 值设定为 0。

③ 进入净化 DCS 图 (五),将低压蒸汽去热再生塔再沸器 E3010 的流量控制器 FIC3014 投手动,并将 OP 值设定为 0。

④ 进入净化 DCS 图 (七),将甲醇再沸器 E3013 的出口温度控制器 TIC3058 投手动,并将 OP 值设定为 0。

2. 切断甲醇循环进料、停止甲醇喷淋

① 进入净化 DCS 图 (四),将 V3001 的液位控制器 LIC3001 投手动,OP 值设为 0。

② 进入净化现场,关闭 V3001 出料泵 P3005。

③ 进入净化 DCS 图（六），将甲醇水冷器 E3009 的入口流量控制器 FIC3011 投手动，并将 OP 值设定为 0。

④ 进入净化现场，关闭甲醇水冷器 E3009 的出口阀 MV3012。

⑤ 进入净化 DCS 图（一），将流量控制器 FIC3009 投手动，将 OP 值设定为 0。

⑥ 进入净化 DCS 图（一），将流量控制器 FIC3010 投手动，并将 OP 值设定为 0。

3. 停止洗氨塔、热再生系统（可以并行操作）

（1）洗氨塔

① 进入净化 DCS 图（一），将新鲜水进高压锅炉洗涤水换热器 E3019 的进口流量控制阀 FIC3008 投手动，并将 OP 值设定为 0。

② 进入净化 DCS 图（一），将 T3002 的液位控制器 LIC3003 投手动，并将 OP 值设定为 100。

③ 进入净化 DCS 图（一），等待 LIC3003 降为 0 后，再将 OP 值设定为 0，停止排液（等待液位时先停热再生系统）。

（2）热再生系统

① 进入净化 DCS 图（七），将回流甲醇/水冷却器 E3018 的入口流量控制器 FIC3016 投手动，并将 OP 值设定为 0。

② 进入净化 DCS 图（四），将 FIC3015 投手动，关闭 FV3015。

③ 进入净化现场，关闭泵 P3006。

④ 进入净化现场，关闭碱液进料阀 MV3015。

⑤ 进入净化 DCS 图（六），将 E3002 去 T3007 的流量控制器 FIC3017 的 OP 值设定为 50。

⑥ 进入净化 DCS 图（六），将新鲜水去 T3007 的进口流量控制器 FIC3018 投手动，并将 OP 值设定为 0。

⑦ 进入净化 DCS 图（六），将 T3007 的液位控制器 LIC3019 投手动，并将 OP 值设定为 50。

⑧ 进入净化 DCS 图（一），将 S3006 的液位控制器 LIC3004 投手动，并将 OP 值设定为 50。

⑨ 进入净化 DCS 图（六），待 T3007 的液位 LIC3019 降为 0 后，将其 OP 值设定为 0。

⑩ 进入净化现场，关闭 T3007 的排液泵 P3008。

⑪ 进入净化 DCS 图（一），等待 LIC3004 降为 0 后，再将 OP 值设定为 0，停止排液。

⑫ 进入净化 DCS 图（七），将 T3005 的液位控制器 LIC3018 投手动，并将 OP 值设定为 100。

⑬ 进入净化 DCS 图（七），待 T3005 的液位 LIC3018 降为 0 后，将其 OP 值设定为 0。

⑭ 进入净化现场，关闭 T3005 去 T3004 的出口阀 MV3013。

4. 停止供冷

E3017、E3004、E3003、E3015 排液步骤均为并列操作。

① 进入净化 DCS 图（二），将 E3017 的液位控制器 LIC3020 投手动，并将 OP 值设定为 0，停止给 E3004 供冷。

② 进入净化 DCS 图（二），将 E3004 的液位控制器 LIC3007 投手动，并将 OP 值设定为 0，停止给 E3003 供冷。

③ 进入净化 DCS 图（三），将 E3003 的液位控制器 LIC3008 投手动，并将 OP 值设定为 0，停止给 E3003 供冷。

④ 进入净化 DCS 图（五），将 E3015 的液位控制器 LIC3016 投手动，并将 OP 值设定为 0，停止给 E3015 供冷。

5. 循环甲醇排放

（1）T3001、S3001、S3002 排液

① 进入净化 DCS 图（二），将 T3001 的出口流量控制器 FIC3012 投手动，并将 OP 值设定为 0。

② 进入净化现场，关闭 T3001 的侧线采出泵 P3009。

③ 进入净化现场，关闭 T3001 的侧线采出泵 P3010。

④ 进入净化 DCS 图（二），将 T3001 的液位控制器 LIC3005 投手动，并将 OP 值设定为 50。

⑤ 进入净化 DCS 图（二），将 T3001 的塔釜液位控制器 LIC3006 投手动，并将 OP 值设定为 50。

⑥ 进入净化 DCS 图（三），将 S3001 液位控制阀 LIC3009 投手动，并将 OP 值设定为 0。

⑦ 进入净化现场，打开 S3001 去甲醇回收的出口阀 MV3006，开度设定为 50％。

⑧ 进入净化 DCS 图（三），将 S3002 液位控制器 LIC3010 投手动，并将 OP 值设定为 0。

⑨ 进入净化现场，打开 S3002 去甲醇回收的出口阀 MV3007，开度设定为 50％。

注：为节约时间，在等待液位的时候，可以同时进行 T3003、S3003 的排液。

⑩ 进入净化 DCS 图（二），等待 LIC3005 降为 0 后，再将 LIC3005 的 OP 值设定为 0。

⑪ 进入净化 DCS 图（二），待 LIC3006 降为 0 后，再将 OP 值设定为 0。

⑫ 进入净化 DCS 图（三），等待液位 LIC3009 为 0，并确认 LIC3005 降为 0 后，进入净化现场，关闭 S3001 去甲醇回收的出口阀 MV3006。

⑬ 进入净化 DCS 图（三），等待液位 LIC3010 为 0，并确认 LIC3006 降为 0 后，进入净化现场，关闭 S2002 去甲醇回收的出口阀 MV3007。

（2）T3003 上塔、S3003 排液

① 进入净化 DCS 图（五），将 S3005 的液位控制器 LIC3017 投手动，并将 OP 值设定为 0。

② 进入净化 DCS 图（三），将 T3003 的集液盘液位控制器 LIC3012 投手动，并将 OP 值设定为 50。

③ 进入净化现场，打开 S3003 去甲醇回收的出口阀 MV3008，设定开度为 50％。

④ 进入净化 DCS 图（六），将 S3003 的液位控制器 LIC3011 投手动，并将 OP 值设定为 0。

⑤ 进入净化 DCS 图（三），待 LIC3012 降为 0 后，再将 OP 值设定为 0。

⑥ 进入净化现场，关闭 T3003 侧线出料泵 P3001。

⑦ 进入净化 DCS 图（六），待 S3003 的液位 LIC3011 降为 0 后，进入净化现场，关闭 S3003 出料泵 P3002，并关出口阀 MV3008。

注：为节约时间，在等待液位的时候，可以同时进行 T3003 下塔、T3006 的排液。

（3）T3003 下塔、T3006 排液

① 进入净化 DCS 图（三），将 T3003 的塔釜液位控制器 LIC3013 投手动，并将 OP 值设定为 50，等待 LIC3013 降为 0 后，再将 OP 值设定为 0。

② 进入净化现场，关闭 T3003 出口泵 P3001。

③ 进入净化 DCS 图（四），将 T3006 的液位控制器 LIC3002 投手动，并将 OP 值设定为 50，等待 LIC3002 降为 0 后，再将 OP 值设定为 0。

④ 进入净化现场，关闭 T3006 出口泵 P3004。

（4）S3004 排液、S3005 排液

S3004 排液和 S3005 排液可以同时进行。

① 进入净化 DCS 图（五），将 S3004 的液位控制器 LIC3015 投手动，并将 OP 值设定为 50。

② 进入净化 DCS 图（五），待 S3004 的液位 LIC3015 降为 0 后，将其 OP 值设定为 0。

③ 进入净化现场，关闭泵 P3007。

④ 进入净化现场，关闭换热器 E3011 冷却水阀 MV3005。

⑤ 进入净化现场，打开 S3005 去甲醇回收的出口阀 MV3014，开度设定为 50%。

⑥ 进入净化 DCS 图（五），待 S3005 的液位 LIC3017 降为 0 后，进入净化现场，关出口阀 MV3014。

（5）T3004 排液

① 进入净化 DCS 图（五），将 T3004 的液位控制器 LIC3014 投手动，并将 OP 值设定为 100。

② 进入净化 DCS 图（五），待 T3004 的液位 LIC3014 降为 0 后，将其 OP 值设定为 0。

6. 停循环水及系统泄压

① 进入净化现场，关闭换热器 E3019 冷却水阀 MV3002。

② 进入净化现场，关闭换热器 E3001 冷却水阀 MV3003。

③ 进入净化现场，关闭换热器 E3009 冷却水阀 MV3004。

④ 进入净化 DCS 图（三），将氮气进 T3003 的入口流量控制器 FIC3013 投手动，并将 OP 值设定为 0。

⑤ 进入净化 DCS 图（四），将氮气进 T3006 的入口流量控制器 FIC3020 投手动，并将 OP 值设定为 0。

⑥ 进入净化 DCS 图（一），将去火炬总管的压力控制器 PIC3011 投手动，并将 OP 值设定为 100。

⑦ 进入净化 DCS 图（三），将去火炬总管的压力控制器 PIC3007 投手动，并将 OP 值设定为 50。

⑧ 进入净化 DCS 图（三），将去火炬总管的压力控制器 PIC3006 投手动，将尾气放空，开度设为 100%。

⑨ 进入净化 DCS 图（五），打开 PIC3009B，设开度为 50%。

⑩ 进入净化 DCS 图（五），将 PIC3010 投手动，并将 OP 值设为 0。

⑪ 进入净化 DCS 图（一），待 PIC3011 降到 0 后，再将 OP 值设定为 0。

⑫ 进入净化 DCS 图（三），待 PIC3007 降到 0 后，将 T3003 的压力控制器 PIC3007 的

OP 值设定为 0。

⑬ 进入净化 DCS 图（三），待 PIC3006 降为 0 后，将其 OP 值设定为 0。

⑭ 进入净化 DCS 图（四），将压力控制器 PIC3008 投手动，并将 OP 值设定为 50，即关闭 V3001 充压调节阀 PV3008A、PV3008B。

⑮ 进入净化 DCS 图（五），待 PIC3009A（B）降为 0 后，将 PIC3009B 的 OP 值设定为 0。

⑯ 进入净化 DCS 图（六），等待流量 FI3006 小于 10kg/h，将去火炬总管的流量控制器 FIC3017 的 OP 值设定为 0。

（二）冷态开车

净化工段开车练习主要包括：系统升压、冷却系统、甲醇循环、启动热再生塔和醇水分离塔、投用喷淋甲醇、导气、开压缩机并送气等。开车一包括系统升压、冷却系统、甲醇循环，开车二包括启动热再生塔和醇水分离塔、投用喷淋甲醇、导气、开压缩机并送气。

开车一建立液位后，注意维持塔 T3001 液位 LIC3005、LIC3006，塔 T3003 液位 LIC3012、LIC3013，塔 T3006 液位 LIC3002，塔 T3004 液位 LIC3014 稳定。

开车二建立液位后，除了开车一中液位还需维持 T3005 液位 LIC3018 稳定。

系统升压和冷却系统可同时进行。

1. 系统升压

系统升压包括 T3001、T3003、T3004，为节约时间，充压可同时进行。

首先进入净化现场，打开塔 T3005 去 T3004 现场阀 MV3013，设开度为 50%，使体系连通。

（1）T3001 升压

① 进入净化现场，打开氮气经 S3006 去 T3001 阀 MV3011，开度设为 100%，给 T3001 充压。

② 进入净化 DCS 图（一），待压力 PIC3011 升到 1400kPa 后，进入净化系统现场图（一），将 MV3011 的开度设定为 20%，使压力 PIC3011 逐步上升。

（2）T3003 升压

① 进入净化 DCS 图（三），开氮气进口阀 FV3013，开度设定为 70%。

② 进入净化 DCS 图（四），开氮气进口阀 FV3020，开度设为 70%。

③ 进入净化 DCS 图（三），待 T3003 的塔顶压力 PIC3007 达到 103.67kPa 后，将 FV3013 的开度设定为 50%，并将 FIC3013 投自动，SP 值设定为 14286.834。

④ 进入净化 DCS 图（四），将 FV3020 的开度设定为 50%，并将 FIC3020 投自动，SP 值设定为 2342.228。

⑤ 进入净化 DCS 图（三），待 PIC3007 达到 103.67kPa 后，将 PIC3007 投自动。

（3）T3004 升压

① 进入净化 DCS 图（五），打开氮气补充阀 PV3010，开度设为 70%，给 T3004 塔顶充压。

② 进入净化 DCS 图（五），待 T3004 的压力 PIC3010 达到 208.67kPa 后，将 PV3010 的开度设定为 10%。

待以上数据都较稳定，可以继续进行冷却系统和甲醇循环操作，建立液位；在之后的操作中，也要注意以上的工艺指标，使之具有一定的稳定性。

2. 冷却系统

冷却系统包括 E3019、E3001、E3011 及 E3009 进冷却水，E3004、E3003、E3017、E3015 丙烯灌液，均可并行操作。

① 进入净化现场，打开换热器 E3019 冷却水阀 MV3002，设开度为 50%。

② 进入净化现场，打开换热器 E3001 冷却水阀 MV3003，设开度为 50%。

③ 进入净化现场，打开换热器 E3011 冷却水阀 MV3005，设开度为 50%。

④ 进入净化现场，打开换热器 E3009 冷却水阀 MV3004，设开度为 50%。

⑤ 进入净化 DCS 图（二），打开阀 LV3007，开度设为 60%，给 E3004 灌液，待液位 LIC3007 达到 50%，将 LIC3007 投自动，将 SP 值设为 50。

⑥ 进入净化 DCS 图（三），打开阀 LV3008，开度设为 100%，给 E3003 灌液，待液位 LIC3008 达到 50%，将 LIC3008 投自动，将 SP 值设为 50（此步骤建立液位较慢，请耐心等待）。

⑦ 进入净化 DCS 图（二），打开阀 LV3020，开度设为 60%，给 E3017 灌液，待液位 LIC3020 达到 50%，将 LIC3020 投自动，将 SP 值设为 50。

⑧ 进入净化 DCS 图（五），打开阀 LV3016，开度设为 60%，给 E3015 灌液，待液位 LIC3016 达到 50%，将 LIC3016 投自动，将 SP 值设为 50。

3. 甲醇循环

注意观察各个液位的增减趋势，各个液位间都有相互作用关系，在开车过程中最重要的也是建立稳定的液位。

① 进入净化 DCS 图（四），打开 V3001 的甲醇补充阀 LV3001，将 LIC3001 投自动，给 V3001 补充液位。

② 进入净化现场，打开泵 P3005 开关。

③ 进入净化 DCS 图（六），将 FIC3011 的 OP 值设为 50，对 T3001 进行灌液。

④ 进入净化现场，打开阀 MV3012，阀门开度设为 50%，保持甲醇少量循环。

⑤ 进入净化 DCS 图（二），待 T3001 的集液盘液位 LIC3005 在 50% 左右，将 LIC3005 投自动，并将 SP 值设为 50（液位的建立需要一定的时间，请耐心等待）。

⑥ 进入净化 DCS 图（二），将 T3001 去 E3005 的出口流量阀投自动。

⑦ 进入净化 DCS 图（二），待 T3001 塔釜液位 LIC3006 在 50% 左右，将 LIC3006 投自动，将 SP 值设为 50。

⑧ 进入净化 DCS 图（六），调整 FIC3011 的 OP 值，设为 10，降低灌液速度。

⑨ 进入净化现场，打开 T3001 的侧线采出泵 P3009 开关，打开侧线采出泵 P3010 开关。

⑩ 进入净化 DCS 图（三），待 S3001 的液位 LIC3009 达到 50%，将 LIC3009 投自动，SP 值设为 50。

⑪ 进入净化 DCS 图（三），待 S3002 的液位 LIC3010 达到 50％，将 LIC3010 投自动，SP 值设为 50。

⑫ 进入净化 DCS 图（三），待 T3003 液位 LIC3012 在 50％左右，将 LIC3012 投自动，SP 值设为 50。

⑬ 进入净化现场，打开泵 P3001。

⑭ 进入净化 DCS 图（六），待 S3003 的液位 LIC3011 达到 50％，将 LIC3011 投自动，SP 值设为 50。

⑮ 进入净化现场，打开泵 P3002，将 S3003 内液体送出。

⑯ 进入净化 DCS 图（三），待 T3003 塔釜液位 LIC3013 达到 50％后，将 LIC3013 投自动，SP 值设为 50（此液位的建立需要一定的时间）。

⑰ 进入净化现场，打开泵 P3003A，将 T3003 内液体送出。

⑱ 进入净化 DCS 图（四），待 T3006 的液位 LIC3002 达到 50％时，将 LIC3002 投自动，SP 值设为 50。

⑲ 进入净化现场，打开泵 P3004。

⑳ 进入净化 DCS 图（五），待 T3004 的液位 LIC3014 大于 50％后，将 LIC3014 投自动，SP 值设为 50（此步骤建立液位较慢，请耐心等待）。

4. 启动热再生塔和醇水分离塔

待完成系统冷却后，监控 T3001 的温度 TI3022，待其温度降到－20℃后（等待时间较长），开始启动热再生塔和醇水分离塔。

① 进入净化 DCS 图（二），监控进 T3001 的甲醇温度 TI3022，待其温度降到－20℃。

② 进入净化 DCS 图（五），设 FIC3014 的 OP 为 50，并将 FIC3014 投自动，给 T3004 供蒸汽。

③ 进入净化 DCS 图（五），待 S3004 的液位 LIC3015 在 30％左右，将 LIC3015 投自动，SP 值设为 30。

④ 进入净化现场，打开热再生塔 T3004 的回流泵 P3007，建立回流。

⑤ 进入净化 DCS 图（五），待 S3005 的液位 LIC3017 达到 50％后，将 LIC3017 投自动，SP 值设为 50。

⑥ 进入净化 DCS 图（六），将 T3007 的入口流量控制器 FIC3018 的 OP 值设定为 50。

⑦ 进入净化 DCS 图（六），待 T3007 液位 LIC3019 达到 50％左右后，将 LIC3019 的 OP 值设定为 50，并投自动。

⑧ 进入净化 DCS 图（六），将 T3007 的入口流量控制器 FIC3018 的 OP 值调节为 5，以防塔 T3005 积液过快。

⑨ 进入净化现场，打开尾气洗涤水泵 P3008，输送液体。

⑩ 进入净化 DCS 图（七），待醇水分离塔 T3005 液位 LIC3018 大于 10％后，将 LIC3018 投自动，SP 值设为 50。

⑪ 进入净化 DCS 图（七），将 TIC3058 的 OP 值设定为 20。

⑫ 进入净化 DCS 图（七），将 FIC3016 的 OP 值设定为 20。

⑬ 进入净化 DCS 图（四），将 FIC3015 投自动。

⑭ 进入净化现场，打开醇水分离塔回流泵 P3006A，建立回流。

⑮ 进入净化 DCS 图（七），等待 T3005 温度 TIC3058 达到 110℃。

⑯ 进入净化 DCS 图（六），将 T3007 的入口流量控制器 FIC3018 的 OP 值调节为 50，并投自动（如果 T3005 仍旧积液过快，可再次调节 FIC3018 的 OP 值，维持系统稳定）。

5．投用喷淋甲醇

投用喷淋甲醇可与导气中的灌液同时进行，以节约时间。

① 进入净化 DCS 图（一），将 TIC3073 的 OP 值设定为 50。

② 进入净化 DCS 图（六），将 FIC3011 的 OP 值设为 15，增加流量。

③ 进入净化 DCS 图（一），将 FIC3009 的 OP 值设定为 50，投自动。

④ 进入净化 DCS 图（一），将 FIC3010 的 OP 值设定为 50，投自动。

⑤ 进入净化 DCS 图（一），待 S3006 的液位 LIC3004 达到 50％后，将 LIC3004 投自动，SP 值设为 50。

⑥ 进入净化现场，打开碱加料阀 MV3015，阀门开度设为 20％。

6．导气

导气过程是打开界区入口阀，将变换气引进甲醇洗单元的操作。而去合成的净化气界区阀仍然保持关闭。

① 进入净化 DCS 图（一），打开 E3019 高压给水阀 FV3008，设开度为 50％。

② 进入净化 DCS 图（一），待 T3002 的液位 LIC3003 在 50％左右后，将 LIC3003 投自动，SP 值为 50。

③ 进入净化 DCS 图（一），将进料阀 FIC3008 投自动。

④ 进入净化 DCS 图（三），调节 PIC3006，将 SP 值设为 1147.7。

⑤ 进入净化 DCS 图（五），将 PIC3010 投自动。

⑥ 进入净化 DCS 图（四），将 PIC3008 投自动。

⑦ 进入净化 DCS 图（一），打开变换气进低温甲醇洗切断阀 XV3001，给低温甲醇洗装置通变换气。

⑧ 进入净化现场，关闭氮气去 T3001 阀 MV3011。

⑨ 进入净化 DCS 图（一），等待 PIC3011 的压力升至 5428kPa，将 PIC3011 投自动。

注：等待升压的过程，需进入净化 DCS 图（五），查看 T3004 的液位 LIC3014。如果 LIC3014≥80％并一直上涨，则进入净化 DCS 图（四），将 LIC3002 投手动，并使 OP 值适当减小，待液位恢复正常后，再投自动。如果升压时净化 DCS 图（一）中 FIC3010、FIC3009 没有流量，则进入净化 DCS 图（六），以 5％增速调大 FIC3011 的 OP 值，OP 值最好不超过 25。

7．开压缩机并送气

① 进入净化现场，打开压缩机 C3001，并开压缩机出口切断阀 MV3010，开度为 50％。

② 进入净化 DCS 图（一），打开净化气出口切断阀 XV3002。

③ 进入净化现场，打开 MV3002，将开度设为 50％，给合成工段供气。

④ 进入净化 DCS 图（七），逐渐增加 FV3016 开度，直至 50％，将 FIC3016 投自动。

⑤ 进入净化 DCS 图（七），将 TIC3058 投自动。

⑥ 进入净化 DCS 图（六），逐渐增加 FV3011 开度，直至 50％，将 FIC3011 投自动。

注：以尽量小的开度增加，增加开度后注意 T3004 液位（滞后），确保液位稳定在 50％左右，再逐渐增大。

⑦ 进入净化 DCS 图（一），将 TIC3071、TIC3073 投自动。

净化工段的开车基本结束，但是由于该过程达到稳态的时间过长，因此等待达到稳态的过程省略，在等待的过程中需要不断地调节各点的压力。

开车成功后，将安全联锁控制全部打开。

开车稳态标志：

　　PI3009：207kPa 左右；

　　PI3007：103kPa 左右；

　　PI3011：5428kPa 左右；

　　TI3022：−54℃ 左右。

（三）故障

1. S3006 液位过低

故障现象：水分离器 S3006 的液位过低。

故障处理：检查 S3006 的液位控制设定。

操作步骤：

① 进入净化 DCS 图（一），将 LIC3004 投手动。

② 进入净化 DCS 图（一），将 LIC3004 的 OP 设为 5。

③ 进入净化 DCS 图（一），待 LIC3004 液位升到 50%。

④ 进入净化 DCS 图（一），将 LIC3004 投自动。

⑤ 进入净化 DCS 图（一），将 LIC3004 的 SP 值设为 50。

2. H_2S 浓缩塔 T3003 塔顶的压力升高

故障现象：H_2S 浓缩塔 T3003 塔顶的压力升高。

故障处理：检查 T3003 的泄压阀的压力控制设定。

操作步骤：

① 进入净化 DCS 图（六），将 PIC3007 的控制投手动。

② 进入净化 DCS 图（六），将 PIC3007 的 OP 值设为 80。

③ 进入净化 DCS 图（六），待 PIC3007 的压力值降至 103.7kPa。

④ 进入净化 DCS 图（六），将 PIC3007 投自动。

⑤ 进入净化 DCS 图（六），将 PIC3007 的 SP 值设为 103.67。

3. LIC3006 的液位升高

故障现象：LIC3006 的液位升高，无法自动调节。

故障处理：检查液位控制阀。

操作步骤：

① 进入净化 DCS 图（二），将 LIC3006 投手动。

② 进入净化 DCS 图（二），将 LIC3006 的 OP 值设为 80。

③ 进入净化 DCS 图（二），待 LIC3006 的液位降至 50。

④ 进入净化 DCS 图（二），将 LIC3006 投自动。

⑤ 进入净化 DCS 图（二），将 LIC3006 的 SP 值设为 50。

4. 热再生塔 T3004 回流液的温度升高

故障现象：温度 TI3050 不断升高；换热器 E3011 液位降低。

故障处理：调节冷却水进料，使回流液温度下降。

操作步骤：

① 进入净化现场，将 E3011 循环水入口阀 MV3005 开度设为 65％。

② 进入净化 DCS 图（五），等待温度 TI3050 降为 50℃（不要低于 45℃）。

③ 进入净化现场，将 E3011 循环水入口阀 MV3005 开度设为 50％。

④ 进入净化 DCS 图（五），观察 TI3050 温度是否维持在 45.46℃左右。

5. T3003 塔釜的液位上升

故障现象：T3003 塔釜的液位上升。

故障处理：检查液位控制阀。

操作步骤：

① 进入净化现场，将 LIC3013 投手动。

② 进入净化现场，将 LIC3013 的 OP 值设为 80。

③ 进入净化现场，待液位降至 50％。

④ 进入净化现场，将 LIC3013 投自动。

⑤ 进入净化现场，将 LIC3013 的 SP 值设为 50。

6. 气提氮气故障

故障现象：氮气气提塔的氮气进料量减小。

故障处理：调节氮气的进料阀，使进料增加。

操作步骤：

① 进入净化 DCS 图（四），将 FIC3020 投手动，设 OP 值为 50。

② 进入净化 DCS 图（四），调节 FV3020 的开度使 FIC3020 的流量维持在 2342kg/h 左右。

③ 进入净化 DCS 图（四），将 FIC3020 投自动，设 SP 值为 2342。

④ 进入净化 DCS 图（四），观察 FIC3020 的流量是否稳定在 2342kg/h 左右。

7. 水分离器的液位过低

故障现象：水分离器 S3006 的液位过低。

故障处理：调节 S3006 的排液阀 LV3004，使液位回升。

操作步骤：

① 进入净化 DCS 图（一），将 S3006 液位控制器 LIC3004 投手动，设 OP 值为 5。

② 进入净化 DCS 图（一），等待 LIC3004 的液位升至 50％（不要超过 60％）。

③ 进入净化 DCS 图（一），设 S3006 液位控制器 LIC3004 的 OP 值设为 50。

④ 进入净化 DCS 图（一），将 LIC3004 投自动，设 SP 值为 50。

⑤ 进入净化 DCS 图（一），观察 S3006 液位 LIC3004 是否稳定在 50％左右。

第四节　煤制甲醇合成工段仿真实训

一、合成工艺介绍

1. 工作原理

本工艺模拟甲醇合成工段，原料气加压后送入反应器 R4001 反应合成甲醇。

$$主反应：\quad CO + 2H_2 \longrightarrow CH_3OH + Q$$

$$\text{副反应：} \quad 2CO + 5H_2 \longrightarrow C_2H_6 + 2H_2O$$
$$2CO + 4H_2 \longrightarrow CH_3OCH_3 + H_2O$$
$$2CO + 4H_2 \longrightarrow C_2H_5OH + H_2O$$
$$CO + 3H_2 \longrightarrow CH_4 + H_2O$$
$$nCO + 2nH_2 \longrightarrow (CH_2)_n + nH_2O$$

2. 工艺流程

来自净化工段的新鲜净化气经过压缩机 C4002 压缩至 8.7MPa、161℃，与从水洗塔 T4001 塔顶经循环压缩机 C4001 循环回来的气体混合，进入内部换热器 E4001 预热到 8.4MPa、210℃后，进入合成反应器 R4001。在反应器中，H_2、CO、CO_2 反应转化成 CH_3OH。合成反应器出口反应气体的温度约为 240℃，出塔气在内部换热器 E4001 中被原料气冷却到 127℃左右，冷凝少部分的甲醇，再进入循环水冷却换热器 E4002 被进一步冷却至 40℃。此时大部分甲醇冷凝下来，在高压分离塔 S4001 中进行气液分离，底部出来的粗甲醇经减压进入粗甲醇储槽 V4001，粗甲醇（约 94t/h）再送至精馏工段。

从高压分离塔 S4001 出来的气体，进入水洗塔 T4001，回收其中的甲醇，塔顶出来的气体部分（2.5t/h左右）进入火炬总管，以免原料气中包含的少量的惰性气体，如 N_2、Ar、CH_4 等积累太多，另一部分（207t/h左右）作为循环气与新鲜气混合进入反应器。水洗塔 T4001 塔底排出的液体进入稀甲醇储槽 V4002，通过稀甲醇泵 P4002 输送至精馏工段。甲醇合成反应是强放热反应，反应热由甲醇合成反应器 R4001 壳侧的饱和水汽移出。甲醇合成反应器壳侧副产 2.4MPa 左右的饱和蒸汽，进入汽包 V4004，再经调节阀调压后，送饱和中压蒸汽管网（2.4MPa），汽包 V4004 和甲醇合成反应器 R4001 为一自然循环式锅炉。汽包 V4004 所用锅炉给水温度 133℃，压力 4.5MPa，来自变换工段，甲醇合成反应器 R4001 内床层温度通过调节汽包的压力进行控制。合成催化剂的升温加热由开工蒸汽喷射器 P4004 加入过热中压蒸汽进行，过热中压蒸汽的压力为 4MPa，温度 300℃。过热中压蒸汽经开工蒸汽喷射器 P4004 喷射进入合成反应器，带动炉水循环，使床层温度逐渐上升。煤化工合成工艺流程示意图见图 9-13。

图 9-13　煤化工合成工艺流程示意图

扫码查看合成
工段流程图

3. 仿真界面

煤化工合成仿真工艺总貌图见图 9-14，DCS 图和现场图见图 9-15 和图 9-16。

图 9-14　煤化工合成仿真工艺总貌图

图 9-15　煤化工合成仿真 DCS 图

图 9-16 煤化工合成仿真现场图

二、工艺设备及参数

1. 工艺设备说明

C4001：循环压缩机，将 T4001 的塔顶出气打循环。

C4002：压缩机，对新鲜气进行加压。

E4001：内部换热器，预热冷的反应原料，同时对反应产物进行第一阶段的冷却。

E4002：冷却换热器，将反应产物进一步冷却。

R4001：合成反应器。

S4001：高压分离塔，主要将粗甲醇分离出来。

T4001：水洗塔，回收气体中的甲醇。

V4001：粗甲醇储槽。

V4002：稀甲醇储槽。

V4003：软水储槽。

V4004：汽包，与反应器进行换热。

P4001：粗甲醇泵，将粗甲醇送至精馏工段。

P4002：稀甲醇泵，将稀甲醇送至精馏工段。

P4003：醇回收泵，将 V4003 中的软水送至醇回收塔。

P4004：开工蒸汽喷射器。

2. 控制器介绍

LIC4001：单回路控制，通过阀门 LV4001 开度调节中压锅炉水进料量，进而对汽包

V4004 的液位进行控制。阀门 LV1001 开度增大，进料量增加；反之，阀门开度减小，进料量减小。

LIC4002：单回路控制，通过阀门 LV4002 开度的调节控制高压分离塔 S4001 的出料流量，进而对 S4001 的液位进行控制。阀门 LV4002 开度增大，S4001 出料量增加；反之，阀门开度减小，出料量减小。

LIC4003：单回路控制，通过阀门 LV4003 开度的调节控制水洗塔 T4001 的出料流量，进而对 T4001 的液位进行控制。阀门 LV4003 开度增大，T4001 的出料量增加；反之，阀门开度减小，出料量减小。

LIC4004：单回路控制，通过阀门 LV4004 开度的调节控制粗甲醇储槽 V4001 的出料流量，进而对 V4001 的液位进行控制。阀门 LV4004 开度增大，V4001 的出料量增加；反之，阀门开度减小，出料量减小。

LIC4005：单回路控制，通过阀门 LV4005 开度的调节控制稀甲醇储槽 V4002 的出料流量，进而对 V4002 的液位进行控制。阀门 LV4005 开度增大，V4002 的出料量增加；反之，阀门开度减小，出料量减小。

LIC4006：单回路控制，通过阀门 LV4006 开度的调节控制软水储槽 V4003 的出料流量，进而对 V4003 的液位进行控制。阀门 LV4006 开度增大，V4003 的出料量增加；反之，阀门开度减小，出料量减小。

PIC4008：单回路控制，通过阀门 PV4008 开度的调节控制 V4004 的气体排出量，进而对 V4004 的压力进行控制。阀门 PV4008 开度增大，V4004 的出气量增加；反之，阀门开度减小，出气量减小。

PIC4006：单回路控制，通过阀门 PV4006 开度的调节控制 V4001 的气体排出量，进而对 V4001 的压力进行控制。阀门 PV4006 开度增大，V4001 的出气量增加；反之，阀门开度减小，出气量减小。

PIC4007：单回路控制，通过阀门 PV4007 开度的调节控制惰性气体的排出量，进而对 T4001 的压力进行控制。阀门 PV4007 开度增大，T4001 的出气量增加；反之，阀门开度减小，出气量减小。

TIC4002：单回路控制，通过阀门 TV4002 的开度调节控制不经过预热器直接进入反应器的物料流量，进而对进料的温度进行控制。

3. 进口物料组分一览表（见表 9-8）

表 9-8　进口物料组分一览表

物流名称	新鲜气		原料气	
组分	摩尔分数/%	质量分数/%	摩尔分数/%	质量分数/%
CH_4	0.14	0.20	4.04	7.78
CO	28.94	74.98	4.93	16.59
CO_2	2.80	11.40	5.01	26.48
H_2	67.82	12.64	76.89	18.60
H_2O	0	0	0.10	0.22
N_2	0.3	0.78	9.00	30.27
C_2H_5OH	0	0	0.016	0.007
CH_3OH	0	0	0.014	0.053
总	100	100	100	100

4. 工艺指标一览表（见表 9-9）

表 9-9　工艺指标一览表

名称	描述	稳态值	工程单位
FI4002	副产蒸汽出料	102813	kg/h
FI4003	粗甲醇出料	93981	kg/h
FI4004	惰性气体排放量	2523	kg/h
TI4002	反应器进口温度	209	℃
TI4004	反应器出料温度	240	℃
PI4001	反应器进料压力	8398.67	kPa
PI4002	反应器出料压力	8370.67	kPa
PI4005	水洗塔进口压力	2398.67	kPa
PI4007	水洗塔出口压力	8348.67	kPa
PI4008	汽包压力	8348.67	kPa
AI4001B	混合气中 CO 摩尔含量	11.39	%
AI4001C	混合气中 CO_2 摩尔含量	4.42	%
AI4001D	混合气中 N_2 摩尔含量	6.66	%

三、合成工段操作规程

（一）稳态停车

先切断新鲜气，使系统中的气体继续进行反应，将 CO、CO_2 基本反应完全；用循环气对反应器进行降温；最后再对整个反应系统进行泄压。

① 稳态停车前，先将安全联锁控制全部关闭。

② 进入合成 DCS 图（一），将 TIC4002 投手动，将 OP 值设为 0。

③ 去合成现场，关闭净化气进气阀 XV4001。

④ 去合成现场，关闭 C4002。

⑤ 进入合成 DCS 图（二），将 V4001 的液位控制器 LIC4004 投手动，将 OP 值设为 0。

⑥ 去合成现场，关闭泵 P4001。

⑦ 进入合成 DCS 图（二），将 V4002 的液位控制器 LIC4005 投手动，OP 值设为 0。

⑧ 去合成现场，关闭泵 P4002。

⑨ 去合成现场，将 V4002 排放阀 MV4005 打开，开度设为 25%。

⑩ 进入合成 DCS 图（二），将 S4001 的液位控制器 LIC4002 投手动，将 OP 值设为 100。

⑪ 去合成现场，打开 V4001 排放阀 MV4003，开度设为 50%。

⑫ 进入合成 DCS 图（二），待 S4001 的液位 LIC4002 降为 0 后，将 LIC4002 的 OP 值设为 0，关闭阀门 LV4002。

⑬ 进入合成 DCS 图（二），待 V4001 的液位 LIC4004 降为 0 后，去合成现场，关闭 V4001 的排液阀 MV4003。

⑭ 进入合成 DCS 图（二），监视水洗塔 T4001 的出气组成，当 AI4003B（CO）、AI4003C（CO_2）之和不大于 0.5% 时，去合成现场，关闭 P4004，并关闭 MV4011。

⑮ 进入合成 DCS 图（一），将 R4001 的入口温度控制器 TIC4002 的 OP 值设为 50，加

快反应器 R4001 的冷却速度。

⑯ 去合成现场，关闭 V4003 的进料阀门 MV4006。

注：时刻关注合成反应器 R4001 的出口温度 TI4004 的变化，如果 LIC4003、LIC4005 的液位还未降到 0，但 TI4004 的温度已经降到 120℃以下时，可以将⑳～㉕操作提前，如果 TI4004 的温度降得过低会导致 PIC4008 的压力下降过快，没有足够的压差来排 V4004 中的液体。

⑰ 进入合成 DCS 图（二），将 T4001 的液位控制器 LIC4003 投手动，OP 值设为 100。

⑱ 进入合成 DCS 图（二），待 LIC4003 降为 0 后，关闭 LV4003。

⑲ 进入合成 DCS 图（二），待 LIC4005 液位降为 0 后，去合成现场，关闭 V4002 的排液阀 MV4005。

⑳ 去合成现场，关闭软水进料阀门 MV4006。

㉑ 进入合成 DCS 图（二），将 V4003 的液位控制器 LIC4006 投手动，OP 值设为 100。

㉒ 去合成现场，将 V4002 排液阀 MV4005 开度增大为 100%。

㉓ 进入合成 DCS 图（二），待 V4003 的液位 LIC4006 降为 0 后，关闭阀 LV4006。

㉔ 去合成现场，关闭泵 P4003。

㉕ 进入合成 DCS 图（一），将 TIC4002 开度设定为 50%，待 TI4004 的温度降为 120℃以下时，控制器 LIC4001 投手动，OP 值设为 0。

㉖ 进入合成 DCS 图（一），关闭 R4001 的入口温度控制阀 TV4002。

㉗ 进入合成 DCS 图（一），将 PIC4008 改手动，并将 OP 值设为 0，同时打开阀 SV4001，开度为 50%；当 PIC4008 的压力降为 0 后，关闭阀 SV4001。

㉘ 去合成现场，关闭循环压缩机 C4001。

㉙ 去合成现场，关闭 C4001 的物料入口阀 MV4004。

注：㉜～㉝为粗甲醇储槽 V4001 的卸压，㉚～㉛为水洗塔 T4001 的卸压，两者可同时操作。

㉚ 进入合成 DCS 图（二），将 T4001 的压力控制器 PIC4007 的 OP 值设为 100。

㉛ 进入合成 DCS 图（二），待 T4001 的压力 PIC4007 低于 200kPa 后，将 OP 值设为 0，使泄压阀 PV4007 关闭。

㉜ 进入合成 DCS 图（二），将 V4001 的压力控制器 PIC4006 投手动，将 OP 值设为 100。

㉝ 进入合成 DCS 图（二），待 V4001 的压力 PIC4006 低于 360kPa 后，将 OP 值设为 0。

㉞ 去合成现场，关闭 E2002 的循环水上水入口阀 MV4002。

至此，稳态停车完成。

（二）冷态开车

开车顺序为：先用氮气对系统充压，维持循环气流量（循环气的另一个作用是带走反应热）；开喷射泵，对反应器进行预热，使反应器的温度达到 230℃左右，开始通原料气，汽包给中压水，对反应器进行移热。

① 进入合成 DCS 图（一），将 LIC4001 打成手动，OP 值设为 50。

② 进入合成 DCS 图（一），当汽包 V4004 液位 LIC4001 达到 50%，将 LIC4001 打成自动，SP 值设置为 50。

③ 去合成现场，打开 E4002 的循环水上水入口阀门 MV4002，开度设定为 50%。

④ 去合成现场，打开 V4003 的新鲜水入口阀 MV4006，开度设定为 50%。

注：步骤④～⑥为 V4003 的蓄液及排放，等待其蓄液的过程中可以进行步骤⑦～⑲。

⑤ 进入合成 DCS 图（二），当 V4003 的液位显示 LIC4006 到 50% 左右后，将其投自

动，并将 SP 值设定为 50。

⑥ 去合成现场，开启泵 P4003。

⑦ 进入合成 DCS 图（一），打开 XV4001，引进净化来的合成气。

⑧ 去合成现场，打开压缩机 C4002。

⑨ 进入合成 DCS 图（一），将 PIC4008 打成自动，SP 值设为 2398.67。

⑩ 进入合成 DCS 图（二），将 PIC4007 打成自动，SP 值设为 8198.67。

⑪ 进入合成 DCS 图（二），观察 S4001 的液位，当液位达到 50%时，将 LIC4002 打成自动，SP 值设为 50。

⑫ 进入合成 DCS 图（二），将 PIC4006 打成自动，SP 值设为 398.67。

⑬ 去合成现场，打开压缩机 C4001 的入口阀 MV4004，开度 50%，启动压缩机 C4001，使循环量保持在 180000～220000kg/h。

⑭ 进入合成 DCS 图（一），将 TIC4002 打成自动，SP 值设为 210。

⑮ 进入合成 DCS 图（二），观察 V4001 的液位，当液位达到 50%时，将 LIC4004 打成自动，SP 值设为 50。

⑯ 去合成现场，启动 P4001。

⑰ 进入合成 DCS 图（二），观察 T4001 的液位，当液位达到 50%时，将 LIC4003 打成自动，SP 值设为 50。

⑱ 进入合成 DCS 图（二），观察 V4002 的液位，当液位达到 50%时，将 LIC4005 打成自动，SP 值设为 50。

⑲ 开车成功后，将安全联锁全部打开。

开车成功的指标为：

① 汽包压力为 2398.67kPa。

② 反应器进料压力为 8398.67kPa，T4001 的气相出料压力为 8198.67kPa。

③ 反应器的出口温度为 240℃，进料温度为 210℃。

④ 循环气体的量为 207555kg/h 左右，净化气进量为 99160kg/h 左右。

（三）故障

1. 汽包 V4004 液位过低

故障现象：汽包 V4004 液位很低甚至无液位；合成塔出料温度升高。

故障处理：对汽包补水。

操作步骤：

① 进入合成 DCS 图（一），将 V4004 的液位控制器 LIC4001 投手动，并将其 OP 值设定为 100，对汽包 V4004 进行补水。

② 进入合成 DCS 图（一），将控制器 PIC4008 改手动，并将 OP 值设为 50。

③ 进入合成 DCS 图（一），等待 V4004 的液位 LIC4001 达到 50%，将 LIC4001 的 OP 值设为 50。

④ 进入合成 DCS 图（一），等待 V4004 的压力回到 2398.67kPa 左右，调节 PV4008 的开度，将 OP 值设定为 25.3。

⑤ 进入合成 DCS 图（一），监测 V4004 的液位（LIC4001）5min，微调 LIC4001 的 OP 值，使 V4004 的液位维持在 50%。

⑥ 进入合成 DCS 图（一），监测 V4004 压力（PIC4008）5min，微调 PV4008 的开度，

使其维持在 2398.67MPa 左右。

⑦ 进入合成 DCS 图（一），将 PIC4008 投自动。

2. 汽包 V4004 液位过高

故障现象：汽包液位明显过高，有满灌的趋势。

故障处理：对汽包减少灌液。

操作步骤：

① 进入合成 DCS 图（一），将 V4004 的液位控制器 LIC4001 投手动，并将其 OP 值设定为 20，对汽包 V4004 减少进水量。

② 进入合成 DCS 图（一），将控制器 PIC4008 改手动，并将 OP 值设为 50。

③ 进入合成 DCS 图（一），等待 V4004 的液位 LIC4001 降到 50%，将 LIC4001 的 OP 值设为 50。

④ 进入合成 DCS 图（一），等待 V4004 的压力回到 2398.67kPa 左右，调节 PV4008 的开度，将 OP 值设定为 25.3。

⑤ 进入合成 DCS 图（一），监测 V4004 的液位（LIC4001）5min，微调 LIC4001 的 OP 值，使 V4004 的液位维持在 50%。

⑥ 进入合成 DCS 图（一），监测 V4004 压力（PIC4008）5min，微调 PV4008 的开度，使其维持在 2398.67MPa 左右。

⑦ 进入合成 DCS 图（一），监测合成反应器催化剂层的温度（TI4004）5min，确保其维持在 240℃附近。

⑧ 进入合成 DCS 图（一），将 LIC4001 的 SP 值设定为 50，并投自动。

⑨ 进入合成 DCS 图（一），将 PIC4008 投自动。

3. 冷却换热器 E4002 循环进水中断

故障现象：高压分离塔 S4001 进口温度过高；高压分离塔 S4001 液位降低。

故障处理：启动 E4002 循环进水。

操作步骤：

① 去合成现场，打开循环进水阀 MV4002，开度为 50%。

② 进入合成 DCS 图（二），将 LV4002 开度设为 20%。

③ 进入合成 DCS 图（二），待液位 LIC4002 升至 50%左右，将 LIC4002 投自动。

4. 稀甲醇储槽 V4002 液位过高

故障现象：V4002 液位过高。

故障处理：打通 V4002 排液流程。

操作步骤：

① 去合成现场，启动泵 P4002。

② 进入合成 DCS 图（二），将阀 LV4005 开度设为 80%。

③ 进入合成 DCS 图（二），将 LIC4005 投自动。

5. 合成气指标严重不合格

故障现象：合成气指标严重不合格，系统报警过多。

故障处理：停车处理。

6. 停电

故障现象：泵设备失效。

故障处理：停车处理。

7. 停仪表风

故障现象：风力驱动阀失效。

故障处理：停车处理。

第五节　煤制甲醇精馏工段仿真实训

一、精馏工艺介绍

1. 工作原理

精馏是将挥发度不同的组分组成的混合液，在精馏塔内多次部分汽化和部分冷凝，分离成几乎纯态组分的过程。

在精馏过程中，混合料液由塔的中部某适当位置连续加入，塔顶设有冷凝器，将塔顶蒸汽冷凝为液体，冷凝液的一部分返回塔顶，进行回流，其余作为塔顶产品连续排出，塔底部装有再沸器以加热液体产生蒸汽，蒸汽沿塔上升，与下降的液体在塔板或填料上进行充分的逆流接触并进行热量交换和物质传递，塔底连续排出部分液体作为塔底产品。

在加料位置以上，上升蒸汽中所含的重组分向液相传递，而回流液中的轻组分向汽相传递。如此反复进行，使上升蒸汽中轻组分的浓度逐渐升高。只要有足够的相际接触面和足够的液体回流量，到达塔顶的蒸汽将成为高纯度的轻组分。塔的上半部完成了上升蒸汽的精制，即除去了其中的重组分，因而称为精馏段。

在加料位置以下，下降液体中轻组分向汽相传递，上升蒸汽中的重组分向液相传递。这样只要两相接触面和上升蒸汽量足够，到达塔底的液体中所含的轻组分可降至很低。塔的下半部完成了从下降液体中提取轻组分，即重组分的提浓，因而称为提馏段。

一个完整的精馏塔应包括精馏段和提馏段，在精馏塔内可将一个双组分混合物连续地、高纯度地分离为轻组分和重组分。

精馏操作就是控制塔的物料平衡（$F = D + W$，$FX_F = DX_D + WX_W$）、热量平衡（$Q_入 = Q_出 + Q_损$）和汽液相平衡（$Y_i = k_i X_i$）。根据进料量，给塔釜一定的热量，建立热量平衡，随之达到一定的溶液平衡，然后用物料平衡作为调节手段，控制热量平衡和汽液相平衡的稳定。

在节能型三塔双效精馏中，用中压塔顶出来的甲醇蒸气作为低压塔再沸器的热源，这样既节省了冷凝中压塔顶蒸汽用的循环水，又节省了低压塔再沸器加热用蒸汽。

2. 工艺流程

煤化工精馏工艺流程简图如图 9-17 所示。

图 9-17　煤化工精馏工艺流程简图

扫码查看精馏
工段流程图

甲醇系统的粗甲醇进入粗甲醇储槽 V5001，用粗甲醇进料泵 P5001 将粗甲醇原料送至精馏界区的预甲醇精馏塔 T5001 的第 5 块塔板。预甲醇精馏塔 T5001 的作用是除去粗甲醇中残余溶解气体以及甲酸甲酯等轻于甲醇的低沸点物质。塔顶蒸汽先进入预塔塔顶冷凝器 E5003 冷却至 60℃，将塔内上升汽相中的甲醇大部分冷凝下来，产生的气液混合物在预塔回流槽 V5006 中被分离。气体部分即未冷凝的甲醇蒸气、不凝气及轻组分，进入塔顶不凝气冷凝器 E5004 被冷却至 40℃，其中绝大部分的甲醇冷凝回收，不凝气则通过压力调节阀 MV5001 控制，排至火炬总管焚烧处理或作为燃料使用。

来自预塔回流槽 V5006 的液体绝大部分经预塔塔底回流泵 P5005 加压后回流至预甲醇精馏塔 T5001 的顶部，为防止轻组分在系统中累积，其中一小股液流被采出送至粗甲醇油储槽 V5012。预甲醇精馏塔 T5001 所需的热量由预塔再沸器 E5002 的低压蒸汽来提供，预甲醇精馏塔 T5001 塔底的富甲醇液中主要包含甲醇、水和少量的乙醇以及其他高级醇，经预塔去低压塔泵 P5006 送往低压甲醇精馏塔 T5002。

在低压甲醇精馏塔，塔顶的甲醇蒸气经低压塔塔顶冷凝器 E5007 冷却至 63℃ 后进入低压塔回流槽 V5009。顶部的产品原则上是甲醇，然而比甲醇更易挥发的微量的副产物也在塔顶被浓缩。为了控制酮等微量副产物在低压塔顶部的浓缩累积，将少量回流液再送回到预塔回流槽 V5006。而甲醇产品在比塔顶塔板低几块塔板的地方以液态采出，在此位置挥发物杂质的浓度更低。低压塔塔底的产品是甲醇和水的混合物，但也含有少量的比甲醇更难挥发的副产重组分，塔底产品用低压塔去中压塔泵 P5008 送往中压甲醇精馏塔 T5003。低压塔 T5002 侧线采出的产品甲醇，经低压塔侧线采出冷却器 E5010 冷却至 40℃ 以下作为精甲醇产品送至精甲醇储槽 V5013。

中压甲醇精馏塔 T5003 塔顶甲醇蒸气进入低压塔再沸器 E5006，作为低压塔 T5002 的热源，甲醇蒸气被冷凝后进入中压塔回流槽 V5010，一部分由中压塔回流泵 P5009 升压后送至中压塔顶部作为回流液，其余部分经中压塔塔顶采出冷却器 E5009 冷却到 40℃ 以下作为精甲醇产品送至精甲醇储槽 V5013。

比甲醇难挥发和比水易挥发的高级醇在中压甲醇精馏塔 T5003 的下部被浓缩。为了避免高级醇在产品甲醇中含量太高，在中压塔下部高级醇浓度最高的第 31、32 层塔板上设侧线采出口采出一部分液体。采出的这些高级醇与从预塔塔顶提取的酮混合在一起后，混合物经杂醇油冷却器 E5011 冷却至 40℃ 后送往粗甲醇油储槽 V5012。这些甲醇油可以作为燃料使用。原料中的水在塔底被浓缩，作为塔底产品排出。

当中压甲醇精馏塔 T5003 塔底水中甲醇浓度低于 $50\mu g/g$ 后被送出界区。

在精馏塔塔顶，低沸点组分聚集，为防止在低压甲醇精馏塔 T5002 塔顶和中压甲醇精馏塔 T5003 塔顶聚积，将低沸点的气体组分排放。

中压甲醇精馏塔 T5003 升高压力是为了能使塔顶蒸汽的冷凝热被用于低压塔再沸器，中压甲醇精馏塔 T5003 需要的热量由中压塔再沸器 E5008 中的低压蒸汽的冷凝热提供。

低压甲醇精馏塔 T5002 和中压甲醇精馏塔 T5003 采出的产品甲醇，在低压塔侧线采出冷却器 E5010 和中压塔塔顶采出冷却器 E5009 被冷却后混合，然后送往精甲醇储槽 V5013，后经精甲醇出料泵 P5012 送往成品储槽。

精馏工段排出的甲醇蒸气或含醇废气汇集后排至火炬燃烧，本系统所有排净液收集于布置在地下的废液收集槽，经由废液泵送至粗甲醇储槽 V5001。这样可避免设备、管路在检修时排出的甲醇对环境造成污染。

3. 仿真界面

精馏仿真工艺总貌图见图 9-18，DCS 图和现场图见图 9-19 和图 9-20。

图 9-18　精馏仿真工艺总貌图

图 9-19　精馏仿真工艺 DCS 图

图 9-20　精馏仿真工艺现场图

二、工艺设备及参数

1. 工艺设备说明

E5001：粗醇预热器，将粗甲醇预热到一定温度再进料。

E5002：预塔再沸器，给预塔提供能量，将轻组分提浓。

E5003：预塔塔顶冷凝器，将塔顶出液冷却。

E5004：塔顶不凝气冷凝器，对去火炬和放空的气体进行冷却。

E5005：预后粗甲醇预热器，对预后粗甲醇加热。

E5006：低压塔再沸器，给低压塔提供能量。

E5007：低压塔塔顶冷凝器，给塔顶出料降温。

E5008：中压塔再沸器，给中压塔提供能量。

E5009：中压塔塔顶采出冷却器。

E5010：低压塔侧线采出冷却器。

E5011：杂醇油冷却器，将侧线采出的高级醇混合液冷却。

E5012：精馏水冷却器，对中压塔塔底馏出液冷却。

P5001：粗甲醇进料泵。

P5002：碱液进料泵。

P5003：再沸蒸汽凝液出料泵。

P5004：烯醇进料泵。

P5005：预塔塔底回流泵。

P5006：预塔去低压塔泵。

P5007：低压塔回流泵。

P5008：低压塔去中压塔泵。

P5009：中压塔回流泵。

P5010：中压塔塔底出水泵。

P5011：甲醇油出料泵。

P5012：精甲醇出料泵。

T5001：预甲醇精馏塔，对粗甲醇进行预精馏。

T5002：低压甲醇精馏塔，对预后甲醇进行精馏。

T5003：中压甲醇精馏塔，对粗甲醇再次提浓。

V5001：需要进行精馏提纯的粗甲醇储槽。

V5002：碱液高位槽。

V5003：与粗甲醇混合进料的碱液储槽。

V5004：高锰酸钾储槽。

V5005：预塔再沸器蒸汽冷凝罐，加热蒸汽冷凝液储罐。

V5006：预塔回流槽，预塔回流液的储罐。

V5007：预塔液封槽，对去火炬和放空的气体液封处理。

V5008：低压塔液封槽，对去火炬的气体进行液封处理。

V5009：低压塔回流槽，低压塔回流液储槽。

V5010：中压塔回流槽，中压塔塔顶回流液储槽。

V5011：残液槽，中压塔塔底馏出液储槽。

V5012：粗甲醇油储槽。

V5013：精甲醇储槽。

V5014：中压塔再沸蒸汽冷凝罐。

2．控制器介绍

PIC5010：分程控制，通过阀门 PV5010A/B 开度的调节控制 T5001 塔顶压力。阀门 PV5010B 开度增大，压力减小；反之，阀门开度减小，压力增大。

PIC5011：分程控制，通过阀门 PV5011A/B 开度的调节控制 T5002 塔顶压力。阀门 PV5010A 开度增大，压力减小；反之，阀门开度减小，压力增大。

FIC5008：单回路控制，通过阀门 FV5008 开度的调节控制进料流量。阀门 FV5008 开度增大，流量增加；反之，阀门开度减小，流量减小。

FIC5009：单回路控制，通过阀门 FV5009 开度的调节控制蒸汽流量。阀门 FV5009 开度增大，流量增加；反之，阀门开度减小，流量减小。

FIC5011：单回路控制，通过阀门 FV5011 开度的调节控制粗甲醇回流液流量。阀门 FV5011 开度增大，流量增加；反之，阀门开度减小，流量减小。

FIC5012：单回路控制，通过阀门 FV5012 开度的调节控制甲醇油流量。阀门 FV5012 开度增大，流量增加；反之，阀门开度减小，流量减小。

FIC5013：单回路控制，通过阀门 FV5013 开度的调节控制回流量。阀门 FV5013 开度增大，流量增加；反之，阀门开度减小，流量减小。

FIC5014：单回路控制，通过阀门 FV5014 开度的调节控制蒸汽流量。阀门 FV5014 开度增大，流量增加；反之，阀门开度减小，流量减小。

FIC5015：单回路控制，通过阀门 FV5015 开度的调节控制精甲醇流量。阀门 FV5015

开度增大，流量增加；反之，阀门开度减小，流量减小。

FIC5016：单回路控制，通过阀门 FV5016 开度的调节控制精甲醇流量。阀门 FV5016 开度增大，流量增加；反之，阀门开度减小，流量减小。

FIC5017：单回路控制，通过阀门 FV5017 开度的调节控制汽化液流量。阀门 FV5017 开度增大，流量增加；反之，阀门开度减小，流量减小。

FIC5018：单回路控制，通过阀门 FV5018 开度的调节控制甲醇油流量。阀门 FV5018 开度增大，流量增加；反之，阀门开度减小，流量减小。

LIC5005：单回路控制，通过阀门 LV5005 开度的调节控制液位。阀门 LV5005 开度增大，液位降低；反之，阀门开度减小，液位升高。

LIC5007：单回路控制，通过阀门 LV5007 开度的调节控制液位。阀门 LV5007 开度增大，液位降低；反之，阀门开度减小，液位升高。

LIC5008：单回路控制，通过阀门 LV5008 开度的调节控制液位。阀门 LV5008 开度增大，液位降低；反之，阀门开度减小，液位升高。

LIC5009：单回路控制，通过阀门 LV5009 开度的调节控制液位。阀门 LV5009 开度增大，液位降低；反之，阀门开度减小，液位升高。

LIC5010：单回路控制，通过阀门 LV5010 开度的调节控制液位。阀门 LV5010 开度增大，液位降低；反之，阀门开度减小，液位升高。

LIC5011：单回路控制，通过阀门 LV5011 开度的调节控制液位。阀门 LV5011 开度增大，液位降低；反之，阀门开度减小，液位升高。

LIC5012：单回路控制，通过阀门 LV5012 开度的调节控制液位。阀门 LV5012 开度增大，液位降低；反之，阀门开度减小，液位升高。

LIC5013：单回路控制，通过阀门 LV5013 开度的调节控制液位。阀门 LV5013 开度增大，液位降低；反之，阀门开度减小，液位升高。

3. 进口物料一览表（见表 9-10）

表 9-10　进口物料成分一览表

物流名称	成分	H_2	H_2O	CO	N_2	CO_2	Ar	CH_4	CH_4O	C_2H_6O	总
粗甲醇混合液	摩尔分数/%	0.00	11.6	0.00	0.00	0.3	0.00	0.00	87.9	0.2	100
	质量分数/%	0.00	6.80	0.00	0.00	0.4	0.00	0.00	92.4	0.4	100

4. 工艺指标一览表（见表 9-11）

表 9-11　工艺指标一览表

名称	描述	稳态值	工程单位	名称	描述	稳态值	工程单位
AI5001	预塔塔顶成分	98.8	%	AI5006	中压塔侧线采出成分	6.41	%
AI5002	预塔塔底成分	92.71	%	AI5007	中压塔侧线采出成分	0.94	%
AI5003	低压塔去预塔回流成分	99.95	%	AI5008	中压塔塔底成分	0.06	%
AI5004	低压塔底成分	85.26	%	AI5009	中压塔塔顶成分	99.6	%
AI5005	中压塔侧线采出成分	16.16	%	LI5002	碱液储槽液位	50	%

名称	描述	稳态值	工程单位	名称	描述	稳态值	工程单位
LI5003	粗甲醇油储槽液位	50	%	TI5005	预塔蒸汽冷凝罐温度	133.64	℃
LI5004	粗甲醇储槽液位	50	%	TI5006	空冷器出口温度	59.97	℃
LI5014	碱液高位槽液位	50	%	TI5007	预塔塔顶冷凝液温度	39.81	℃
LI5015	高锰酸钾储槽液位	50	%	TI5008	低压塔塔底产品温度	80.62	℃
LI5016	粗甲醇中间槽液位	50	%	TI5009	低压塔塔顶产品温度	67.22	℃
PI5001	预塔顶压力	8.65	kPa	TI5010	低压塔液相去再沸器温度	80.65	℃
PI5002	预塔底压力	58.64	kPa	TI5011	低压塔再沸器液相温度	80.65	℃
PI5003	预塔蒸汽冷凝罐压力	199.1	kPa	TI5012	空冷器出口温度	62.71	℃
PI5004	预塔顶冷凝液压力	0.67	kPa	TI5013	中压塔塔底温度	140.82	℃
PI5005	低压塔塔顶压力	11.19	kPa	TI5014	中压塔塔板温度	97.96	℃
PI5006	低压塔塔底压力	54.49	kPa	TI5015	中压塔塔底产品温度	140.87	℃
PI5007	中压塔塔顶压力	188.91	kPa	TI5016	中压塔蒸汽冷凝罐温度	159.09	℃
PI5008	中压塔塔底压力	268.81	kPa	TI5017	预塔温度	78.44	℃
PI5009	蒸汽冷凝罐压力	511.19	kPa	TI5018	预塔温度	72.47	℃
PI5010	预塔顶产品压力	8.65	kPa	TI5019	预塔温度	68.51	℃
PI5011	低压塔回流槽压力	6.37	kPa	TI5020	预塔温度	70.44	℃
PI5012	预塔压力	41.97	kPa	TI5021	预塔温度	74.84	℃
PI5015	低压塔压力	34.5	kPa	TI5022	预塔温度	76.59	℃
PI5017	低压塔压力	61.6	kPa	TI5023	低压塔温度	72.27	℃
PI5018	低压塔压力	41.17	kPa	TI5024	低压塔温度	73.69	℃
PI5021	中压塔压力	204.9	kPa	TI5025	低压塔温度	77.41	℃
PI5022	中压塔压力	223.18	kPa	TI5026	低压塔温度	80.62	℃
PI5023	中压塔压力	241.45	kPa	TI5028	中压塔回流温度	88.18	℃
TI5001	预塔顶产品温度	66.52	℃	TI5029	中压塔温度	93.95	℃
TI5002	预塔底产品温度	78.44	℃	TI5030	中压塔温度	95.65	℃
TI5003	预塔去再沸器液体温度	78.45	℃	TI5031	中压塔温度	99.07	℃
TI5004	再沸器去预塔气体温度	78.76	℃	TI5032	中压塔温度	101.23	℃

5. 报警一览表（见表9-12）

表9-12　报警一览表

位号	描述	单位	HH	H	L	LL
AI5003	低压塔去预塔回流成分	%	100	100	99	98
AI5009	中压塔塔顶成分	%	100	100	99	98
FI5008	预塔进料孔板流量	kg/h	200000	150000	50000	1000
FI5009	蒸汽管线流量	kg/h	50000	40000	20000	10000
FI5014	中压塔再沸器蒸汽进口流量	kg/h	110000	100000	75000	65000
LI5005	预塔液位	%	90	80	10	5
LI5008	预塔回流槽液位	%	90	80	10	5
LI5009	低压塔液位	%	90	80	10	5
LI5010	低压塔回流槽液位	%	90	80	10	5
LI5011	中压塔液位	%	90	80	10	5
LI5013	中压塔回流罐液位	%	90	80	10	5
PI5001	预塔顶压力	kPa	30	20	4	0
PI5002	预塔底压力	kPa	150	90	30	10
PI5005	低压塔顶压力	kPa	30	20	4	0
PI5006	低压塔底压力	kPa	150	90	30	10
PI5007	中压塔塔顶压力	kPa	400	300	100	50
PI5008	中压塔塔底压力	kPa	400	300	100	50

位号	描述	单位	HH	H	L	LL
TI5001	预塔塔顶温度	℃	100	80	60	40
TI5002	预塔塔底温度	℃	120	100	60	50
TI5006	空冷器出口温度	℃	70	63	50	20
TI5008	低压塔塔底温度	℃	140	120	60	50
TI5009	低压塔塔顶温度	℃	120	100	50	40
TI5013	中压塔塔底温度	℃	200	180	120	80
TI5029	中压塔温度	℃	150	130	70	50

三、精馏工段操作规程

(一) 稳态停车

精馏工段停车包括停止供料，停止供热系统、维稳塔压、降液排液、系统降压。因精馏系统的复杂性，停车应循序进行。

稳态停车前，先将安全联锁控制全部关闭。

1. 停止供料，停止供热系统

① 去精馏现场，关闭 V5002 的碱进料阀 MV5001。

② 去精馏现场，关闭泵 P5002，停止碱液进料。

③ 进入精馏 DCS 图（一），将 FIC5008 打手动，OP 值设为 0。

④ 去精馏现场，关闭粗甲醇进料阀 MV5025。

⑤ 去精馏现场，关闭泵 P5001。

⑥ 去精馏现场，关闭粗醇预热器的低压蒸汽阀 MV5024。

⑦ 进入精馏 DCS 图（二），将控制器 FIC5013 打手动，OP 值设为 0，停止 T5001 回流槽进液。

⑧ 进入精馏 DCS 图（四），将控制器 FIC5011 打手动，OP 值设为 0。

⑨ 进入精馏 DCS 图（四），将控制器 FIC5012 打手动，OP 值设为 0。

⑩ 进入精馏 DCS 图（三），将控制器 FIC5002 打手动，OP 值设为 0，关闭塔 T5003 侧线采出阀 FV5002。

⑪ 进入精馏 DCS 图（三），关闭侧线采出截断阀 XV5002。

⑫ 进入精馏 DCS 图（四），将控制器 FIC5017 打手动，OP 值设为 0。

⑬ 进入精馏 DCS 图（三），将控制器 LIC5011 打手动。

⑭ 去精馏现场，设置回流回粗甲醇储槽阀 MV5023 的开度为 5％。

⑮ 进入精馏 DCS 图（一），将控制器 FIC5009 打手动，OP 值设为 0，停止预塔再沸。

⑯ 进入精馏 DCS 图（二），将控制器 LIC5008 打手动，OP 值设为 0。

⑰ 进入精馏 DCS 图（二），关闭泵 P5005。

⑱ 进入精馏 DCS 图（一），将 LIC5005 打手动，OP 值设为 80。当液位 LIC5005 降到 20％时，OP 值设为 0。

⑲ 去精馏现场，关闭 T5002 进料泵 P5006。

⑳ 去精馏现场，关闭精甲醇采出阀 MV5022。

㉑ 去精馏现场，打开精甲醇回流阀 MV5011，开度设为 100％。

㉒ 进入精馏 DCS 图（二），将 LIC5010 打手动，OP 值设为 70，待槽内液位 LIC5010

在 10％后，OP 值设为 0。

㉓ 进入精馏 DCS 图（二），将 LIC5009 打手动，OP 值设为 0。

㉔ 去精馏现场，关闭泵 P5007。

㉕ 去精馏现场，关闭泵 P5008。

㉖ 进入精馏 DCS 图（三），将 FIC5014 打手动，OP 值设为 0。

㉗ 进入精馏 DCS 图（三），将 LIC5013 打手动，OP 值设为 70，待槽内液位 LIC5013 在 10％后，OP 值设为 0。

㉘ 进入精馏 DCS 图（四），将 FIC5015 打手动，OP 值设为 0。

㉙ 进入精馏 DCS 图（四），将 FIC5016 打手动，OP 值设为 0。

㉚ 去精馏现场，关闭现场阀 MV5011。

㉛ 去精馏现场，关闭泵 P5009。

㉜ 去精馏现场，开大阀门 MV5023 至 50％，使 T5003 塔釜液位 LIC5011 降至 40％（降液较慢）后，关闭阀门 MV5023。

2. 维稳塔压，顺利排液

① 去精馏现场，关闭泵 P5010。

② 去精馏现场，打开 V5006 去收集槽的阀门 MV5008，开度设为 100％。

③ 去精馏现场，打开 T5001 收集槽阀门 MV5005，开度设为 100％。

④ 进入精馏 DCS 图（二），待液位 LIC5008 为 0 后，关闭阀门 MV5008。

⑤ 进入精馏 DCS 图（一），待液位 LIC5005 为 0 后，关闭阀门 MV5005。

⑥ 去精馏现场，打开 V5009 收集槽阀门 MV5015，开度设为 100％。

⑦ 去精馏现场，打开 T5002 收集槽阀门 MV5010，开度设为 100％。

⑧ 进入精馏 DCS 图（二），待液位 LIC5010 为 0 后，关闭阀门 MV5015。

⑨ 进入精馏 DCS 图（二），待液位 LIC5009 为 0 后，关闭阀门 MV5010。

⑩ 去精馏现场，打开 V5010 收集槽阀门 MV5017，开度设为 100％。

⑪ 去精馏现场，打开 T5003 收集槽阀门 MV5012，开度设为 100％。

⑫ 进入精馏 DCS 图（三），待液位 LIC5013 为 0 后，关闭阀门 MV5017。

⑬ 进入精馏 DCS 图（三），待液位 LIC5011 为 0 后，关闭阀门 MV5012。

⑭ 去精馏现场，关闭 E5003 的进水阀 MV5026。

⑮ 去精馏现场，关闭 E5004 的进水阀 MV5007。

⑯ 去精馏现场，关闭 E5007 的进水阀 MV5028。

⑰ 去精馏现场，关闭 E5010 的进水阀 MV5019。

⑱ 去精馏现场，关闭 E5009 的进水阀 MV5018。

⑲ 去精馏现场，关闭 E5011 的进水阀 MV5020。

⑳ 去精馏现场，关闭 E5012 的进水阀 MV5021。

㉑ 进入精馏 DCS 图（一），将 V5005 液位调节控制器 LIC5007 打手动，OP 值设为 100，待液位 LIC5007 降为 0 后，OP 值为 0。

㉒ 去精馏现场，关闭泵 P5003。

㉓ 进入精馏 DCS 图（三），将 V5014 液位调节阀控制器 LIC5012 打手动，OP 值为 100，待液位 LIC5012 降为 0 后，OP 值为 0。

㉔ 去精馏现场，关闭泵 P5011。

㉕去精馏现场，关闭泵 P5012。

3. 系统降压

①进入精馏 DCS 图（一），将压力控制器 PIC5010 打手动，OP 值设为 100。

②去精馏现场，打开 T5001 低压氮气阀 MV5006，开度设为 50%。

③去精馏现场，待塔顶温度 TI5019 降为 26℃，关闭 MV5006。

④进入精馏 DCS 图（一），待塔顶压力 PI5001 降为 0.5kPa 后，将 PIC5010 的 OP 值设为 50。

⑤进入精馏 DCS 图（二），将压力控制器 PIC5011 打手动，OP 值设为 100。

⑥去精馏现场，打开 T5002 低压氮气阀 MV5009，开度为 50%。

⑦进入精馏 DCS 图（二），待塔顶温度 TI5023 降为 26℃，关闭 MV5009。

⑧进入精馏 DCS 图（二），待塔顶压力 PI5005 降为 0.5kPa，将 PIC5011 的 OP 值设为 50。

⑨去精馏现场，将 PIC5011 的 OP 值设为 50，关闭 PV5011A 及 PV5011B。

⑩去精馏现场，打开卸压阀 MV5016，开度设为 20%。

⑪去精馏现场，打开 T5003 低压氮气阀 MV5013，开度设为 50%（可适当加大开度，加快降温）。

⑫进入精馏 DCS 图（三），待中压塔塔顶温度 TI5029 降为 26℃后，关闭阀 MV5013。

⑬进入精馏 DCS 图（三），待塔顶压力 PI5007 降为 0.5kPa 后，关闭阀 MV5016。

（二）冷态开车

开车前保证三个精馏塔塔顶压力都为正压（$p>0$），通过调节精馏塔氮气阀门和泄压阀来调节精馏塔的压力。开车包括建立三塔液位、建立循环冷凝系统、维稳塔槽液位及温压指标。在开车过程中，如果 PID 参数不合适，可以调 PID 参数后打自动。

1. 开预塔

①现场打开粗甲醇进料泵 P5001。

②现场打开粗甲醇进料阀 MV5025，开度设为 50%。

③现场打开碱液进料泵 P5002。

④现场打开碱液进料阀 MV5001，开度设为 50%。

⑤现场打开碱液高位槽出口阀 MV5002，开度设定为 50%，开始向预塔通碱液。

⑥进入精馏 DCS 图（一），把原料流量控制器 FIC5008 的 OP 值设为 50，对 T5001 投料，当流量稳定时将 FIC5008 打自动，设定流量为 100198.42kg/h。

⑦现场打开低压蒸汽阀 MV5024，开度设为 50%，给原料加热。

⑧等到预甲醇精馏塔 T5001 液位 LIC5005 的 PV 值达到 30%。

⑨进入精馏 DCS 图（一），将蒸汽流量控制器 FIC5009 打手动，OP 值设为 50，待流量稳定后，控制器 FIC5009 投自动，设定流量为 29275.64kg/h。

⑩现场打开再沸蒸汽凝液出料泵 P5003。

⑪进入精馏 DCS 图（一），把预塔蒸汽凝液液位控制器 LIC5007 的 OP 值设为 50，开始排预塔再沸器蒸汽冷凝罐冷凝水，待稳定后将 LIC5007 打自动，设定液位为 15%。

⑫现场打开 E5003 循环水进水阀 MV5026，开度设为 50%，投用预塔塔顶冷凝器。

⑬现场打开换热器 E5004 循环水进料阀 MV5007，开度设为 50%。

⑭进入精馏 DCS 图（一），将预塔塔顶压力控制器 PIC5010 投自动，SP 值设

为 8.65kPa。

2. 开低压塔（与预塔并列操作）

① 现场打开 T5002 的进料泵 P5006，对 T5002 进行进料。

② 进入精馏 DCS 图（一），等到预塔液位 LIC5005 达到 50％。

③ 进入精馏 DCS 图（一），打开液位调节阀 LIC5005，OP 值开至 50，稳定后将 LIC5005 打自动，设定液位在 50％。

3. 预塔回流操作

① 进入精馏 DCS 图（二），待预塔回流槽 V5006 的液位升至 15％。

② 现场打开预塔塔底回流泵 P5005。

③ 进入精馏 DCS 图（二），把回流流量控制器 LIC5008 的 OP 值设为 50，将 LIC5008 打自动，设定 LIC5008 液位为 20％，预塔建立回流。

④ 现场打开 E5011 循环水进料阀 MV5020，开度设为 50％。

4. 中压塔塔釜建液位

① 现场打开脱盐水的进口阀 MV5014，开度设为 100％，对 T5003 的塔釜进行灌液。

② 进入精馏 DCS 图（三），观察液位 LIC5011 的变化，等待液位升为 20％。

③ 现场关闭阀门 MV5014，停止对 T5003 的脱盐水注入。

5. 建立循环冷凝系统

① 现场打开 T5003 塔釜出料泵 P5010。

② 现场打开 E5012 的循环水进料阀 MV5021，开度设为 50％，准备对中压塔塔底出口进行冷却。

③ 进入精馏 DCS 图（四），把 FIC5011 的 OP 值设为 50，对 V5006 充回流液。待流量稳定后打自动，设定流量为 30.74kg/h。

采出甲醇油（与采出达标甲醇并列操作）

④ 进入精馏 DCS 图（二），等到预塔回流甲醇含量 AI5003＞99.5％。

⑤ 进入精馏 DCS 图（四），把流量控制器 FIC5012 的 OP 值设为 50，稳定后，将 FIC5012 投自动，设定 FIC5012 的流量为 548.75kg/h。开始预塔塔顶产品采出。

⑥ 进入精馏 DCS 图（四），待粗甲醇油储槽液位 LI5003 达到 50％左右。

⑦ 现场打开甲醇油出料泵 P5011，开始粗甲醇的采出。

6. 低压塔操作

① 进入精馏 DCS 图（二），观察低压塔 T5002 的液位 LIC5009，待其升至 40％。

② 现场打开低压塔去中压塔泵 P5008。

③ 进入精馏 DCS 图（二），把低压塔液位控制器 LIC5009 的 OP 值设为 50，开始向中压塔进料。待 T5002 塔釜液位 LIC5009 升至 49％后，将 LIC5009 打自动，设定液位为 50％。

④ 现场打开换热器 E5007 的循环水进料阀 MV5028，开度设为 50％。投用低压塔塔顶冷凝器。

⑤ 进入精馏 DCS 图（二），将控制器 PIC5011 打手动，手动调节 OP 值，使其 PV 值降为 9kPa 附近，再将 PIC5011 打自动，控制器的 SP 值设为 6.75kPa。

7. 中压塔操作

① 进入精馏 DCS 图（三），观察中压塔 T5003 的液位 LIC5011，待其升至 40％。

② 进入精馏 DCS 图（三），把蒸汽流量控制器 FIC5014 的 OP 值设为 50。

③ 进入精馏 DCS 图（三），待中压塔再沸蒸汽冷凝罐有液位，打开液位调节阀 LV5012，将 LIC5012 打自动，设定液位为 50%。

④ 进入精馏 DCS 图（三），开始投用中压塔再沸器蒸汽。加蒸汽的过程中，要慢慢开大蒸汽流量，避免蒸汽流量过大使中压塔塔釜液位过低。待中压塔塔顶温度在 140℃ 左右，中压塔系统稳定后，将 FIC5014 投自动，设定流量为 88114.83kg/h。

⑤ 进入精馏 DCS 图（三），观察 T5003 塔釜液位，当液位 LIC5011 在 49% 后，将 FIC5011 投自动，设定为 50%。

⑥ 进入精馏 DCS 图（四），待流量较稳定后，FIC5017 勾串级。

⑦ 进入精馏 DCS 图（三），观察中压塔的塔顶压力 PI5007，通过调节卸压阀 MV5016 开度来控制 PI5007 的压力在 186.67kPa 左右。

中压塔回流（与低压塔回流并列操作）

⑧ 进入精馏 DCS 图（三），待中压塔回流槽 V5010 液位 LIC5013 升至 19%。

⑨ 进入精馏 DCS 图（三），把液位控制器 LIC5013 的 OP 值设为 50%。将 LIC5013 打自动，并将 SP 值设为 20。

⑩ 现场打开中压塔回流泵 P5009，建立 T5003 回流。

⑪ 现场打开阀门 MV5011，开度设为 50%，打通中压塔回流槽 V5010 的出口回流管线。

⑫ 现场打开 E5009 的循环水进料阀 MV5018，开度设为 50%。

⑬ 进入精馏 DCS 图（四），把 FIC5015 的 OP 值设为 50。

⑭ 进入精馏 DCS 图（四），待流量稳定后，将 FIC5015 打自动，设定流量为 40713.07kg/h。

8. 低压塔回流

① 进入精馏 DCS 图（二），待低压塔回流槽 V5009 的液位 LIC5010 升至 19%。

② 进入精馏 DCS 图（二），把液位控制器 LIC5010 的 OP 值设为 50。

③ 进入精馏 DCS 图（二），待 LIC5010 稳定后打自动，并将 SP 值设为 20。

④ 现场打开低压塔回流泵 P5007，建立 T5002 塔顶回流。

⑤ 进入精馏 DCS 图（二），把流量控制器 FIC5013 的 OP 值设为 50，稳定后，将 FIC5013 打自动，设定流量为 108.00kg/h。开始低压塔塔顶回流到预塔回流槽。

⑥ 现场打开 E5010 的循环水进料阀 MV5019，开度设为 50%。

⑦ 进入精馏 DCS 图（四），把 FIC5016 的 OP 值设为 50，流量稳定后，将控制器 FIC5016 打自动，设定流量为 50714.31kg/h。

9. 采出达标甲醇

① 进入精馏 DCS 图（二），待中压塔回流甲醇含量 AI5009＞99.5%。

② 进入精馏 DCS 图（三），打开中压塔侧线采料阀 XV5002。

③ 进入精馏 DCS 图（三），将 FIC5002 的 OP 值设为 50。

④ 进入精馏 DCS 图（三），待 FIC5002 稳定后投自动，设定值为 1970kg/h。

⑤ 现场打开精甲醇采出阀 MV5022，开度设为 50%。

⑥ 现场关闭去粗甲醇储槽阀 MV5011，开始精甲醇去储罐。

⑦ 进入精馏 DCS 图（四），待精甲醇储槽液位 LI5001 达到 50%。

⑧ 现场打开精甲醇出料泵 P5012，开始精甲醇的采出。

10．开车成功的指标

① AI5003＞99.5％。

② AI5009＞99.5％（以上两个指标最重要）。

③ AI5008＜0.1％。

④ T5001 塔顶压力 p（PI5001）在 9kPa 左右。

⑤ T5002 塔顶压力 p（PI5005）在 15kPa 左右。

⑥ T5003 塔顶压力 p（PI5007）在 200kPa 左右。

⑦ T5001 塔顶温度 T（TI5001）在 66℃ 左右。

⑧ 塔底温度 T（TI5003）在 80℃ 左右。

⑨ T5002 塔顶温度 T（TI5009）在 66℃ 左右。

⑩ 塔底温度 T（TI5010）在 80℃ 左右。

⑪ T5003 塔顶温度 T（TI5029）在 93℃ 左右。

⑫ 塔底温度 T（TI5013）在 140℃ 左右。

（三）故障

1．预塔塔顶压力过高

故障现象：预塔塔顶压力偏高，进料困难。

故障原因：塔底再沸器蒸汽过多。

故障处理：减少塔底再沸器蒸汽，降低塔顶压力。

操作步骤：

① 进入精馏 DCS 图（一），将 PIC5010 投手动，OP 值设为 80。

② 进入精馏 DCS 图（一），待塔顶压力降为 9kPa 以下。

③ 进入精馏 DCS 图（一），将 PIC5010 的 OP 值设为 50，投自动，设定 SP 值为 8.653，等待警报解除。

2．低压塔塔顶压力偏高

故障现象：低压塔塔顶压力偏高，回流困难。

故障原因：低压塔塔顶压力控制失效。

故障处理：手动调节低压塔塔顶压力。

操作步骤：

① 进入精馏 DCS 图（二），将 PIC5011 打为手动，调节 OP 值，开大 PV5011A 的开度，开始卸压。

② 进入精馏 DCS 图（二），等待低压塔压力 PIC5011 降到 9kPa 左右。

③ 进入精馏 DCS 图（二），将 PIC5011 投自动，调节好 PID 参数，维持塔顶压力正常。

3．中压塔塔底温度低

故障现象：中压塔塔底温度低，塔底轻组分多，回流槽液位下降，中压塔塔顶压力下降。

故障原因：塔底加热量太少。

故障处理：加大中压塔的再沸器蒸汽流量。

操作步骤：

① 进入精馏 DCS 图（三），将 T5003 再沸蒸汽 FIC5014 投手动，调大 OP 值。

② 进入精馏 DCS 图（三），待 T5003 塔底温度升高到 140℃ 左右。

③ 进入精馏 DCS 图（三），调回中压塔蒸汽量，将 FIC5014 的 OP 值调回 50，打自动，控制 FIC5014 流量为 88114.82kg/h，控制塔底温度在 140℃ 左右。

4. AI5009 精甲醇产品不合格

故障现象：AI5009 浓度显示低。

故障原因：塔顶轻组分出来太多或重组分过多。

故障处理：控制好塔釜塔顶温度和压力，加大回流量，减少采出量，替换罐中不合格的产品。

操作步骤：

① 去精馏现场，关闭采出阀 MV5022，打开回流阀 MV5011，开度设为 50%。

② 进入精馏 DCS 图（三），将 FIC5014 打手动，OP 值设为 80。

③ 去精馏现场，通过调节卸压阀 MV5016 来控制中压塔的塔顶压力 PI5007，使其维持在 190kPa 左右。

④ 进入精馏 DCS 图（二），待塔釜液位 LIC5011 降至 50%。

⑤ 进入精馏 DCS 图（三），把 FIC5014 的 OP 值设为 50，投自动。

⑥ 进入精馏 DCS 图（三），观察 AI5009 的浓度变化，直到 AI5009≥99.5%。

⑦ 去精馏现场，关闭回流阀 MV5011，打开采出阀 MV5022，开度设为 50%。

5. 粗甲醇进料低

故障现象：FIC5008 的流量很低。

故障原因：人为失误。

故障处理：手动调节。

操作步骤：

① 进入精馏 DCS 图（一），将 FIC5008 投手动，OP 值设为 50。

② 进入精馏 DCS 图（一），待粗甲醇流量稳定后，将 FIC5008 的 SP 值设为 100198.42 并投自动。

6. 低压塔塔釜液位过高

故障现象：低压塔 T5002 塔釜液位过高。

故障原因：排液流程未通。

故障处理：打通排液流程。

操作步骤：

① 去精馏现场，打开泵 P5008。

② 进入精馏 DCS 图（二），将 LIC5009 的 OP 值设为 50。

③ 进入精馏 DCS 图（二），待液位降至 50% 左右，将 LIC5009 投自动。

7. 预塔出换热器 TI5006 温度过高

故障现象：TI5006 温度偏高，塔顶冷凝的液体变少。

故障原因：换热器循环水过少。

故障处理：开大 E5003 的循环水阀门。

操作步骤：

① 去精馏现场，开大 E5003 的循环水进料阀 MV5026，开度设为 50% 以上。

② 进入精馏 DCS 图（一），观察 E5003 的出料口温度变化，直到 TI5006 温度降至 60℃

左右。

③ 去精馏现场，将 E5003 的循环水进料阀 MV5026 的开度设为 50％。

8. 紧急停车

故障现象：产品不合格，设备参数不合格，漏气等等。

故障原因：设备坏，人为操作不正常。

故障处理：停蒸汽，停进料，停采出。

操作步骤：

① 进入精馏 DCS 图（一），关闭 T5001 的再沸器蒸汽阀门 FV5009。

② 进入精馏 DCS 图（三），关闭 T5003 的再沸器蒸汽阀门 FV5014。

③ 进入精馏 DCS 图（一），关闭预塔进料阀 FV5008。

④ 去精馏现场，关闭阀 MV5022，停止精甲醇产品采出。

⑤ 进入精馏 DCS 图（三），关闭中压塔侧线采出阀 FV5018。

⑥ 进入精馏 DCS 图（四），关闭阀 FV5012，甲醇油产品停止采出。

第十章
实物投料生产操作实训

第一节 概 述

为了满足高校或企业化工类相关专业人员的工程实践和创新能力培养的需要，建设小型中试化工生产实训装置具有重要的现实意义，实物投料装置主要具有以下功能：

① 化工类工程实践创新基地具有实验教学、工程设计、实习训练、技术创新等集成功能，可为高校化工类相关专业的本科生和研究生提供一个教学实习、工程实践和科技创新的平台，以适应复合型、创新型人才培养的需要。

② 增强学员对现代化工企业的连续化、自动化操作的认识和了解。结合国内外化工企业（尤其是大中型化工企业）生产普遍采用连续化、自动化操作的实际，基地建设中的主要反应与分离系统应充分体现现代化工生产的连续化、自动化等操作特点，以满足这方面的学习和工程实践需求。

③ 为高层次科技成果转化和科技合作提供中试平台。

④ 为推动高层次科技成果转化和科技合作，促进科研水平的提升，所建设的工程实践创新基地可作为从实验室研究规模走向实际生产规模的化工中试基地，成为化工类学科建设的支撑平台。

第二节 胶水制备实训

一、实训目的

① 了解聚乙烯醇缩醛反应及其简单工艺过程。

② 认识实训设备结构。

③ 认识实训设备流程及仪表。

④ 掌握实训装置运行操作技能。

二、生产工艺流程

1. 基本原理

一定聚合度及醇解度的聚乙烯醇与甲醛在无机酸的催化作用下进行反应，反应式如下：

$$\sim\!\!CH_2\!-\!\underset{\underset{OH}{|}}{CH}\!-\!CH_2\!-\!\underset{\underset{OH}{|}}{CH}\!\sim + HCHO \xrightarrow{H^+} \sim\!\!CH_2\!-\!\underset{\underset{O}{|}}{CH}\!-\!CH_2\!-\!\underset{\underset{O}{|}}{CH}\!\sim + H_2O$$

2. 胶水制备流程图（见图 10-1）

三、原料

（1）聚乙烯醇

聚乙烯醇由聚醋酸乙烯酯在碱或酸的存在下经皂化制得。为白色至奶油色的粉末。根据皂化程度不同，或可溶于水，或仅能溶胀，耐矿物油、油脂等大多数有机溶剂。主要用于制造聚乙烯醇缩甲醛、尼龙纤维和耐汽油管路等，也用作临时保护膜、胶黏剂、装订用胶料、上浆剂等。

（2）甲醛水

甲醛水俗称福尔马林，通常是甲醛含量 $37\%\sim40\%$ 的水溶液，有刺激性气味的无色液体。有强还原作用，其蒸气与空气能形成爆炸性混合物，爆炸极限 $7\%\sim73\%$（体积分数），常用于农药、消毒剂、化工原料等。

（3）盐酸

盐酸又称氢氯酸，氯化氢的水溶液，纯品无色。一般因含杂质而呈黄色。商品浓盐酸含氯化氢 $37\%\sim38\%$，是一种强酸。在芯线脱碳及脱钙钠处理中供前处理用。

（4）氢氧化钠

氢氧化钠又称苛性钠，俗名烧碱、火碱，呈溶液状的为液碱，固体碱为无色或白色的透明晶体，有粒、块、片、棒等各种形状，极易溶于水，并强烈放热。溶液滑腻呈碱性，溶于乙醇、不溶于丙酮。有强腐蚀性。在铂催化剂制造中用作碱剂。

（5）尿素

尿素又称碳酰胺，白色晶体，是最简单的有机化合物之一。碳酸的二酰胺分子式为 $H_2NCONH_2[CO(NH_2)_2]$。尿素是哺乳动物和某些鱼类体内蛋白质代谢分解的主要含氮终产物，也是目前含氮量最高的氮肥。作为一种中性肥料，尿素适用于各种土壤和植物。它易保存，使用方便，对土壤的破坏作用小，是目前使用量较大的一种化学氮肥。工业上用氨气和二氧化碳在一定条件下合成尿素。

（6）水

水（化学式为 H_2O）是由氢、氧两种元素组成的无机物，一般无毒。在常温常压下为无色无味的透明液体，是人类生命的源泉。水包括天然水（河流、湖泊、大气水、海水、地下水等）和人工制水（通过化学反应使氢氧原子结合得到的水）。水是地球上最常见的物质之一，是包括人类在内所有生命生存的重要资源，也是生物体最重要的组成部分。水在生命演化中起到了重要作用。它是一种狭义不可再生广义可再生的资源。

四、生产配方

聚乙烯醇　30L

甲醛（40％）　20L

盐酸（36％～38％）　6L

图 10-1　胶水制备流程图

尿素　10L

氢氧化钠（工业级）　2L

水　900L

五、实训操作步骤

① 将称量好的盐酸加入到酸罐 V107。

② 将氢氧化钠加水配成 10％的水溶液，加入到碱罐 V108。

③ 将称量好的 220L 水加入到原料罐 V101、V103。

给原料罐 V101 加水：开去离子水泵进水阀、出水阀（VA104、VA101），关闭 VA107 及去离子水管路的其他支路阀门。开去离子水泵，待水位达到原料罐 2/3 处关闭去离子水泵。关闭去离子水泵进水阀、出水阀。

给原料罐 V103 加水：开去离子水泵进水阀、出水阀（VA106、VA103），关闭 VA109 及去离子水管路的其他支路阀门。开去离子水泵，待水位达到原料罐 2/3 处关闭去离子水泵。关闭去离子水泵进水阀、出水阀。

④ 通过离心泵 P101、P103（开泵前先打开泵的进口阀、出口阀）将水分别打到高位槽 V104、V106 备用。

给高位槽 V104 加水：开阀门 VA110、VA165，半开阀门 VA111，关闭阀门 VA114、VA115，打开进料泵 P101，缓慢开阀门 VA112，观察转子位置，达到 1/2～2/3 处为宜。观察高位槽 V104 液位，当高位槽液位达到 2/3～3/4 处，关闭阀门 VA112，关进料泵 P101，关闭阀门 VA110、阀门 VA111。

给高位槽 V106 加水：开阀门 VA121、VA167，半开阀门 VA122，关闭阀门 VA124、VA125，打开进料泵 P103，缓慢开阀门 VA123，观察转子位置，达到 1/2～2/3 处为宜。观察高位槽 V106 液位，当高位槽液位达到 2/3～3/4 处，关闭阀门 VA123，关进料泵 P103，关闭阀门 VA122、阀门 VA121。

⑤ 将甲醛加入到中间原料罐 V102，关闭阀门 VA108、VA116，开阀门 VA102，通过进料口给原料罐 V102 加入 1/3 甲醛。

⑥ 通过离心泵 P102（开泵前先打开泵的进口阀、出口阀）打到高位槽 V105 备用。

给高位槽 V105 加甲醛：打开阀门 VA116、VA166，半开阀门 VA117，关闭阀门 VA119、VA120，开进料泵 P102，缓慢开阀门 VA118，观察转子位置，达到 1/2～2/3 为宜。观察高位槽 V105 液位，当高位槽液位达到 2/3～3/4 处，关闭阀门 VA118，关进料泵 P102，关闭阀门 VA116、VA117。

⑦ 将称量好的水通过高位槽自流的方式加到多功能反应釜 R101 或 R102。

给反应釜 R101 加水：关闭阀门 VA120、VA130、VA135、VA136、VA137、VA138，开阀门 VA115、VA133，让水靠重力流入反应釜 R101，观察反应釜 R101 的液位，达到 50cm 处为宜。关闭阀门 VA115、VA133。

⑧ 打开导热油泵。关闭导热油储罐出料阀、导热油泵进口阀，开导热油罐放空阀，开导热油加热开关，将导热油加热到 150℃，开导热油泵进口阀、微开导热油罐循环阀、开导热油管路总阀、VA142、VA143、VA145 和导热油回流阀，关闭导热油管路其他支路阀门，开导热油泵，加热结束后，关导热油加热开关，关导热油泵，全关所有阀门。

⑨ 启动导热油夹套加热到 70℃。

⑩ 在搅拌状态下通过加料口加入聚乙烯醇 7.2kg，升温至 90℃保温至全溶解。

⑪ 降温至 80℃，在搅拌状态下以细流方式加入 1.44L 盐酸。关闭阀门 VA115、VA132、VA120、VA137、VA138，打开阀门 VA126、VA128、VA131、VA130、VA133，液体靠重力流下，加完后关闭阀门 VA126、VA128、VA131、VA130、VA133。

⑫ 调 pH 值到 2，继续搅拌 20～30min 后加入甲醛 4.8L。关闭阀门 VA130、VA115、VA137、VA138，打开高位槽出料阀 VA120 及反应釜 R101 进料阀 VA133，结束后关闭所有阀门。

⑬ 保持 75～80℃，反应 40～60min。

⑭ 加入配制好的 10% 的氢氧化钠溶液 0.5L，进行中和反应，使 pH 值在 7～8。关闭阀门 VA131、VA115、VA120、VA137、VA138，打开阀门 VA127、VA129、VA130、VA133，液体靠重力流下，使溶液 pH 值为 7～8，加完关闭阀门 VA127、VA129、VA130、VA133。

⑮ 中和后加入尿素 2.4kg（总量 0.3%～0.5% 的尿素）进行氨基化处理，搅拌均匀后降温。开水箱放空阀、自来水阀门，将水箱的水加到 2/3～3/4，关闭自来水。关闭循环水其他支路阀门，开循环水泵进口阀、微开水箱循环阀，开循环水泵，开循环水泵出口阀 VA139、VA140、VA146，开冷水塔电机开关，给反应釜 R101 冷却，冷却结束后关循环水泵，关闭所有阀门。

⑯ 出料，经包装机组 F102 计量包装后即可为办公用胶水成品。

六、设备一览表（见表 10-1）

表 10-1　胶水中试装置设备一览表

序号	类别	仪器设备名称	主要技术参数	数量
1	静设备	原料槽 V101～V103	200L,316L	3
2		高位槽 V104～V106	100L,316L	3
3		不锈钢反应釜 R101～R102	200L,316L、桨式搅拌、搅拌电机、机械密封,导热油加热、盘管冷却	2
4		剪切分散机 X101～X102		2
5	动设备	进料泵 P101～P103	WB55/25,0.55kW	3
6		齿轮泵	$L=3m^3/h$, $H=10m$	2
7		全自动包装机组	500 瓶/h,计量包装旋盖四头机	1
8		电子计量秤	0～100kg	1
9	仪表	液位	宇电 AI-501B(V24/X3/S4)	3
10			宇电 AI-501B(V24/S)	2
11			玻璃管液位计 0～800mm	2
12			玻璃管液位计 0～800mm	2
13		温度	宇电 AI-501B(X3/S4)	2
14		压力	宇电 AI-501B(V24/S)	2
15			现场压力表 0～0.4MPa	2
16	传感器	液位	磁翻板液位计 0～800mm	3
17			压力传感器 0～10kPa	2
18		温度	$\phi 3mm×90mm$ 热电偶	2
19		压力	0～200kPa 压力传感器	2

第三节 碳酸钙制备实训

一、实训目的

① 了解碳酸钙制备反应及其简单工艺过程。
② 认识实训设备结构。
③ 认识实训设备流程及仪表。
④ 掌握实训装置运行操作技能。

二、生产工艺流程

1. 基本原理

氯化钙与碳酸钠反应，生成碳酸钙沉淀和氯化钠。

$$CaCl_2 + Na_2CO_3 \longrightarrow CaCO_3 \downarrow + 2NaCl$$

2. 碳酸钙制备工艺流程图（见图10-2）

三、原料

（1）氯化钙

氯化钙，一种由氯元素和钙元素构成的盐，化学式为$CaCl_2$。它是典型的离子型卤化物，室温下为白色固体。它的常见应用包括制冷设备所用的盐水、道路融冰剂和干燥剂。因为它在空气中易吸收水分发生潮解，所以无水氯化钙必须在容器中密封储藏。氯化钙及其水合物和溶液在食品制造、建筑材料、医学和生物学等多个方面均有重要的应用价值。

（2）碳酸钠

碳酸钠（Na_2CO_3），俗名苏打、石碱、纯碱、洗涤碱，化学式为Na_2CO_3，为强电解质，具有盐的通性和热稳定性，易溶于水，水溶液呈碱性，在水溶液或熔融状态下能导电，常温下为白色无气味的粉末或颗粒。

（3）氯化铵

氯化铵为无色晶体或白色结晶性粉末；无臭，味咸；有引湿性。本品在水中易溶，在乙醇中微溶。

（4）己二酸

己二酸，又称肥酸，是一种重要的有机二元酸，能够发生成盐反应、酯化反应、酰胺化反应等，并能与二元胺或二元醇缩聚成高分子聚合物等。己二酸是工业上具有重要意义的二元羧酸，在化工生产、有机合成工业、医药、润滑剂制造等方面都有重要作用，产量居所有二元羧酸中的第二位。

（5）季戊四醇

季戊四醇主要用在涂料工业中，可用以制造醇酸树脂涂料，能使涂料膜的硬度、光泽和耐久性得以改善。它也用作色漆、清漆和印刷油墨等所需的松香树脂的原料，并可制干性油、阻燃性涂料和航空润滑油等。季戊四醇的脂肪酸酯是高效的润滑剂和聚氯乙烯增塑剂，其环氧衍生物则是生产非离子表面活性剂的原料。季戊四醇易与金属形成络合物，也在洗涤剂配方中作为硬水软化剂使用。此外，还用于医药、农药等生产。

图 10-2 碳酸钙制备流程图

季戊四醇分子中含有四个等同的羟甲基，具有高度的对称性，因此常被用作多官能团化合物的制取原料。由它硝化可以制得季戊四醇四硝酸酯（PETN），是一种烈性炸药，酯化可得季戊四醇三丙烯酸酯（PETA），用作涂料。

四、实训操作步骤

本装置采用氯化钙与碳酸钠复分解反应的方法制备碳酸钙，操作步骤如下。

① 配制 1mol/L 的氯化铵溶液 45L（2.4kg 氯化铵固体粉末，加水至 45L）和 1mol/L 的碳酸钠溶液（4.8kg 碳酸钠固体粉末，加水至 45L），从加料口分别加入氯化铵计量槽 V101 和碳酸钠计量槽 V102。

② 在混合釜 R101 中加入一定量的母液。关闭阀门 VA105、VA107、母液回流罐排污阀，开阀门 VA101、VA164、VA165，半开阀门 VA168，开母液循环泵，缓慢开阀 VA166、VA167，防止转子打坏流量计。

③ 加入一定量母液后，关闭阀门 VA166、VA167，关闭母液循环泵，关阀门 VA164、VA165、VA168。初次开车用去离子水代替。

④ 加入经称量后的氯化钙 5kg（固体料），并加水至 500mm。关闭去离子水管路其他支路阀门，开去离子水泵入口阀和出口阀、阀门 VA102，开去离子水泵，加水至 500mm。

⑤ 加水完毕后，关去离子水泵，关阀门 VA102 及去离子水泵入口阀和出口阀。

⑥ 在搅拌作用下制成氯化钙料浆（可适当升温使溶解速度加快），并由混合釜出料泵 P103 打入反应釜 R102 约 90L（磁翻板液位约为 300mm）。关闭阀门 VA133、VA131、VA129、VA116、VA117、VA124、VA125、VA183、VA184，开阀门 VA107、VA108、VA110、VA104，开混合釜出料泵开关，混合釜排净后关闭混合釜出料泵，关闭所有阀门。用实物做实验时不建议走玻璃转子流量计，防止未完全溶解的氯化钙堵塞流量计。

⑦ 由氯化铵计量槽 V101 将一半氯化铵溶液经氯化铵泵 P101 加入反应釜 R102。关闭阀门 VA113，开阀门 VA118、VA112、VA114，半开阀门 VA116，开氯化铵泵，缓慢开阀 VA115、VA117，调节转子流量为 1/2 左右。加入 20L 后，关闭氯化铵泵，关闭所有阀门。

⑧ 由碳酸钠计量槽 V102 将一半碳酸钠溶液经碳酸钠泵 P102 加入反应釜 R102。关闭阀门 VA121，开阀门 VA119、VA120、VA122，半开阀门 VA125，开碳酸钠泵，缓慢开阀 VA123、VA124，调节转子流量为 1/2 左右。加入 20L 后，关闭碳酸钠泵，关闭所有阀门。

⑨ 打开反应釜 R102 搅拌，打开反应釜 R102 导热油加热。开阀门 VA301、VA302、VA305、VA183、VA184，开导热油泵进出口阀，开导热油加热，温度维持在 40～80℃，开阀门 VA209、VA210，开循环水泵进出口阀门，开循环水泵，冷却反应釜蒸汽，至反应完全后，关闭导热油泵、循环水泵，关闭所有阀门。

⑩ 在一定的温度下（40～80℃）进行复分解反应并至反应终点，然后用反应釜出料泵 P104 将物料打入缓冲釜 R103 备用。关闭阀门 VA138、VA132、VA162、VA181、VA182，开阀门 VA137、VA129、VA130、VA135，开反应釜出料泵，全打入缓冲釜后关闭反应釜

出料泵，关闭反应釜搅拌，关闭所有阀门。开阀门 VA181、VA182、VA207、VA208，开循环水泵进出口阀门，开循环水泵，开冷水塔风机，将缓冲釜的蒸汽冷却。20min 后关闭循环水泵及冷水塔风机，关闭所有阀门。

⑪ 开反应釜搅拌，开启去离子水阀门对反应釜 R102 进行洗涤。打开反应釜 R102 进气管阀门（进气前先打开中间罐 V103 的进口阀），洗涤液进入中间罐 V103。开阀门 VA126、VA104、去离子水泵进出口阀门，开去离子水泵，加水到 500mm 后，关闭去离子水泵，关闭所有阀门，开反应釜搅拌，搅拌 10～20min 后，开阀门 VA127、VA133、压缩空气罐出口阀，关闭空气管路其他支路阀门，关闭阀门 VA159、VA160，开阀门 VA161，打开空压机开关。用气压将清洗液打入中间罐，结束后关闭空压机、反应釜搅拌及所有阀门。

⑫ 将缓冲釜 R103 中物料由缓冲釜出料泵 P105 打入蒸发釜 R104。关闭阀门 VA146、VA171、VA179、VA180，打开阀门 VA144、VA162、VA163、VA143，开缓冲釜出料泵 P105，结束后关闭缓冲釜出料泵 P105，关闭所有阀门。

⑬ 开启去离子水阀门对缓冲釜进行洗涤。开阀门 VA137、VA139 及去离子水泵进出口阀门，开去离子水泵，当缓冲釜液位达到 500mm 时关闭去离子水泵及所有阀门。开缓冲釜搅拌，10～20min 后，开阀门 VA132、VA140、空气缓冲罐出口阀，开空压机，用气压将冲洗液打入中间罐，结束后关闭缓冲釜搅拌、空压机及所有阀门。

⑭ 打开中间罐出料泵 P109 将洗涤液全部泵入蒸发釜 R104。开阀门 VA160、VA155，半开阀门 VA158，开中间罐出料泵，缓开阀门 VA156、VA157，使转子流量达到 1/2，冲洗液打完后，关闭中间罐出料泵 P109，关闭相关阀门。

⑮ 开蒸发釜搅拌，打开蒸发釜 R104 的导热油加热。打开阀门 VA307、VA309、VA310、导热油泵进出口阀门，开导热油泵，将蒸发釜加热到 40～80℃，加速蒸发。

⑯ 将物料浓缩至 90L（磁翻板液位约为 300mm），同时打开冷却水阀门，冷凝液通过蒸发釜 R104 的冷凝器 E103（打开冷凝液的进、出口阀）导入母液回流罐 V104。开阀门 VA179、VA205、VA206、VA180、VA170、循环水泵进出口阀门，关阀门 VA178，开循环水泵和冷水塔风机，冷却蒸汽，使冷却液流到母液回流罐 V104。

⑰ 由蒸发釜出料泵 P106 将物料导入结晶釜 R105 中进行冷却结晶。关闭阀门 VA154、结晶釜出料阀 P107，打开阀门 VA151、VA171、VA172、VA150，开蒸发釜出料泵 P106，排料结束后关闭蒸发釜出料泵 P106，关闭所有阀门。

⑱ 开结晶釜 R105 搅拌，在结晶时为了控制晶型，可在结晶釜 R105 中适当加入少许晶型控制剂（225g 己二酸或 450g 季戊四醇）。

⑲ 在结晶完成后，可由结晶釜 R105 将物料通过重力输送至离心过滤机 X101。开结晶釜 R105 出料阀，使物料进入离心机，开离心机开关。

⑳ 然后将滤液通过泵 P107 泵入板框过滤机 X102 进一步进行固液分离。开阀门 VA173、VA174、VA177、VA185、VA186、VA178、VA170，开离心液泵。

㉑ 母液返回 V104 储槽备用，从过滤机中取出的固体物料即为碳酸钙湿产品。

㉒ 结束后关闭结晶釜 R105 搅拌、离心机、离心液泵，关闭所有阀门。

㉓ 冲洗蒸发釜 R104 和结晶釜 R105。

五、设备一览表（见表 10-2）

表 10-2　碳酸钙制备实训装置一览表

序号	类别	设备名称		主要技术参数	数量
1	静设备	混合釜 R101		200L,搪玻璃,桨式搅拌,搅拌电机,机械密封,罐内:0.2MPa,设计温度:-4～200℃,转速:0～140r/min	1
2		反应釜 R102		200L,搪瓷内衬,搅拌电机,桨式搅拌,转速:0～140r/min,机械密封,罐内:-0.08～0.4MPa,夹套:0.6MPa,设计温度:-20～200℃	1
3		缓冲釜 R103		300L,搪瓷内衬,搅拌电机,桨式搅拌,转速:0～140r/min,机械密封,电机(防爆),罐内:-0.08～0.4MPa,夹套:0.6MPa,设计温度:-20～200℃	1
4		蒸发釜 R104		200L,搪玻璃,搅拌电机,机械密封,电机(防爆),罐内:0.2MPa,夹套:0.6MPa,夹层电加热4×2kW,设计温度:-20～200℃	1
5		结晶釜 R105		200L,搪玻璃,搅拌,机械密封,罐内:0.2MPa,夹套:0.4MPa,设计温度:-20～200℃	1
6		氯化铵计量槽 V101		50L,316L	1
7		碳酸钠计量槽 V102		50L,316L	1
8		中间罐 V103		立式,200L,316L	1
9		母液回流罐 V104		立式,200L,316L	1
10		反应釜冷凝器 E101		列管式,不锈钢,F=1.5m²,规格尺寸:φ159	1
11		缓冲釜冷凝器 E102		列管式,不锈钢,F=1.5m²,规格尺寸:φ159	1
12		蒸发釜冷凝器 E103		列管式,不锈钢,F=1.5m²,规格尺寸:φ159	1
13 14 15	动设备	输送泵 P101～P109		氯化铵泵、碳酸钠泵、混合釜出料泵、反应釜出料泵、缓冲釜出料泵、蒸发釜出料泵、结晶釜出料泵、母液循环泵、中间罐出料泵共9台单螺杆泵,不锈钢,轴功率:0.25kW,出口压力:0.3MPa,流量:1m³/h	9
16		板框过滤机 X102		过滤面积:4m²,外框尺寸:500mm×500mm,过滤压力:0.8MPa,FRPP	1
17		离心过滤机 X101		三足式上部卸料,转鼓直径:450mm,转速:2000r/min,304不锈钢,内衬橡胶	1
18	仪表测控	温度	温度集中控制	反应釜温度控制,蒸发釜温度控制,结晶釜温度集中控制:PT100热电阻温度计+高精度智能显示控制仪表	3套
19			温度集中显示	缓冲釜温度集中显示:PT100热电阻温度计+高精度智能显示控制仪表	1套
20			温度就地显示	混合釜温度就地显示:现场指针温度计	1套
21		液位	液位集中显示	混合釜、反应釜、缓冲釜、蒸发釜、结晶釜液位集中显示:磁翻板远传液位计+高精度智能显示控制仪表	5套
22			液位就地显示	氯化铵计量槽、碳酸钠计量槽、中间罐、母液回流罐液位显示:磁翻板液位计	4套
23		流量	流量就地显示	氯化铵泵流量、碳酸钠泵流量、混合釜出料泵流量、反应釜出料泵流量、缓冲釜出料泵流量、蒸发釜出料泵流量、结晶釜出料泵流量、母液循环泵流量、中间罐出料泵流量就地显示:玻璃转子流量计	9套
24		压力	釜压集中显示	反应釜、蒸发釜、结晶釜压力集中显示:压力变送器+高精度智能显示控制仪表	5套
25			釜压就地显示	混合釜、缓冲釜压力就地显示:精密指正压力表	2套
26			泵压就地显示	氯化铵泵、碳酸钠泵、混合釜出料泵、反应釜出料泵、缓冲釜出料泵、蒸发釜出料泵、结晶釜出料泵、母液循环泵、中间罐出料泵共9台压力就地显示:指针压力表	9套

第四节 CO_2 吸收-解吸过程实训

一、实训目的

① 认识吸收-解吸设备结构。
② 认识吸收-解吸装置流程及仪表。
③ 掌握吸收-解吸装置的运行操作技能。
④ 学会常见异常现象的判别及处理方法。

二、生产工艺过程

气体吸收是典型的化工单元操作过程,其原理是根据气体混合物中各组分在选定液体吸收剂中物理溶解度或化学反应活性的不同而实现气体组分分离的传质单元操作。前者称物理吸收,后者称化学吸收。吸收操作所用的液体溶剂称为吸收剂,以 S 表示;混合气体中,能够显著溶解于吸收剂的组分称为吸收物质或溶质,以 A 表示;而几乎不被溶解的组分统称为惰性组分或载体,以 B 表示。吸收操作所得的溶液称为吸收液或溶液,它是溶质 A 在溶剂 S 中的溶液;被吸收后排出的气体称为吸收尾气,其主要成分为惰性气体 B,但仍含有少量未被吸收的溶质 A。吸收操作在石油化工、天然气化工以及环境工程中有极其广泛的应用,按工程目的可归纳为:

① 净化原料气或精制气体产品;
② 分离气体混合物以获得需要的目的组分;
③ 制取气体溶液作为产品或中间产品;
④ 治理有害气体的污染,保护环境。

与吸收相反的过程,即溶质从液相中分离出来而转移到气相的过程(用惰性气体吹扫溶液、将溶液加热或将其送入减压容器中使溶质析出),称为解吸或提馏。吸收与解吸的区别仅仅是过程中物质传递的方向相反,它们所依据的原理相同。

(一) 基本原理

1. 物理吸收和化学吸收

气体中各组分因在溶剂中物理溶解度的不同而被分离的吸收操作称为物理吸收,溶质与溶剂的结合力较弱,解吸比较方便。

但是,一般气体在溶剂中的溶解度不高。利用适当的化学反应,可大幅度地提高溶剂对气体的吸收能力。同时,化学反应本身的高度选择性必定赋予吸收操作以高度选择性。此种利用化学反应而实现吸收的操作称为化学吸收。

2. 气体在液体中的溶解度,即气液平衡关系

在一定条件(系统的温度和总压力)下,气液两相长期或充分接触后趋于平衡。此时溶质组分在两相中的浓度分布服从相平衡关系。对气相中的溶质来说,液相中的浓度是它的溶解度;对液相中的溶质来说,气相分压是它的平衡蒸气压。气液平衡是气液两相密切接触后所达到的终极状态。在判断过程进行的方向(吸收还是解吸)、吸收剂用量、解吸吹扫气体用量以及设备的尺寸时,气液平衡数据都是不可缺少的。

吸收用的气液平衡关系可用亨利定律表示:气体在液体中的溶解度与它在气相中的分压

成正比，即

$$p^* = EX$$
$$Y^* = mX$$

式中 p^*——溶质在气相中的平衡分压，kPa；

　　　　Y^*——溶质在气相中的摩尔分率；

　　　　　X——溶质在液相中的摩尔分率。

E 和 m 为以不同单位表示的亨利系数，m 又称为相平衡常数。这些常数的数值越小，表明可溶组分的溶解度越大，或者说溶剂的溶解能力越大。E 与 m 的关系为

$$m = \frac{E}{p}$$

式中 p——总压，kPa。

亨利系数随温度而变，压力不大（约5MPa以下）时，随压力改变而发生的变化很小，可以不计。不同温度下，二氧化碳的亨利系数如表10-3所示。

表 10-3　不同温度下 CO_2 溶于水的亨利系数

温度/℃	0	5	10	15	20	25	30	35	40	45	50
E/MPa	73.7	88.7	105	124	144	166	188	212	236	260	287

吸收过程涉及两相间的物质传递，它包括三个步骤：

① 溶质由气相主体传递到两相界面，即气相内的物质传递；

② 溶质在相界面上的溶解，由气相转入液相，即界面上发生的溶解过程；

③ 溶质自界面被传递至液相主体，即液相内的物质传递。

一般来说，第二步即界面上发生的溶解过程很易进行，其阻力极小。因此，通常都认为界面上气、液两相的溶质浓度满足相平衡关系，即认为界面上总保持着两相的平衡。这样，总过程速率将由两个单相即气相与液相内的传质速率所决定。

无论气相或液相，物质传递的机理都包括以下两种：

① 分子扩散　分子扩散类似于传热中热传导，是分子微观运动的宏观统计结果。混合物中存在的温度梯度、压强梯度及浓度梯度都会产生分子扩散。吸收过程中常见的是因浓度差而造成的分子扩散速率。

② 对流传质　在流动的流体中不仅有分子扩散，流体的宏观流动也将导致物质的传递，这种现象称为对流传质。对流传质与对流传热相类似，通常是指流体与某一界面（如气液界面）之间的传质。

常见的解吸方法有升温、减压、吹气，其中升温与吹气最为常见。溶剂在吸收与解吸设备之间循环，其间的加热与冷却、泄压与加压消耗较多的能量。如果溶剂的溶解能力差，离开吸收设备的溶剂中溶质浓度较低，则所需的溶剂循环量大，再生时的能量消耗也大。同样，若溶剂的溶解能力对温度变化不敏感，所需解吸温度较高，溶剂再生的能耗也将增大。

3. 流体力学性能

填料塔是一种应用很广泛的气液传质设备，它具有结构简单、压降低、填料易用耐腐蚀材料制造等优点。

在填料塔内液膜所流经的填料表面是许多填料堆积而成的，形状极不规则。这种不规则的填料表面有助于液膜的湍动。特别是当液体自一个填料通过接触点流至下一个填

料时，原来在液膜内层的液体可能处于表面，而原来处于表面的液体可能转入内层，由此产生所谓的表面更新现象。这有力地加快液相内部的物质传递，是填料塔内气液传质中的有利因素。

但是，也应该看到，在乱堆填料层中可能存在某些液流所不及的死角。这些死角虽然是湿润的，但液体基本上处于静止状态，对两相传质贡献不大。

液体在乱堆填料层内流动所经历的路径是随机的。当液体集中在某点进入填料层并沿填料流下，液体将呈锥形逐渐散开。这表明乱堆填料具有一定的分散液体的能力。因此，乱堆填料对液体预分布没有苛刻的要求。

另一方面，在填料表面流动的液体部分地汇集成小沟，形成沟流，使部分填料表面未能润湿。

综合上述两方面的因素，液体在流经足够高的一段填料层之后，将形成一个发展了的液体分布，称为填料的特征分布。特征分布是填料的特性，规整填料的特征分布优于散装填料。在同一填料塔中，喷淋液量越大，特征分布越均匀。

在填料塔中流动的液体占有一定的体积，操作时单位填充体积所具有的液体量称为持液量（m^3/m^3）。持液量与填料表面的液膜厚度有关。液体喷淋量大，液膜增厚，持液量也加大。在一般填料塔操作的气速范围内，由于气体上升对液膜下流造成的阻力可以忽略，气体流量对液膜厚度及持液量的影响不大。

在填料层内，由于气体的流动通道较大，因而一般处于湍流状态。气体通过干填料层的压降与流速的关系如图 10-3 所示，其斜率为 1.8～2.0。

当气液两相逆流流动时，液膜占一部分气体流动的空间。在相同的气体流量下，填料空隙间的实际气速有所增加，压降也相应增大。同理，在气体流量相同的情况下，液体流量越大，液膜越厚，压降也越大。

已知在干填料层内，气体流量增大将使压降按 1.8～2.0 次方增长。当填料层内存在两相逆流流动（液体流量不变）时，压强随气体流量增加的趋势要比干填料层大。这是因为气体流量的增大，使液膜增厚，塔内自由界面减少，气体的实际流速更大，从而造成附加的压降增高。

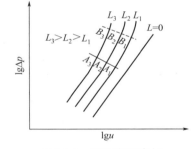

图 10-3　填料塔压降与
空塔速度的关系

低气速操作时，膜厚随气速变化不大，液膜增厚所造成的附加压降增高并不明显。如图 10-3 所示，此时压降曲线基本上与干填料层的压降曲线平行。高气速操作时，气速增大引起的液膜增厚对压降有显著影响，此时压降曲线变陡，其斜率可远大于 2。

图 10-3 中 A_1、A_2、A_3 等点表示在不同液体流量下，气液两相流动的交互影响开始变得比较显著，这些点称为载点。不难看出，载点的位置不是十分明确，但它提示人们，自载点开始，气液两相流动的交互影响已不容忽视。

自载点以后，气液两相的交互作用越来越强烈。当气液流量达到某一定值时，两相的交互作用恶性发展，将出现液泛现象。在压降曲线上，出现液泛现象的标志是压降曲线近于垂直。压降曲线明显变为垂直的转折点（如图 10-3 所示的 B_1、B_2、B_3 等）称为泛点。

前已述及，在一定液体流量下，气体流量越大，液膜所受的阻力亦随之增大，液膜平均流速减小而液膜增厚。在泛点之前，平均流速减小可由膜厚增加而抵消，进入和流出填料层的液量可重新达到平衡。因此，在泛点之前，每一个气量对应一个膜厚，此时，液膜可能很厚，但气体仍保持为连续相。

当气速增大至泛点时，出现了恶性的循环。此时，气量稍有增加，液膜将增厚，实际气速将进一步增加；实际气速的增大反过来促使液膜进一步增厚。泛点时，尽管气量维持不变，如此相互作用终不能达到新的平衡，塔内持液量将迅速增加。最后，液相转为连续相，而气相转为分散相，以气泡形式穿过液层。

泛点对应于上述转折点，此时，塔内充满液体，压降剧增，塔内液体返混和气体的液沫夹带现象严重，传质效果极差。

4. 传质性能

吸收系数是决定吸收过程速率高低的重要参数，而实验测定是获取吸收系数的根本途径。对于相同的物系及一定的设备（填料类型与尺寸），吸收系数将随着操作条件及气液接触状况的不同而变化。

虽然本实验所用气体混合物中二氧化碳的组成较高，所得吸收液的浓度却不高。可认为气液平衡关系服从亨利定律，可用方程式 $Y^* = mX$ 表示。又因是常压操作，相平衡常数 m 值仅是温度的函数。

（1） N_{OG}、H_{OG}、$K_Y a$、φ_A 可依下列公式进行计算

$$N_{OG} = \frac{Y_1 - Y_2}{\Delta Y_m}, \quad \Delta Y_m = \frac{\Delta Y_1 - \Delta Y_2}{\ln \dfrac{\Delta Y_1}{\Delta Y_2}}$$

$$H_{OG} = \frac{Z}{N_{OG}}, \quad K_Y a = \frac{q}{H_{OG} \Omega}, \quad \varphi_A = \frac{Y_1 - Y_2}{Y_1}$$

式中　　　Z——填料层的高度，m；

　　H_{OG}——气相总传质单元高度，m；

　　N_{OG}——气相总传质单元数，无量纲；

　Y_1，Y_2——进、出口气体中溶质组分（A 与 B）的摩尔比；

　　ΔY_m——所测填料层两端面上气相推动力的平均值；

ΔY_2，ΔY_1——填料层上、下两端面上气相推动力；

$$\Delta Y_1 = Y_1 - mX_1, \quad \Delta Y_2 = Y_2 - mX_2$$

　X_2，X_1——进、出口液体中溶质组分（A 与 S）的摩尔比；

　　　m——相平衡常数，无量纲；

　　$K_Y a$——气相总体积吸收系数，kmol/（m³·h）；

　　　q——空气（B）的摩尔流量，kmol/h；

　　　Ω——填料塔截面积，m²；

　　φ_A——混合气中二氧化碳被吸收的百分率（吸收率），无量纲。

（2）操作条件下液体喷淋密度的计算

$$喷淋密度 U = \frac{流体流量}{塔截面积}$$

最小喷淋密度经验值 U_{min} 为 0.2m³/（m²·h）。

（二）主要物料的平衡及流向

空气（载体）由空气压缩机提供，二氧化碳（溶质）由钢瓶提供，二者混合后从吸收塔

的底部进入吸收塔，向上流动通过吸收塔，与下降的吸收剂逆流接触吸收，吸收尾气一部分进入二氧化碳气体分析仪，大部分排空。吸收剂（解吸液）存储于解吸液储槽，经解吸液泵输送至吸收塔的顶端，向下流动经过吸收塔，与上升的气体逆流接触吸收其中的溶质（二氧化碳），吸收液从吸收塔底部进入吸收液储槽。

空气（解吸惰性气体）由旋涡气泵提供，从解吸塔的底部进入解吸塔，向上流动通过解吸塔，与下降的吸收液逆流接触进行解吸，解吸尾气一部分进入二氧化碳气体分析仪，大部分排空。吸收液存储于吸收液储槽，经吸收液泵输送至解吸塔的顶端，向下流动经过解吸塔，与上升的气体逆流接触解吸其中的溶质（二氧化碳），解吸液从解吸塔底部进入解吸液储槽。

（三）气体吸收-解吸净化平台工艺流程图（见图10-4）

三、生产控制技术

在化工生产中，对各工艺变量有一定的控制要求。有些工艺变量对产品的数量和质量起着决定性的作用。例如，对吸收剂流量的控制可以直接影响到吸收液中二氧化碳的含量，而对吸收液储槽液位的控制可以保证实训得以顺利进行。

为了实现控制要求，可以有两种方式，一是人工控制，二是自动控制。自动控制是在人工控制的基础上发展起来的，使用了自动化仪表等控制装置来代替人的观察、判断、决策和操作。

先进控制策略在化工生产过程的推广应用，能够有效提高生产过程的平稳性和产品质量的合格率，对于降低生产成本、节能减排降耗、提升企业的经济效益具有重要意义。

1. 各项工艺操作指标

（1）操作压力

二氧化碳钢瓶压力≥0.5MPa；压缩空气压力≤0.3MPa；吸收塔压差 0~1.0kPa；解吸塔压差 0~1.0kPa；加压吸收操作压力≤0.5MPa。

（2）流量控制

解吸液流量：20~50L/h；吸收液流量：40~60L/h；解吸空气风机流量：0.6~0.7m³/h；CO_2 气体流量：4.0~10.0L/min；吸收空气风机流量：0.1~0.3m³/h。

（3）温度控制

吸收塔进、出口温度：室温；解吸塔进、出口温度：室温；各电机温升≤65℃。

（4）吸收液储槽液位（200~300mm）

（5）解吸液储槽液位（1/3~3/4）

2. 主要控制点的控制方法和仪表控制

（1）吸收剂（解吸液）流量控制（见图10-5）

（2）吸收液储槽液位控制（见图10-6）

（3）吸收惰性气体流量控制（见图10-7）

四、物耗能耗指标

本实训装置的物质消耗为：二氧化碳、吸收剂（水）。

本实训装置的能量消耗为：吸收泵、解吸泵和旋涡气泵耗电。

图 10-4 气体吸收-解吸净化平台工艺流程图

図 10-5 吸收剂流量控制方块图   图 10-6 吸收液储槽液位控制方块图

图 10-7 吸收惰性气体流量控制方块图

物耗能耗一览表见表 10-4。

表 10-4 物耗能耗一览表

名称	耗量	名称	额定功率
水	循环使用	吸收液泵	550W
总计	80L	解吸液泵	550W
二氧化碳	可调节	旋涡气泵	370W
总计	600L/min	总计	1.5kW

五、实训操作步骤

(一) 开车前准备

① 了解吸收和解吸传质过程的基本原理。

② 了解填料塔的基本构造,熟悉工艺流程和主要设备。

③ 熟悉各取样点及温度和压力测量与控制点的位置。

④ 熟悉用转子流量计、孔板流量计和涡轮流量计测量流量。

⑤ 检查公用工程 (水、电) 是否处于正常供应状态。

⑥ 设备上电,检查流程中各设备、仪表是否处于正常开车状态,动设备试车。

⑦ 了解本实训所用物系。

⑧ 检查吸收液储槽,是否有足够空间储存实训过程的吸收液。

⑨ 检查解吸液储槽,是否有足够解吸液供实训使用。

⑩ 检查二氧化碳钢瓶储量,是否有足够二氧化碳供实训使用。

⑪ 检查流程中各阀门是否处于正常开车状态:阀门关闭;阀门全开。

⑫ 按照要求制定操作方案。

发现异常情况,必须及时报告指导教师进行处理。

(二) 手动操作方案

1. 正常开车

① 确认阀门处于关闭状态,开阀门 VA102、VA106、VA107,半开阀门 VA105,启动

解吸液泵 P201，逐渐打开阀门 VA104，吸收剂（解吸液）通过涡轮流量计 FIC02 从顶部进入吸收塔。打开阀门 VA113、VA114。

② 将吸收剂流量设定为规定值（20～50L/h），观测涡轮流量计 FIC02 显示和吸收剂入口压力 PI05 显示。通过调节阀门 VA115 的开度来调节吸收塔液位高度。

③ 当吸收塔底的液位 LI01 达到规定值时，开阀门 VA117、VA118、VA119、VA126，启动旋涡气泵，将空气流量设定为规定值（0.1～0.3m^3/h），使空气流量达到此值。

④ 观测吸收液储槽的液位 LI03，待其大于规定液位高度（200～300mm）后，开阀门 VA224、VA226，启动旋涡气泵 P202，将空气流量设定为规定值（0.6～0.7m^3/h），调节空气流量 FIC05 到此规定值（若长时间无法达到规定值，可适当减小阀门 VA223 的开度）。

注：新装置首次开车时，解吸塔要先通入液体润湿填料，再通入惰性气体。

⑤ 半开阀门 VA209，开阀门 VA202、VA205、VA206，启动吸收液泵 P101，逐渐打开阀门 VA204，观测泵出口压力 PI04（如 PI04 没有示值，关泵，必须及时报告指导教师进行处理）。打开阀门 VA220、VA221，吸收液通过涡轮流量计 F2C03 从顶部进入解吸塔，通过吸收液涡轮流量计调节吸收液流量，直至 LI02 保持稳定。可以通过调节阀门 VA222 的开度调节解吸塔液位高度。

⑥ 观测空气由底部进入解吸塔和解吸塔内气液接触情况，空气入口温度由 TIC13 显示。

2. 正常操作

① 打开二氧化碳钢瓶阀门，调节二氧化碳流量到规定值，打开二氧化碳减压阀保温电源。

② 二氧化碳和空气混合后制成实训用混合气从塔底进入吸收塔。

③ 注意观察二氧化碳流量变化情况，及时调整到规定值。

④ 操作稳定 20min 后，分析吸收塔顶放空气体（AI01）、解吸塔顶放空气体（AI02）。

本实训可以改变下列工艺条件：a. 吸收塔混合气流量和组成；b. 解吸液流量和组成；c. 解吸塔空气流量；d. 吸收液流量和组成。

在操作过程中，可以改变一个操作条件，也可以同时改变几个操作条件。需要注意的是，每次改变操作条件，必须及时记录实训数据，操作稳定后及时取样分析和记录。操作过程中发现异常情况，必须及时报告指导教师进行处理。

3. 正常停车

① 关闭二氧化碳钢瓶总阀门，关闭二氧化碳减压阀保温电源。

② 10min 后，关闭吸收液泵 P101 电源，关闭旋涡气泵电源。

③ 吸收液流量变为零后，关闭解吸液泵 P201 电源。

④ 5min 后，关闭旋涡气泵 P202 电源。

⑤ 关闭总电源。

（三）DCS 操作方案

※宇电 AI-808 人工智能调节器和变频器的使用方法见本节末附录 3 和附录 4。

将变频器的频率控制参数 F011 设置为 0002。

启动 DCS 控制程序，出现如图 10-8 所示画面。

点击控制方式切换将控制方式切换到 DCS 控制，如图 10-9 所示。

1. 正常开车

① 确认阀门 VA111 处于关闭状态，点击解吸液泵开关打开按钮，启动解吸液泵 P201，逐渐打开阀门 VA111，吸收剂（解吸液）通过涡轮流量计 FIC02 从顶部进入吸收塔。

图 10-8　吸收装置界面

图 10-9　吸收控制调节界面

②　点击解吸液（吸收剂）流量控制画面，弹出解吸液流量窗口，用鼠标拖动给定值，将吸收剂流量调节到规定值（20～50L/h），观测流量计 FIC02 显示和解吸液入口压力 PI05 显示。

③　当吸收塔底的液位 LI01 达到规定值时，启动旋涡气泵，将空气流量调节到规定值（0.1～0.3m³/h），通过质量流量计算仪使空气流量达到此值。

④　观测吸收液储槽的液位 LI03，待其大于规定液位高度（200～300mm）后，点击解吸气泵开关打开按钮，启动旋涡气泵 P202，点击解吸空气流量控制画面，弹出解吸空气流量窗口，用鼠标拖动给定值，将空气流量调节到规定值（0.6～0.7m³/h），如图 10-10 所示（若长时间无法达到规定值，可适当减小阀门 VA118 的开度）。

图 10-10　设定解吸剂（空气）流量

注：新装置首次开车时，解吸塔要先通入液体润湿填料，再通入惰性气体。

⑤ 确认阀门 VA112 处于关闭状态，点击吸收液泵开关打开按钮，启动吸收液泵 P101，观测泵出口压力 PI04（如 PI04 没有示值，关泵，必须及时报告指导教师进行处理），打开阀门 VA112，吸收液通过流量计 FIC03 从顶部进入解吸塔，弹出吸收液流量窗口，用鼠标拖动给定值，调节吸收液流量，直至 LI02 保持稳定，观测涡轮流量计 FIC03 显示。

⑥ 观测空气由底部进入解吸塔和解吸塔内气液接触情况，空气入口温度由 FIC13 显示。

⑦ 将阀门 VA118 逐渐关小至半开，观察空气流量 FIC01 的示值。气液两相被引入吸收塔后，开始正常操作。

2. 正常操作

① 打开二氧化碳钢瓶阀门，调节二氧化碳流量到规定值，打开二氧化碳减压阀保温电源。

② 二氧化碳和空气混合后制成实训用混合气从塔底进入吸收塔。

③ 注意观察二氧化碳流量变化情况，及时调整到规定值。

④ 操作稳定 20min 后，分析吸收塔塔顶放空气体（AI01）、解吸塔塔顶放空气体（AI02）。

3. 正常停车

① 关闭二氧化碳钢瓶总阀门，关闭二氧化碳减压阀保温电源。

② 10min 后，点击吸收液泵开关关闭按钮，关闭吸收液泵 P101 电源，关闭空气压缩机电源。

③ 吸收液流量变为零后，点击解吸液泵开关关闭按钮，关闭解吸液泵 P201 电源。

④ 5min 后，点击解吸气泵开关关闭按钮，关闭旋涡气泵 P202 电源。

⑤ 关闭总电源。

六、安全生产技术

1. 吸收塔出口气体二氧化碳含量升高

造成吸收塔出口气体二氧化碳含量升高的原因主要有入口混合气中二氧化碳含量的增

加、混合气流量增大、吸收剂流量减小、吸收贫液中二氧化碳含量增加和塔性能的变化（填料堵塞、气液分布不均等）。

处理的措施依次有：

① 检查二氧化碳的流量，如发生变化，调回原值。

② 检查入吸收塔的空气流量 FIC01，如发生变化，调回原值。

③ 检查入吸收塔的吸收剂流量 FIC02，如发生变化，调回原值。

④ 打开阀门 V112，取样分析吸收贫液中二氧化碳含量，如二氧化碳含量升高，增加解吸塔空气流量 FIC05。

⑤ 如上述过程未发现异常，在不发生液泛的前提下，加大吸收剂流量 FIC02，增加解吸塔空气流量 FIC05，使吸收塔出口气体中二氧化碳含量回到原值，同时向指导教师报告，观测吸收塔内的气液流动情况，查找塔性能恶化的原因。

待操作稳定后，记录实验数据；继续进行其他实验。

2. 解吸塔出口吸收贫液中二氧化碳含量升高

造成吸收贫液中二氧化碳含量升高的原因主要有解吸空气流量不够、塔性能的变化（填料堵塞、气液分布不均等）。处理的措施有：

① 检查入解吸塔的空气流量 FIC05，如发生变化，调回原值。

② 检查解吸塔塔底的液封，如液封被破坏要恢复，或增加液封高度时，防止解吸空气泄漏。

③ 如上述过程未发现异常，在不发生液泛的前提下，加大解吸空气流量 FIC05，使吸收贫液中二氧化碳含量回到原值，同时向指导教师报告，观察塔内气液两相的流动状况，查找塔性能的恶化原因。

待操作稳定后，记录实验数据；继续进行其他实验。

七、设备一览表（见表 10-5）

表 10-5　CO_2 吸收-解吸实训装置设备一览表

序号	类别	仪器设备名称	主要技术参数	数量
1		CO_2 气体钢瓶及相应的减压阀	40L	2 个
2		填料吸收塔 T101	主体 $\phi100mm \times 1000mm$，塔高 2500mm，不锈钢压延环或金属波纹板，316L 不锈钢，保温	1
3		填料解吸塔 T201	主体 $\phi100mm \times 1000mm$，塔高 2500mm，电加热功率 10kW(2 组，可调)，填料同吸收塔，316L 不锈钢，保温	1
4	静设备	解吸液储槽 V201	$0.6m^3$，保温 316L，含电加热器	1
5		吸收液储槽 V101	$0.6m^3$，保温 316L，含电加热器	1
6		空气缓冲罐 V102	$\phi100mm \times 800mm$，316L	1
7		解吸液冷凝器 E201	列管式，传热面积 $1.5m^2$，316L 不锈钢	1
8		气液分离器 V202	50L，立式，316L 不锈钢	1
9		气体回收池 V203	20L，立式耐 CO_2 腐蚀，316L 不锈钢	2
10		空气预热器 E101	长 800mm，宽 600mm，高 800mm，厚 2mm，6kW，304	1

序号	类别	仪器设备名称	主要技术参数	数量
11	动设备	罗茨风机	流量 $300m^3/h$,风压 $1MPa$	1
12		离心泵	扬程 $35m$,流量 $3m^3/h$,$316L$ 不锈钢	2
13		回流泵	扬程 $5m$,流量 $1m^3/h$,$316L$ 不锈钢	1
14	仪表	流量	AI-708D(V24/X3/X5)	2
15			转子流量计 $0.16\sim1.6m^3/h$(液)	1
16			转子流量计 $0.25\sim2.5m^3/h$(气)	4 台
17		温度	AI-708D(X3/X5)	4 台
18			AI-702E(J1/J1/X3/X5)	3 台
19		压力	AI-501D(V24/X3)	2 台
20			AI-708D(V24/X3/X5)	1 台
21			现场压力表 $0\sim600kPa$	4 台
22		压差	AI-501D(V24/X3)	2 台
23		液位	AI-708D(V24/X3/X5)	3 台
24			玻璃管液位计	2 台
25	传感器	流量	涡轮流量计,LWQ-25	1 台
26		流量	涡轮流量计,LWGY-15	1 台
27		温度	$\phi3mm\times90mm$ K 型热电偶	10 台
28		压力	$0\sim0.1MPa$ 压力传感器	3 台
29		压差	$0\sim20kPa$ 压力传感器	2 台
30		液位	磁翻板液位计	3 台
31	分析	便携式烟气分析仪	可连续分析测量 CO_2,$0\sim10000mg/m^3$,精度 5%	2 台

附录　算法算例及仪表使用方法

附录 1　溶液中二氧化碳含量的测定方法

用移液管吸取 $0.1mol/L$ 的 $Ba(OH)_2$ 溶液 $10mL$,放入锥形瓶中,并从塔底取样口处用移液管接收塔底溶液 $20mL$,用胶塞塞好,并振荡。用滤纸除去瓶中碳酸钡白色沉淀,清液中加入 $2\sim3$ 滴甲基橙指示剂,最后用 $0.1mol/L$ 的盐酸滴定到终点。直到其脱除红色的瞬时为止,按下式计算得出溶液中二氧化碳的浓度:

$$c_{CO_2}(mol/L) = \frac{2c_{Ba(OH)_2}V_{Ba(OH)_2} - c_{HCl}V_{HCl}}{2V_{溶液}}$$

附录 2　本实训装置所用填料的相关参数（见表 10-6）

表 10-6　填料参数

填料		比表面积 /(m²/m³)	空隙率	填料因子	堆积密度 /(kg/m³)
名称	尺寸/mm				
陶瓷拉西环	8	570	0.64	2500	600
	16	305	0.73	900	730
钢鲍尔环	16	341	0.93	230	605

附录 3　宇电仪表的使用

（1）面板说明（见图 10-11）

图 10-11　宇电仪表面板图

1—上显示窗；2—下显示窗；3—设置键；4—数据移位（兼手动/自动切换）；

5—数据减少键；6—数据增加键；7—10 个 LED 指示灯

10 个 LED 指示灯中，MAN 灯灭表示自动控制状态，MAN 亮表示手动输出状态；PRG 表示仪表处于程序控制状态；OP1、OP2、AL1、AL2、AU1、AU2 等分别对应模块输入输出动作；COM 灯亮表示正与上位机进行通信。

（2）基本使用操作

① 显示切换：按 ⟲ 键可以切换不同的显示状态（见图 10-12）。

图 10-12　仪表显示状态

② 修改数据：需要设置给定值时，可将仪表切换到左侧显示状态，即可通过按 ◁、

▽或△键来修改给定值。AI仪表同时具备数据快速增减法和小数点移位法。按▽键减小数据，按△键增加数据，可修改数值位的小数点同时闪动（如同光标）。按键并保持不放，可以快速地增加/减少数值，并且速度会随小数点右移自动加快（3级速度）。而按◁键则可直接移动修改数据的位置（光标），操作快捷。

图 10-13　仪表参数设定

③ 设置参数：在基本状态下按◎键并保持约2s，即进入参数设置状态。在参数设置状态下按◎键，仪表将依次显示各参数，例如上限报警值HIAL、LOAL等，见图10-13。用◁、▽、△等键可修改参数值。按◁键并保持不放，可返回显示上一参数。先按◁键不放接着再按◎键可退出设置参数状态。如果没有按键操作，约30s后会自动退出设置参数状态。

（3）AI人工智能调节及自整定操作

AI人工智能调节算法是采用模糊规则进行PID调节的一种新型算法，在误差大时，运用模糊算法进行调节，以消除PID饱和积分现象，当误差小时，采用改进后的PID算法进行调节，并能在调节中自动学习和记忆被控对象的部分特征以使效果最优化。具有无超调、高精度、参数确定简单、对复杂对象也能获得较好的控制效果等特点。AI系列调节仪表还具备参数自整定功能，AI人工智能调节方式初次使用时，可启动自整定功能来协助确定M5、P、t等控制参数。将参数CtrL设置为2，启动仪表自整定功能，此时仪表下显示器将闪动显示"At"字样，表明仪表已进入自整定状态。自整定时，仪表执行位式调节，经2~3次振荡后，仪表内部微处理器根据位式控制产生的振荡，分析其周期、幅度及波形来自动计算出M5、P、t等控制参数。如果在自整定过程中要提前放弃自整定，可再按◁键并保持约2s，使仪表下显示器停止闪动"At"字样即可。视不同系统，自整定需要的时间可从数秒至数小时不等。仪表在自整定结束后，会将参数CtrL设置为3（出厂时为1）或4，这样今后无法从面板再按◁键启动自整定，可以避免人为的误操作再次启动自整定。

系统在不同给定值下整定得出的参数值不完全相同，执行自整定功能前，应先将给定值设置在最常用值或是中间值上。参数Ctl（控制周期）及dF（回差）的设置，对自整定过程也有影响，一般来说，这两个参数的设定值越小，理论上自整定参数准确度越高。但dF值如果过小，则仪表可能因输入波动而在给定值附近引起位式调节的误动作，这样反而可能整定出彻底错误的参数。推荐Ctl=0~2，dF=2.0。此外，基于需要学习的原因，自整定结束后初次使用，控制效果可能不是最佳，需要使用一段时间（一般与自整定需要的时间相同）后方可获得最佳效果。

附录4　变频器的使用

变频器面板如图10-14所示。

① 首先按下 DSP FUN 键，若面板LED上显示F_XXX（X代表0~9中任意一位数字），则进入步骤②；如果仍然只显示数字，则继续按 DSP FUN 键，直到面板LED上显示F_XXX时才进入步骤②。

② 接下来按 ▲ 或 ▼ 键来选择所要修改的参数号，由于N2系列变频器面板

LED 能显示四位数字或字母，可以使用 $\boxed{\substack{< \\ \text{RESET}}}$ 键来横向选择所要修改的数字的位数，以加快修改速度，将 F _ XXX 设置为 F _ 011 后，按下 $\boxed{\substack{\text{READ} \\ \text{ENTER}}}$ 键进入步骤③。

③ 按 $\boxed{\blacktriangle}$、$\boxed{\blacktriangledown}$ 键及 $\boxed{\substack{< \\ \text{RESET}}}$ 键设定或修改具体参数，将参数设置为 0000（或 0002）。

④ 改完参数后，按下 $\boxed{\substack{\text{READ} \\ \text{ENTER}}}$ 键确认，然后按动 $\boxed{\substack{\text{DSP} \\ \text{FUN}}}$ 键，将面板 LED 显示切换到频率显示的模式。

⑤ 按 $\boxed{\blacktriangle}$、$\boxed{\blacktriangledown}$ 键及 $\boxed{\substack{< \\ \text{RESET}}}$ 键设定需要的频率值，按下 $\boxed{\substack{\text{READ} \\ \text{ENTER}}}$ 键确认。

⑥ 按 $\boxed{\substack{\text{RUN} \\ \text{STOP}}}$ 键运行或停止。

图 10-14　变频器面板图

第五节　乙酸乙酯产品生产实训

一、产品概述

乙酸乙酯（ethyl acetate）又称醋酸乙酯。纯净的乙酸乙酯是无色透明有芳香气味的液体，具有优异的溶解性、快干性，用途广泛，是一种非常重要的有机化工原料和极好的工业溶剂，被广泛用于醋酸纤维、氯化橡胶、乙烯树脂、乙酸纤维树脂、合成橡胶、涂料及油漆等的生产过程中。

1. 产品名称及性质

CAS No. ：141-78-6；

$$CH_3-\overset{\overset{\textstyle O}{\|}}{C}-O-CH_2-CH_3$$

图 10-15　结构式

分子式：$C_4H_8O_2$；

结构式：$CH_3COOC_2H_5$（见图 10-15）；

相对分子质量：88.11。

乙酸乙酯的外观及性状：外观为无色澄清液体；有强烈的醚似的气味，微带果香的酒香，易扩散；熔点 $-83.6℃$；折光率（20℃）1.3708～1.3730；沸点 77.06℃；相对密度（水=1）0.894～0.898；相对蒸气密度（空气=1）3.04；饱和蒸气压 13.33kPa（27℃）；燃烧热 2244.2kJ/mol；临界温度 250.1℃；临界压力 3.83MPa；辛醇/水分配系数的对数值 0.73；闪点 $-4℃$；引燃温度 426℃；爆炸上限（体积分数）11.5%；爆炸下限（体积分数）2.0%；室温下的分子偶极距 $6.555×10^{-30}$；溶解性：微溶于水，溶于醇、酮、醚、氯仿等多数有机溶剂。

水解反应：在酸的催化下，乙酸乙酯水解为乙酸和乙醇；在碱的催化下，会水解成乙酸钠和乙醇。

醇解反应：即发生酯交换。

2. 产品质量规格（见表 10-7）

参见 GB/T 3728—2023。外观为透明液体，无悬浮杂质。

表 10-7　乙酸乙酯的质量规格

项目	要求	
	Ⅰ 型	Ⅱ 型
外观	透明液体,无悬浮杂质	
色度(铂-钴色号)/Hazen 单位	≤10	
乙酸乙酯的质量分数 /%	≥99.8	≥99.5
乙醇的质量分数 /%	≤0.05	≤0.10
水的质量分数/%	≤0.05	≤0.10
酸度(以 CH_3COOH 计)/%	≤0.004	0.005
密度(ρ_{20})/(g / cm³)	0.897～0.902	
蒸发残渣的质量分数/%	≤0.001	0.005
苯的质量分数/%	需要供需双方确定	
甲苯的质量分数/%		
乙苯的质量分数/%		
二甲苯的质量分数/%		

注：二甲苯为对二甲苯、间二甲苯和邻二甲苯 3 种异构体的质量之和。

3. 乙酸乙酯的用途

乙酸乙酯的主要用途有：①作为工业溶剂，用于涂料、黏合剂、乙基纤维素、人造革、油毡着色剂、人造纤维等产品中；②作为黏合剂，用于印刷油墨、人造珍珠的生产；作为提取剂，用于医药、有机酸等产品的生产；③作为香料原料，用于菠萝、香蕉、草莓等水果香精和威士忌、奶油等香料的主要原料。

二、原辅材料名称及规格

本实训装置的原料为无水乙醇、冰醋酸、浓硫酸（93％）和纯净水。乙醇和乙酸的摩尔比在 1∶1 到 2∶1 之间；浓硫酸以浓硫酸和冰醋酸混合物的方式加入反应器，浓硫酸的质量分数为 0.5％左右。

乙醇的结构简式为 CH_3CH_2OH，俗称酒精，它在常温、常压下是一种易燃、易挥发的无色透明液体，它的水溶液具有特殊的、令人愉快的香味，并略带刺激性。密度 0.789g/cm³（液）；熔点－117.3℃；沸点 78.3℃；在水中的 pK_a ＝15.9；黏度 1.200mPa·s(cP)；饱和蒸气压 5.33kPa（19℃）；燃烧热 1365.5kJ/mol；闪点 12℃；引燃温度 363℃。

乙酸分子是含有两个碳原子的饱和羧酸，分子式为 CH_3COOH。因是醋的主要成分，又称醋酸。广泛存在于自然界，例如在水果或植物油中主要以其化合物酯的形式存在；在动物的组织内、排泄物和血液中以游离酸的形式存在。乙酸易溶于水和乙醇，其水溶液呈弱酸性。乙酸盐也易溶于水。无色液体，有刺激性气味。熔点 16.6℃，沸点 117.9℃，相对密度

1.0492（20/4℃），闪点 39℃；爆炸极限（％）4.0～17。纯乙酸在 16.6℃以下时能结成冰状的固体，所以常称为冰醋酸。稀释后对金属有强烈腐蚀性。

浓硫酸是指浓度大于或等于 70％（质量分数）的硫酸溶液。浓硫酸在浓度≥98％时，具有强氧化性，这是它与普通浓硫酸的最大区别之一。纯硫酸是一种无色无味油状液体。常用的浓硫酸中 H_2SO_4 的质量分数为 98.3％，密度为 1.84g/cm^3，物质的量浓度为 18.4mol/L。硫酸是一种高沸点难挥发的强酸，易溶于水，能以任意比与水混溶。浓硫酸溶解时放出大量的热，因此浓硫酸稀释时应该"酸入水，沿器壁，慢慢倒，不断搅"。

三、生产工艺过程

工业行业可以分为两大类：一类以物质转化为核心，从事物质的化学转化，生产新的物质产品，生产环节具有一定的不可分性，形成生产流程并多数连续操作，如石油化工、煤化工、非金属矿与金属矿的化学加工、基本无机及有机化工、精细化工等，可以统称为过程工业；另一类以物件的加工和组装为核心，不改变物质的内在形态，多属非连续操作，可以统称为装备与产品制造工业。

过程工业中有物理转化和化学转化两大类过程。物理转化过程包括流体输送、液体搅拌、固体的破碎、过滤、结晶、换热、蒸发、干燥、吸收、精馏、萃取、吸附、增湿、减湿及膜分离等单元操作。化学转化过程按参与反应物质的类别可分为均相和多相（又称为非均相）反应，均相反应包括气相反应和液相反应，多相反应包括液液相反应、气液相反应、液固相反应、气固相反应、固固相反应和气液固三相反应。化学转化过程即化学反应过程，是生产的关键过程。在进行化学反应过程的装置或化学反应器中进行反应时，必然伴有放热或吸热的热效应。对于多相反应，必然存在处于不同相的物质间的质量传递，在反应装置中必然存在着流体流动或固体颗粒的运动。不同结构的反应器中，又存在着不同的流动形式。

化学反应过程是一个综合化学反应与动量、质量、热量传递交互作用的宏观反应过程，这也就是 20 世纪初期国际化工学术界确立的"三传一反"的概念。

精馏是分离液体混合物的典型单元操作，它是通过加热产生气、液两相物系，利用物系中各组分挥发度不同的特性以实现分离的目的。通常，将低沸点的组分称为易挥发组分，高的称为难挥发组分。

精馏分离具有如下特点：

① 通过精馏分离可以直接获得所需要的产品。

② 精馏分离的适用范围广，它不仅可以分离液体混合物，而且可用于气态或固态混合物的分离。

③ 精馏过程适用于各种组成混合物的分离。

④ 精馏操作是通过对混合液加热建立气液两相体系的，所得到的气相还需要再冷凝。因此，精馏操作耗能较大。

伴有化学反应的精馏方法，有的用精馏促进反应，有的用反应促进精馏。用精馏促进反应，就是通过精馏不断移走反应的生成物，以提高反应转化率和收率。如醇加酸生成酯和水的酯化反应是一种可逆反应，将这个反应放在精馏塔中进行时，一边进行化学反应，一边进行精馏，及时分离出生成物酯和水。这样可使反应持续向酯化的方向进行。这种精馏在同一设备内完成化学反应和产物的分离，使设备投资和操作费用大为降低。但采用这种方法必须具备一定的条件：生成物的沸点必须高于或低于反应物；在精馏温度下不会导致副反应等不利影响的增加。目前在工业上主要应用于酯类（如乙酸乙酯）的生产。

塔设备是最常采用的精馏装置，无论是填料塔还是板式塔都在化工生产过程中得到了广泛的应用，在此我们以填料塔为例向大家介绍精馏设备。

（一）反应基本原理

目前，世界上工业合成乙酸乙酯的方法主要有乙酸乙醇酯化法、乙醛缩合法、乙醇脱氢歧化法以及最近已工业化生产的乙烯/乙酸直接合成法。

1. 乙酸乙醇酯化法

乙酸乙醇酯化法是传统的乙酸乙酯生产方法，在催化剂浓硫酸存在下，由乙酸和乙醇发生酯化反应而得，反应机理如图10-16所示。

$$C_2H_5OH + CH_3COOH \longrightarrow CH_3COOC_2H_5 + H_2O$$

图10-16　乙酸乙醇酯化法反应机理

该法生产乙酸乙酯的主要缺点是成本高、设备腐蚀严重、副反应多、副产物处理困难和对环境造成污染。

但是该法也不是一无是处，在经济和技术都相当发达的美国，至今仍然使用这一生产方法，原因是美国的粮食资源十分丰富，可由玉米等粮食经过发酵作用大规模生产乙醇，因此使用乙醇生产乙酸乙酯的成本比较低。这一方法的突破点就在于催化剂的选择上。

2. 乙醛缩合法

在催化剂乙醇铝（三乙氧基铝）的存在下，两分子的乙醛经 Tishchenko 反应自动氧化和缩合，重排形成一分子的乙酸乙酯：

$$2CH_3CHO \longrightarrow CH_3COOC_2H_5$$

缩合法的优点是：在常压低温下进行，转化率与收率高、原料消耗小、工艺简单、条件温和、设备腐蚀小、投资少、三废排放少，是一种比较经济的方法。

该方法在乙醛资源丰富和环保意识比较强的欧美、日本等地已建成了大规模的生产装置，在生产成本和环境保护等方面都有着明显的优势。但这种工艺受原料乙醛的限制，一般应建在乙烯、乙醛联合装置内。催化剂乙醇铝无法回收，最后通过加水生成氢氧化铝排放。

3. 乙醇脱氢歧化法

采用铜基催化剂（主要用 Pd/C、骨架 Ni、Cu-Co-Zn-Al 混合氧化物及 Mo-Sb 二元氧化物等催化剂）使乙醇脱氢生成粗乙酸乙酯，经高低压蒸馏分离共沸物，得到高纯度的乙酸乙酯：

$$2C_2H_5OH \longrightarrow CH_3COOC_2H_5 + H_2$$

该方法的优点是收率较酯化法高、成本较酯化法低、腐蚀小，易形成规模化生产。缺点是转化率和选择性低，分离系统尚存在一定问题。该方法只需要乙醇原料，在乙醇比较廉价的地方，用此法生产乙酸乙酯能取得极大的经济效益。

4. 乙烯/乙酸直接合成法

在以附载在二氧化硅等载体上的杂多酸金属盐或杂多酸为催化剂的条件下，乙烯气相水合后与汽化乙酸直接酯化生成乙酸乙酯：

$$CH_2=\!\!=CH_2 + CH_3COOH \longrightarrow CH_3COOC_2H_5$$

该法是近年来研究的热点，该工艺由于直接利用来源广泛的乙烯原料，价格较低廉，因而降低了生产成本，加上环境友好，经济效益好，已成为未来乙酸乙酯生产的发展方向。

该工艺技术先进，经济可行。充分利用原料优势，从乙烯和由甲醇低压羰基合成的价廉乙酸制取经济附加值较高的乙酸乙酯。

（二）常用反应器的类型

① 管式反应器：由长径比较大的空管或填充管构成，可用于实现气相反应和液相反应。

② 釜式反应器：由长径比较小的圆筒形容器构成，常装有机械搅拌或气流搅拌装置，可用于液相单相反应过程和液液相、气液相、气液固相等多相反应过程。用于气液相反应过程的反应器称为鼓泡搅拌釜；用于气液固相反应过程的反应器称为搅拌釜式浆态反应器。如图10-17所示。

③ 有固体颗粒床层的反应器：气体或（和）液体通过固定的或运动的固体颗粒床层以实现多相反应过程，包括固定床反应器、流化床反应器、移动床反应器、涓流床反应器等。

④ 塔式反应器：用于实现气液相或液液相反应过程的塔式设备，包括填充塔、板式塔、鼓泡塔等。

图 10-17　釜式反应器

⑤ 喷射反应器：利用喷射器进行混合，实现气相或液相单相反应过程和气液相、液液相等多相反应过程的设备。

⑥ 其他多种非典型反应器：如回转窑、曝气池等。

（三）反应器的操作方式

反应器的操作方式分间歇式、连续式和半连续式三种。间歇操作反应器是将原料按一定配比一次加入反应器，待反应达到一定要求后，一次卸出物料。连续操作反应器是连续加入原料，连续排出反应产物。当操作达到定态时，反应器内任何位置上物料的组成、温度等状态参数不随时间而变化。半连续操作反应器也称为半间歇操作反应器，介于上述两者之间，通常是将一种反应物一次加入，然后连续加入另一种反应物。反应达到一定要求后，停止操作并卸出物料。

间歇反应器的优点是设备简单，同一设备可用于生产多种产品，尤其适合于医药、染料等工业部门小批量、多品种的生产。另外，间歇反应器中不存在物料的返混，对大多数反应有利。缺点是需要装卸料、清洗等辅助工序，产品质量不稳定。

大规模生产应尽可能采用连续反应器。连续反应器的优点是产品质量稳定，易于操作控制。其缺点是连续反应器中都存在程度不同的返混，这对大多数反应皆为不利因素，应通过反应器合理选型和结构设计加以抑制。

1. 反应器的加料方式

对有两种以上原料的连续反应器，物料流向可采用并流或逆流。对几个反应器组成级联的设备，还可采用错流加料，即一种原料依次通过各个反应器，另一种原料分别加入各反应器。除流向外，还有原料是从反应器的一端（或两端）加入和分段加入之分。分段加入指一种原料由一端加入，另一种原料分成几段从反应器的不同位置加入，错流也可看成一种分段加料方式。采用什么加料方式，须根据反应过程的特征决定。

2. 反应器的换热方式

多数反应有明显的热效应。为使反应在适宜的温度条件下进行，往往需对反应物系进行换热。换热方式有间接换热和直接换热。间接换热指反应物料和载热体通过间壁进行换热，直接换热指反应物料和载热体直接接触进行换热。对放热反应，可以用反应产物携带的反应热来加热反应原料，使之达到所需的反应温度，这种反应器称为自热式反应器。

按反应过程中的换热状况，反应器可分为：

① 等温反应器：反应物系温度处处相等的一种理想反应器。反应热效应极小，或反应物料和载热体间充分换热，或反应器内的热量反馈极大（如剧烈搅拌的釜式反应器），这样的反应器可近似看作等温反应器。

② 绝热反应器：反应区与环境无热量交换的一种理想反应器。反应区内无换热装置的大型工业反应器，与外界换热可忽略时，可近似看作绝热反应器。

③ 非等温非绝热反应器：与外界有热量交换，反应器内也有热反馈，但达不到等温条件的反应器，如列管式固定床反应器。

换热可在反应区进行，如通过夹套进行换热的搅拌釜，也可在反应区间进行，如级间换热的多级反应器。

3. 反应器的操作条件

反应器的操作条件主要指反应器的操作温度和操作压力。温度是影响反应过程的敏感因素，必须选择适宜的操作温度或温度序列，使反应过程在优化条件下进行。例如对可逆放热反应应采用先高后低的温度序列以兼顾反应速率和平衡转化率。

反应器可在常压、加压或负压（真空）下操作。加压操作的反应器主要用于有气体参与的反应过程，提高操作压力有利于加速气相反应。对于总物质的量减小的气相可逆反应，则可提高平衡转化率，如合成氨、合成甲醇等。

4. 反应器的选型

对于特定的反应过程，反应器的选型需综合考虑技术、经济及安全等诸多方面的因素。反应过程的基本特征决定了适宜的反应器形式。例如气固相反应过程大致是用固定床反应器、流化床反应器或移动床反应器。但是适宜的选型则需考虑反应的热效应、对反应转化率和选择率的要求、催化剂物理化学性质和失活等多种因素，甚至需要对不同的反应器分别作出概念设计，进行技术的和经济的分析以后才能确定。

除反应器的形式以外，反应器的操作方式和加料方式也需考虑。例如，对于有串联或平行副反应的过程，分段进料可能优于一次进料。温度序列也是反应器选型的一个重要因素。例如，对于放热的可逆反应，应采用先高后低的温度序列，多级、级间换热式反应器可使反应器的温度序列趋于合理。反应器在过程工业生产中占有重要地位。就全流程的建设投资和操作费用而言，反应器所占的比例未必很大。但其性能和操作的优劣却影响着前后处理及产品的产量和质量，对原料消耗、能量消耗和产品成本也产生重要影响。因此，反应器的研究和开发工作对于发展各种过程工业有重要的意义。

（四）精馏基本原理

1. 基本原理

精馏分离是根据溶液中各组分挥发度（或沸点）的差异，使各组分得以分离。其中较易挥发的称为易挥发组分（或轻组分），较难挥发的称为难挥发组分（或重组分）。它通过气、液两相的直接接触，使易挥发组分由液相向气相传递，难挥发组分由气相向液相传递，是气、液两相之间的传递过程。

塔板的形式有多种，最简单的一种是板上有许多小孔（称筛板），每层板上都装有降液管，来自下一层（$n+1$ 层）的蒸汽通过板上的小孔上升，而上一层（$n-1$ 层）来的液体通过降液管流到第 n 层板上，在第 n 层板上气液两相密切接触，进行热量和质量的交换。进、出第 n 层板的物流有四种：

① 由第 $n-1$ 板溢流下来的液体量为 L_{n-1}，其组成为 x_{n-1}，温度为 t_{n-1}。

② 由第 n 层板上升的蒸汽量为 V_n，组成为 y_n，温度为 t_n。

③ 从第 n 层板溢流下去的液体量为 L_n，组成为 x_n，温度为 t_n。

④ 由第 $n+1$ 板上升的蒸汽量为 V_{n+1}，组成为 y_{n+1}，温度为 t_{n+1}。

因此，当组成为 x_{n-1} 的液体及组成为 y_{n+1} 的蒸汽同时进入第 n 板，由于存在温度差和浓度差，气液两相在第 n 板上密切接触进行传质和传热，结果会使离开第 n 板的气液两相平衡（如果为理论板，则离开第 n 板的气液两相成平衡）。若气液两相在板上的接触时间长，接触比较充分，那么离开该板的气液两相相互平衡，通常称这种板为理论板（y_n，x_n 成平衡）。精馏塔中每层板上都进行着与上述相似的过程，其结果是上升蒸汽中易挥发组分浓度逐渐增高，而下降的液体中难挥发组分越来越浓，只要塔内有足够多的塔板，就可使混合物达到所要求的分离纯度（共沸情况除外）。

加料板把精馏塔分为两段，加料板以上的塔，即塔上半部完成了上升蒸汽的精制，即除去其中的难挥发组分，因而称为精馏段。加料板以下（包括加料板）的塔，即塔的下半部完成了下降液体中难挥发组分的提浓，除去了易挥发组分，因而称为提馏段。一个完整的精馏塔应包括精馏段和提馏段。

精馏段操作方程为：

$$y_{n+1} = \frac{R}{R+1} x_n + \frac{x_D}{R+1}$$

提馏段操作方程为：

$$y_{n+1} = \frac{RD+qF}{(R+1)D-(1-q)F} x_n - \frac{F-D}{(R+1)D-(1-q)F} x_w$$

式中，R 为操作回流比；F 为进料摩尔流率；q 为进料的热状态参数，部分回流时，进料热状况参数的计算式为：

$$q = \frac{c_{pm}(t_{BP}-t_F)+r_m}{r_m}$$

式中　t_F——进料温度，℃；

　　　t_{BP}——进料的泡点温度，℃；

　　　c_{pm}——进料液体在平均温度 $(t_F+t_{BP})/2$ 下的比热容，J/(mol·℃)；

　　　r_m——进料液体在其组成和泡点温度下的汽化热，J/mol。

$$c_{pm} = c_{p1}x_1 + c_{p2}x_2$$
$$r_m = r_1 x_1 + r_2 x_2$$

式中　c_{p1}，c_{p2}——分别为纯组分 1 和组分 2 在平均温度下的比热容，J/(mol·℃)；

　　　r_1，r_2——分别为纯组分 1 和组分 2 在泡点温度下的汽化热，J/mol；

　　　x_1，x_2——分别为纯组分 1 和组分 2 在进料中的摩尔分率。

精馏操作涉及气、液两相间的传热和传质过程。塔板上两相间的传热速率和传质速率不仅取决于物系的性质和操作条件，而且还与塔板结构有关，因此它们很难用简单方程加以描述。引入理论板的概念，可使问题简化。

所谓理论板，是指在其上气、液两相都充分混合，且传热和传质过程阻力为零的理想化塔板。因此不论进入理论板的气、液两相组成如何，离开该板时气、液两相达到平衡状态，即两相温度相等，组成互相平衡。

实际上，由于板上气、液两相接触面积和接触时间是有限的，因此在任何形式的塔板上，气、液两相难以达到平衡状态，即理论板是不存在的。理论板仅用作衡量实际板分离效率的依据和标准。通常，在精馏计算中，先求得理论板数，然后利用塔板效率予以修正，即求得实际板数。引入理论板的概念，对精馏过程的分析和计算是十分有用的。

对于二元物系，如已知其汽液相平衡数据，则根据精馏塔的原料液组成、进料热状况、操作回流比、塔顶馏出液组成及塔底釜液组成，可由图解法或逐板计算法求出该塔的理论板数 N_T。按照下式可以得到总板效率 E_T，其中 N_P 为实际塔板数。

$$E_T = \frac{N_T - 1}{N_P} \times 100\%$$

2. 填料精馏塔

填料塔是一种应用很广泛的气液传质设备，塔具有结构简单、压降低、填料易用耐腐蚀材料制造等优点。早期的填料塔主要应用于实验室和小型工厂，由于研究和开发取得了很大的进展，现代填料塔直径可达数米乃至十几米。

图 10-18　填料塔的结构

典型填料塔的结构如图 10-18 所示。塔体为一圆筒，筒内堆放一定高度的填料。操作时，液体自塔上部进入，通过液体分布器均匀喷洒于塔截面上，在填料表层呈膜状流下。填充高度较高的填料塔可将填料分层，各层填料之间设置液体再分布器，收集上层流下的液体，并将液体重新均布于塔截面。气体自塔下部进入，通过填料层中的空隙从塔顶排出。离开填料层的气体可能夹带少量液沫，必要时可在塔顶安装除沫器。

3. 填料特性的评价

气液两相在填料表面进行逆流接触，填料不仅提供了气液两相接触的传质表面，而且促使气液两相分散，并使液膜不断更新。填料性能可由下列三方面予以评价：

① 比表面积。填料应具有尽可能大的表面积以供液体铺展，形成较多的气液接触界面。单位填充体积所具有的填料表面称为比表面积 a，单位为 m^2/m^3。对同种填料，小尺寸填料具有较大的比表面积，但填料过小造价高且气体流动的阻力大。

② 空隙率。在填料塔内气体是在填料间的空隙内通过的。流体通过颗粒层的阻力与空隙率 ε 密切相关。为减少气体的流动阻力，提高填料塔的允许气速（处理能力），填料层应有尽可能大的空隙率。对于各向同性的填料层，空隙率等于填料塔的自由截面百分率。

③ 填料的几何形状。虽然填料形状目前尚难以定量表达，但比表面积、空隙率大致接近而形状不同的两种填料在流体力学与传质性能上可有显著区别。形状理想的填料为气液两

相提供了合适的通道，气体流动的压降低，通量大，且液流易于铺展成液膜，液膜的表面更新迅速。因此，新型填料的开发主要是改进填料的形状。

此外，理想的填料还需兼顾便于制造、价格低廉、有一定强度和耐热、耐腐蚀性能，表面材质与液体的润湿性好等要求。

几种常用填料：常用填料有散装填料和规整填料两大类，前者可以在塔内乱堆，也可以整砌，各种填料的形状如图 10-19 所示。

(a) 拉西环　　(b) 鲍尔环　　(c) 矩鞍形填料　　(d) 阶梯环填料

(e) 金属英特洛克斯填料　　(f) θ网环　　(g) 鞍形网　　(h) 规整填料

图 10-19　填料的形状

① 拉西环。拉西环是于 1914 年最早使用的人造填料。它是一段高度和外径相等的短管，可用陶瓷和金属制造。拉西环形状简单，制造容易，其流体力学和传质方面的特性比较清楚，曾得到极为广泛的应用。

但是，大量的工业实践表明，拉西环由于高径比太大，堆积时相邻环之间容易形成线接触，填料层的均匀性较差。因此，拉西环填料层中的液体存在着严重的壁流和沟流现象。目前，拉西环填料在工业上的应用日趋减少。

② 鲍尔环。鲍尔环是在拉西环的基础上发展起来的，是一种具有代表性的填料。鲍尔环的构造是在拉西环的壁上沿周向冲出一层或两层长方形小孔，但小孔的母材不脱离圆环，而是向内弯回环的中心。鲍尔环这种构造提高了环内空间和环内表面的有效利用程度，使气体流动阻力大为降低，因而对真空操作尤为适用。鲍尔环上的两层方空是错开的，在堆积时即使相邻填料形成线接触，也不会阻碍气液两相的流动，不致产生严重的偏流和沟流现象。因此，采用鲍尔环填料，床层一般无需分段。

鲍尔环是国内外公认的性能优良的填料，其应用越来越广。鲍尔环可用陶瓷、金属或塑料制造。

③ 矩鞍形填料。矩鞍形填料又称英特洛克斯鞍（Intalox Saddle）。这种填料结构不对称，填料两面大小不等，堆积时不会重叠，填料层的均匀性大为提高。矩鞍形填料的气体流动阻力小，处理能力大，各方面的性能虽不及鲍尔环，仍不失为一种性能优良的填料。矩鞍形填料的制造比鲍尔环方便。

④ 阶梯环填料。阶梯环填料的构造与鲍尔环相似，环壁上开有长方形孔，环内有两层交错 45°的十字形翅片。阶梯环比鲍尔环短，高度通常只有直径的一半。阶梯环的一端制成喇叭口形状，因此，在填料层中填料之间呈多点接触，床层均匀且空隙率大。与鲍尔环相比，气体流动阻力可降低 25% 左右，生产能力可提高 10%。

⑤ 金属英特洛克斯填料。金属英特洛克斯填料把环形结构与鞍形结构结合在一起，气体压降低，可用于真空精馏，处理能力大。填料表面的液膜更新好，传质单元高度明显低于瓷制矩鞍填料，是现代工业上性能优良的一种散装填料。

⑥ 网体填料。上述几种填料都是用实体材料制成的。此外，还有一类以金属网或多孔金属片为基本材料制成的填料，称为网体填料。网体填料也可制成不同形状，如 θ 网环和鞍形网等。

网体填料的特点是网材薄，填料尺寸小，比表面积和空隙率都很大，液体均布能力强。因此，网体填料的气体阻力小，传质效率高。但是，这种填料的造价过高，在大型的工业生产中难以应用。

⑦ 规整填料。是将金属丝网或多孔板压制成波纹状并叠成圆筒形整块放入塔内。对大直径的塔，可分块拼成圆筒形砌入塔内。这种填料不但空隙率高、压降低，而且液体按预分布器设定的途径流下，只要液体的初始分布均匀，全塔填料层内的液体就分布良好，克服了大塔的放大效应，传质性能高。但填料造价高，易被杂物堵塞且难以清洗。目前，丝网波纹和板波纹填料已较广泛地用于分离要求高的精馏塔中。

（五）反应精馏的特点

普通精馏是气液两相传质过程，传质推动力是气液两相中组分浓度差，而反应精馏是气液两相传质和反应的复合过程，传质推动力包括气液两相中组分浓度差和反应效应。它是把化学反应和精馏操作有机地结合起来，使化学反应过程和精馏分离的物理过程同在一个塔设备内进行。这个过程既服从化学反应动力学规律，又遵循精馏的一般原理。因此，既不同于一般的反应器，也不同于一般的精馏塔，被称为反应精馏塔。在这种新型塔设备中，化学反应过程与分离过程相互作用，相互促进，使得这一单元操作能够顺利进行。

该技术具有如下特点：

① 催化反应和精馏在同一设备中进行，虽然在一定程度上增加了该塔器的复杂性，但简化了整个装置流程，降低了工艺的复杂性，可大大减少设备投资，同时操作费用降低。

② 对于放热反应，反应热可以为精馏过程提供一部分热量，降低能耗；对吸热反应，由反应精馏塔再沸器供给反应和精馏所需的总热量比在反应器和精馏塔分别供热节省，同时还能够减少加热和冷却冷凝的次数，降低能耗。

③ 对于可逆反应过程，由于产物的不断分离，使平衡向需要的方向移动，增大过程的转化率，甚至有可能实现与平衡常数无关的完全转化，减轻后续分离工序的负荷。

④ 对于目标产物具有二次副反应的，通过某一反应的不断分离抑制了副反应，提高了过程的选择性。

⑤ 由于反应热被精馏过程所消耗，且塔内各点温度受汽液相平衡的限制，始终为系统压力下该点处混合物的泡点，故反应温度易于通过调整系统压力来控制，能有效避免飞温问题。

⑥ 容易实现老工艺的改造，对于现有的生产装置，在大多数情况下，只需用催化剂取代部分塔板或填料，就可以完成向催化精馏塔的改造。对于平衡可逆反应，原有的反应器仍可继续使用，只需在反应器后串联一个催化精馏塔，就有可能使反应进一步进行下去，从而获得更高的转化率。

尽管反应精馏技术具有相当多的优点，但它不能适用于所有的化工过程。反应精馏技术的应用受到以下条件的限制：

① 操作必须在组分的临界点以下，否则气相与液相形成均相混合物，无法分离。

② 在反应适宜操作的温度、压强范围内，反应组分必须能进行精馏操作。

③ 体系中原料与反应产物挥发度大小顺序必须符合下列条件之一。产物的挥发度均大于反应物的挥发度；产物的挥发度均小于反应物的挥发度；反应物的挥发度介于产物的挥发度之间。

④ 若反应过程需要催化剂，则体系各组分不能和催化剂有互溶或相互作用，也不能含有导致催化剂失活的物质，反应过程也不能在催化剂上结焦，且在反应精馏的操作温度内，催化剂必须保持较高的活性和较长的寿命。

⑤ 反应精馏过程的分类方式有多种，按催化剂特点可分为非催化反应精馏和催化反应精馏，后者根据反应特点又可以分为均相反应精馏和非均相反应精馏；根据生产目的则可分为反应型反应精馏和精馏型反应精馏。

（六）主要物料的平衡及流向

原料乙醇由乙醇储槽 V101（或水解乙醇储槽 V404）通过乙醇泵 P101 送入酯化反应器 R101；乙酸由乙酸储槽 V102（或水解乙酸储槽 V403）通过乙酸泵 P102 送入酯化反应器 R101；浓硫酸用量较少，所以浓硫酸储槽 V103 兼作计量槽用。其位置高于酯化反应器 R101，借位差流入酯化反应器 R101。

乙酸和乙醇在浓硫酸的存在下，在酯化反应器 R101 内进行酯化反应。生成的酯化液由泵 P103 送入酯化塔 T101 作为酯化塔的进料之一。酯化塔 T101 的另一部分进料是由提浓塔 T201 底部残液通过提浓塔釜采出泵 P201 打入的。酯化塔塔顶蒸气在酯化塔顶冷凝器 E102 中冷凝后聚集到酯化塔凝液罐 D101，部分通过酯化塔回流泵 P104 送入酯化塔 T101；另一部分借助采出泵 P105 送入提浓塔 T201 作为进料用。酯化塔 T101 底部残液经酯化塔底冷凝器 E101 冷却后进入回收液储槽 V401。再由回收液泵 P401 送入水解反应器 R401 进行水解。

提浓塔 T201 顶部蒸气经提浓塔顶冷凝器 E202 冷凝后聚集到提浓塔凝液罐 D201，一部分通过提浓塔回流泵 P202 送回提浓塔 T201，另一部分送去喷射混合器 J201 与精制塔顶产品、纯净水混合后，再到沉降器 V201 进行分离。提浓塔 T201 塔底设有电加热再沸器 E201 作为塔底再沸器。

喷射混合器 J201 的另一部分进料来自精制塔顶出料，三支料流在喷射混合器 J201 中混合均匀后，借位差流入沉降器 V201 中进行沉降分离。下层水层自流入水层中间储槽 V202，用回收水泵 P204 打入水解反应器作为进料用。上部酯层自流入酯层中间储槽 V203，通过精制塔进料泵 P301 打入精制塔进料加热器 E301 加热后送入精制塔 T301 作为进料。

精制塔 T301 顶部蒸气进入精制塔顶冷凝器 E302 冷凝后送入精制塔凝液罐 D301，一部分送回精制塔 T301，另一部分送入喷射混合器 J201。精制塔 T301 底部设有电加热再沸器。成品乙酸乙酯自精制塔 T301 底部取出，经精制塔底冷却器 E304 冷却后由泵 P304 送入产品储槽 V301。

来自回收液储槽 V401 的回收液经回收液泵 P401 送至水解反应器 R401，来自乙酸乙酯产品储槽 V301 的乙酸乙酯经产品泵 P304 也送至水解反应器 R401。在水解反应器 R401 中进行乙酸乙酯的水解反应，水解反应产物经水解产品冷凝器 E401 冷凝后自流入水解产品储槽 V402，再用水解塔回流泵 P403 送至水解塔 T401 进一步进行水解同时进行醇酸分离。水解塔顶产品粗乙醇经水解塔顶采出泵 P404 送入水解乙醇储槽 V404；塔釜产品粗乙酸则自流入水解乙酸储槽 V403。

带有控制点的工艺及设备流程图见图 10-20～图 10-23。

图 10-20　酯化生产乙酸乙酯流程图

图 10-21　提浓乙酸乙酯流程图

图 10-22　精制乙酸乙酯流程图

图 10-23 水解乙酸乙酯流程图

四、生产控制技术

1．各项工艺操作指标

温度控制：进料温度≤70℃；酯化反应器：70℃；酯化塔顶：74～76℃；酯化塔釜：98～101℃；提浓塔顶：70～72℃；提浓塔釜：80～84℃；精制塔顶：70～72℃；精制塔釜：75～78℃。

加热电压：150～300V。

流量控制：进料流量3.0～10.0L/h；冷凝水流量300～400L/h。

液位控制：塔釜液位350～500mm；塔顶凝液罐液位200～400mm。

2．主要控制点的控制方法、仪表控制、装置和设备的报警连锁

（1）进料温度控制（见图10-24）

（2）塔釜加热电压控制（见图10-25）

图10-24　进料温度控制方块图

图10-25　加热电压控制方块图

（3）塔顶温度控制（见图10-26）

（4）流量控制（见图10-27）

图10-26　塔顶温度控制方块图

图10-27　塔顶流量控制方块图

（5）报警连锁

在原料预热和进料泵之间设置了连锁，只有在进料泵开启的情况下进料预热才可以开启。

塔釜液位设置有下限报警功能：当塔釜液位低于下限报警值时，仪表输出报警信号给再沸器，使其停止工作，以避免其干烧；当塔釜液位升至下限报警值之上时，报警解除，再沸器才能重新开始工作。

五、物耗能耗指标

本实训装置的物质消耗为：无水乙醇、冰醋酸、93％浓硫酸、纯净水、冷却水、自来水。本实训装置的能量消耗为：再沸器加热耗电；柱塞计量泵耗电；循环泵耗电。原料消耗综合见表10-8，能量消耗综合见表10-9和表10-10。

表 10-8　原料消耗综合

序号	物料名称	成分	单位	每吨产品(工业品)消耗量		每小时消耗量（工业品）	每昼夜消耗量（工业品）	每年消耗量（工业品）
				100%	工业品			
1	乙酸	100%	t	0.707	0.707	0.00898	0.2155	70.7
2	乙醇	95%	t	0.565	0.593	0.00753	0.1808	59.3
3	浓硫酸	93%	t	0.028	0.030	0.00381	0.0915	30.0
4	原料水	—	t	2.910	2.910	0.03696	0.8872	291.0

表 10-9　能量消耗综合（一）

序号	物料名称	单位	每吨产品(工业品)消耗量	每小时消耗量（工业品）	每昼夜消耗量（工业品）	每年消耗量（工业品）	备注
1	电	kW·h	62	0.788	18.9	6200	不包括照明用电

表 10-10　能量消耗综合（二）

序号	名称	特性和成分	单位	每吨产品(工业品)消耗量	每小时排出量	每年排出量	备注
1	酸性下水（来自 T201 底部）	其中 EtOAc1.45%，EtOH0.51%，$H_2SO_4$0.86%，温度约 49℃	t	3.24	0.0411	324	回收
2	净下水(来自冷凝器和冷却器：E101，E102，E201，E202，E302，E304，E401，E403)	平均温度 41℃	t	27.2	0.3455	2720	循环

六、实训操作步骤

1. 开车准备

① 熟悉各取样点及温度和压力测量与控制点的位置。

② 检查公用工程（水、电）是否处于正常供应状态。

③ 设备上电，检查流程中各设备、仪表是否处于正常开车状态，动设备试车。

④ 检查各产品罐，是否有足够空间储存实训产生的塔顶产品。如空间不够，向相应下游储罐中倒料。

⑤ 检查原料罐，是否有足够原料供实训使用，检测原料浓度是否符合操作要求，如有问题进行补料或调整浓度的操作。

⑥ 检查流程中各阀门是否处于正常开车状态。

⑦ 按照要求制定操作方案。

2. 酯化工段

① 启动乙醇泵 P101（打开乙醇储槽 V101 底部出口阀 Q101，乙醇泵出口阀 J101），向酯化反应器 R101 内输入 260L 乙醇，然后停泵（关闭阀门 Q101、J101）。

② 启动乙酸泵 P102（打开乙酸储槽 V102 底部出口阀 Q102，乙酸泵出口阀 J102），向酯化反应器 R101 内输入 200L 冰醋酸，然后停泵（关闭阀门 Q102、J102）。同时启动浓硫酸泵 P106（打开浓硫酸储槽 V103 底部出口阀 Q106，浓硫酸泵出口阀 J106），向反应器内输入 600mL 浓硫酸，然后停泵（关闭阀门 Q106、J106）。

③ 打开酯化反应器 R101 的电加热开关，将加热温度设定到 70℃，观察反应器内部的压力 PI01，温度 TIC01，预反应 2h。

④ 将乙醇泵 P101 的流量设定到 17L/h、乙酸泵 P102 的流量设定到 10L/h、浓硫酸泵 P106 的流量设定到 30mL/h，启动乙醇泵 P101（打开阀门 Q101、J101）、乙酸泵 P102（打开阀门 Q102、J102）、浓硫酸泵 P106（打开阀门 Q106、J106）连续向酯化反应器 R101 内进料。

⑤ 将酯化塔进料泵 P103 的流量设定到 14L/h，启动进料泵（打开酯化反应器 R101 底部出口阀 Q103，进料泵出口阀 J103）向酯化塔 T101 内连续进料。

⑥ 待酯化塔 T101 的塔釜液位 LIC06 达到 400mm 时，关闭进料泵 P103（关闭阀门 Q103、J103），同时关闭乙醇泵 P101（关闭阀门 Q101、J101）和乙酸泵 P102（关闭阀门 Q102、J102）以及浓硫酸泵 P106（关闭阀门 Q106、J106）。

⑦ 打开酯化塔再沸器 E103 的电加热开关，逐渐将加热电压调至 360V（在 100V 保持 10min，200V 保持 10min，300V 保持 10min 后到 360V），加热塔釜内原料液。

⑧ 当塔顶温度 TIC03 开始升高时打开塔顶冷凝器 E102 冷却水调节阀 J107，通入冷凝水。

⑨ 观察酯化塔塔釜液位 LIC06 的变化情况，同时观察塔釜的温度 TI05，填料层的温度 TI04，塔顶的温度 TIC03，塔釜压力 PI03，塔顶压力 PI02。当塔顶温度 TIC03 开始上升时，将加热电压设定在 250～360V 之间的某一数值。

⑩ 当塔顶温度 TIC03 相对稳定时，观察凝液罐 D101 中的液位 LIC07，塔顶凝液温度 TI06 的变化，适时启动酯化塔回流泵 P104（打开酯化塔回流泵 P104 的进口阀 J104A、出口阀 J104B）进行全回流操作，并调节回流流量，使塔顶凝液罐 D101 的液位 LIC07 稳定在 200～400mm 之间的某一值。

⑪ 操作稳定半小时后，重新启动酯化塔进料泵 P103（打开阀门 Q103、J103）开始部分回流操作，同时重新启动乙醇泵 P101（打开阀门 Q101、J101）和乙酸泵 P102（打开阀门 Q102、J102）以及浓硫酸泵 P106（打开阀门 Q106、J106）。

⑫ 启动酯化塔采出泵 P105（打开采出泵 P105 的进口阀 J105A、出口阀 J105B），开始向提浓塔 T201 进料，同时适当降低酯化塔回流泵 P104 的流量，回流比控制在 2～3 左右。

3. 提浓工段

① 待提浓塔的塔釜液位 LIC08 达到 400mm 时，关闭酯化塔采出泵 P105（关闭酯化塔采出泵 P105 的进口阀 J105A、出口阀 J105B）。

② 打开提浓塔再沸器 E201 的电加热开关，逐渐将加热电压调至 360V（在 100V 保持 10min，200V 保持 10min，300V 保持 10min 后到 360V），加热塔釜内原料液。

③ 当塔顶温度 TIC07 开始升高时打开塔顶冷凝器 E202 冷却水调节阀 J205，通入冷凝水。

④ 观察提浓塔塔釜液位 LIC08 的变化情况，同时观察塔釜温度 TI09，填料层的温度 TI08，塔顶温度 TIC07，塔釜压力 PI05，塔顶压力 PI04 变化。当塔顶温度 TIC07 开始上升

时，将加热电压设定在 250～360V 之间的某一数值。

⑤ 当塔顶温度 TIC07 相对稳定时，观察凝液罐 D201 中的液位 LIC09 和冷凝液温度 TI10 的变化，适时启动提浓塔回流泵 P202（打开提浓塔回流泵 P202 的进口阀 J202A、出口阀 J202B）进行全回流操作，并调节回流流量，使塔顶凝液罐 D201 的液位稳定在 200～400mm 之间的某一值。

⑥ 操作稳定半小时后，重新启动酯化塔采出泵 P105（打开采出泵 P105 的进口阀 J105A、出口阀 J105B）开始部分回流操作。

⑦ 启动提浓塔顶采出泵 P203（打开采出泵 P203 的进口阀 J203A、出口阀 J203B）和塔釜采出泵 P201（打开塔釜出口阀 Q201、采出泵 P201 出口阀 J201），开始出料，适当调节各泵流量保持物料平衡，回流比控制在 2～3 左右。

⑧ 在提浓塔顶采出泵 P203 启动的同时，打开喷射混合器 J201 的进水阀门（来自回水），调节进水流量和提浓塔采出流量相当，同时进入沉降器 V201。

⑨ 注意观察沉降器 V201 内的水-酯界面变化，随时调节水、酯的流量使界面稳定，水层放入水层中间储槽 V202（打开水层中间储槽 V202 进口阀 Q205），酯层放入酯层中间储槽 V203（打开酯层中间储槽 V203 进口阀 Q206）。

4. 精制工段

① 启动精制塔进料泵 P301（打开精制塔进料泵 P301 进口阀 Q301、出口阀 J301），向精制塔 T301 内进料，同时打开精制塔进料加热器 E301 的电加热开关，控制进料温度 TIC11，待精制塔的塔釜液位 LI13 达到 400mm 时，关闭进料泵 P301（关闭精制塔进料泵 P301 进口阀 Q301、出口阀 J301）和进料加热器 E301。

② 打开精制塔底再沸器 E303 的电加热开关，逐渐将加热电压调至 360V（在 100V 保持 10min，200V 保持 10min，300V 保持 10min 后到 360V），加热塔釜内原料液。

③ 当塔顶温度 TIC13 开始升高时打开塔顶冷凝器 E302 冷却水调节阀，通入冷凝水。

④ 观察精制塔塔釜液位 LI13 的变化情况，同时观察塔釜温度 TI15，填料层的温度 TI14，塔顶温度 TIC13，塔釜压力 PI07，塔顶压力 PI06 变化。当塔顶温度 TIC13 开始上升时，将加热电压设定在 250～360V 之间的某一数值。

⑤ 当塔顶温度 TIC13 相对稳定时，观察凝液罐 D301 中的液位 LIC12 和凝液温度 TI12 的变化，适时启动精制塔回流泵 P303（打开精制塔回流泵 P303 进口阀 Q303、出口阀 J303）进行全回流操作，并调节回流流量，使塔顶凝液罐的液位 LIC12 稳定在 200～400mm 之间的某一值。

⑥ 操作稳定半小时后，重新启动精制塔进料泵 P301（打开进料泵 P301 进口阀 Q301、出口阀 J301）开始部分回流操作。

⑦ 启动精制塔顶采出泵 P302（打开精制塔顶采出泵 P302 进口阀 Q302、出口阀 J302），开始向喷射混合器 J201 出料，同时适当降低精制塔回流泵 P303 的流量，回流比控制在 2～3 左右。

⑧ 打开乙酸乙酯产品冷凝器 E304 冷却水阀门，导通产品输出管路，开始产出成品乙酸乙酯到产品储槽 V301，观察产品储槽 V301 液位 LI14 和产品进口温度 TIC16。

5. 水解工段

① 启动产品泵 P304（打开产品泵 P304 进口阀 Q304、出口阀 J304）、回收液泵 P401（打开回收液泵 P401 进口阀 Q401、出口阀 J401）和回收水泵 P204（打开回收水泵 P204 进

口阀 Q204、出口阀 J204），向乙酸乙酯水解反应器 R401 内进料。

② 水解反应器的液位 LI15 达到 750mm 后，打开水解反应器 R401 电加热开关，并将加热温度设定在 120℃。

③ 当 R401 内温度 TIC17 开始升高时打开水解产品冷凝器 E401 冷却水，产品进入水解产品储槽 V402，观察水解产品储槽 V402 的液位 LI16 和产品进口温度 TI18 的变化。

④ 启动水解塔进料泵 P402（打开水解塔进料泵 P402 进口阀 Q402、出口阀 J402）向水解塔 T401 内进料，同时打开水解塔进料预热器 E402 电加热开关，控制进料温度 TIC19，待水解塔 T401 的塔釜液位 LIC18 达到 400mm 时，关闭进料泵 P402（关闭水解塔进料泵 P402 进口阀 Q402、出口阀 J402）和预热器 E402 电加热。

⑤ 开水解塔底再沸器 E404 的电加热开关，逐渐将加热电压调至 360V（在 100V 保持 10min，200V 保持 10min，300V 保持 10min 后到 360V），加热塔釜内原料液。

⑥ 打开水解塔顶冷凝器 E403 冷却水调节阀，通入冷凝水。

⑦ 观察水解塔塔釜液位 LIC18 的变化情况，同时观察塔釜温度 TI22，填料层的温度 TI21，塔顶温度 TIC20，塔釜压力 PI10，塔顶压力 PI09 变化。当塔顶温度 TIC20 开始上升时，将加热电压设定在 250～360V 之间的某一数值。

⑧ 塔顶温度 TIC20 相对稳定时，观察凝液罐 D401 中的液位 LIC19 和冷凝液温度 TI23 的变化，适时启动回流泵 P403（打开回流泵 P403 进口阀 J403A、出口阀 J403B）进行全回流操作，并调节回流流量，使塔顶凝液罐 D401 的液位 LIC19 稳定在 200～400mm 之间的某一值。

⑨ 稳定半小时后，重新启动水解塔进料泵 P402（打开水解塔进料泵 P402 进口阀 Q402、出口阀 J402）开始部分回流操作。

⑩ 打开水解塔顶采出泵 P404（打开采出泵 P404 进口阀 J404A、出口阀 J404B），开始出料到水解乙醇储槽 V404，观察水解乙醇液位 LI20，同时适当降低水解塔回流泵 P403 的流量，回流比控制在 2～3 左右。

⑪ 最后塔釜水解乙酸自流到水解乙酸储槽 V403，观察储槽液位 LI17。

七、安全生产技术

1. 塔顶温度的变化

本装置造成塔顶温度变化的原因主要有进料浓度的变化，进料量的变化，回流量与温度的变化和再沸器加热量的变化。

稳定操作过程中，塔顶温度上升的处理措施有：

① 检查回流量是否正常，如是回流泵的故障，及时报告指导教师进行处理。如回流量变小，要检查塔顶冷凝器是否正常。对于水冷装置，发现冷凝器工作不正常，一般是冷凝水供水管线上的阀门故障，此时可以打开与电磁阀并联的备用阀门。如是一次水管网供水中断，及时报告指导教师进行处理。

② 分别检查乙醇的进料量和乙酸的进料量，如发现进料发生了变化，及时报告指导教师，同时检测进料浓度，根据浓度的变化调整进料板的位置和再沸器的加热量。

③ 当进料量减小很多，如再沸器的加热量不变，经过一段时间后，塔顶温度会上升，此时可以将进料量调整回原值或减小再沸器的加热量。

④ 当塔顶压力升高后，在同样操作条件下，会使塔顶温度升高，应降低塔顶压力为正常操作值。

待操作稳定后，记录实训数据，继续进行其他实训。

稳定操作过程中，塔顶温度下降的处理措施有：

① 检查回流量是否正常，适当减小回流量、加大采出量。检查塔顶冷凝液的温度是否过低，适当提高回流液的温度。

② 分别检查乙醇的进料量和乙酸的进料量，如发现进料发生了变化，及时报告指导教师，同时检测进料浓度，根据浓度的变化调整进料板的位置和再沸器的加热量。

③ 当进料量增加很多，如再沸器的加热量不变，经过一段时间后，塔顶温度会下降，此时可以将进料量调整回原值或加大再沸器的加热量。

④ 当塔顶压力降低后，在同样操作条件下，会使塔顶温度下降，应提高塔顶压力为正常操作值。

2. 液泛或漏液

当塔底再沸器加热量过大、进料轻组分过多可能导致液泛。处理措施为：

① 减小再沸器的加热电压，如产品不合格停止出料和进料；

② 检测进料浓度，调整进料位置和再沸器的加热量。

当塔底再沸器加热量过小、进料轻组分过少或温度过低可能导致漏液。处理措施为：

① 加大再沸器的加热电压，如产品不合格停止出料和进料；

② 检测进料浓度和温度，调整进料位置和温度，增加再沸器的加热量。

附录

附录 1　乙酸乙酯-乙醇-水体系相图（见图 10-28）

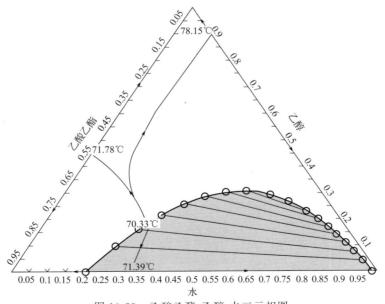

图 10-28　乙酸乙酯-乙醇-水三元相图

附录 2 体系共沸物及组成（见表 10-11）

表 10-11 共沸物及其组成（101.3kPa）

纯物质沸点	
名称	沸点
乙酸乙酯	77.20℃
乙醇	78.31℃
水	100.02℃

乙酸乙酯-乙醇共沸物
共沸点 71.78℃

名称	物质的量组成	质量组成
乙酸乙酯	0.5524	0.7024
乙醇	0.4476	0.2976

乙酸乙酯-乙醇-水共沸物
共沸点 70.33℃

名称	物质的量组成	质量组成
乙酸乙酯	0.5403	0.7864
乙醇	0.1658	0.1262
水	0.2939	0.0875

乙酸乙酯-水共沸物
共沸点 71.39℃

名称	物质的量组成	质量组成
乙酸乙酯	0.6731	0.9097
水	0.3269	0.0903

乙醇-水共沸物
共沸点 78.15℃

名称	物质的量组成	质量组成
乙醇	0.8952	0.9562
水	0.1048	0.0438

参　考　文　献

［1］王红梅，徐铁军. 化工单元操作实训. 北京：化学工业出版社，2016.

［2］卢永强，李广明. 化工设备检修钳工实训. 北京：化学工业出版社，2024.

［3］陶建清，施卫忠. 现代化工实训. 南京：南京大学出版社，2016.

［4］董凯. 化工专业实验与实训. 北京：化学工业出版社，2019.

［5］程海涛. 化工单元操作综合实训. 北京：化学工业出版社，2018.

［6］何灏彦，童孟良. 化工单元操作实训. 北京：化学工业出版社，2015.

［7］侯影飞. 化工仿真实训教程. 北京：中国石化出版社，2015.

［8］隋博远. 化工设备拆装实训教程. 北京：化学工业出版社，2018.

［9］李德江，胡为民，李德莹. 化工综合实验与实训. 北京：化学工业出版社，2016.